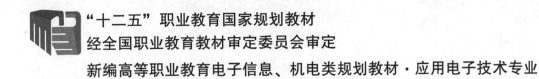

"十二五"职业教育国家规划教材

经全国职业教育教材审定委员会审定

新编高等职业教育电子信息、机电类规划教材·应用电子技术专业

模拟电子技术

（第3版）

徐丽香　主　编

黎旺星　副主编

电子工业出版社

Publishing House of Electronics Industry

北京·BEIJING

内 容 简 介

本教材根据高职院校培养应用型高技能人才的要求进行编写。内容涉及二极管、三极管、场效应管、晶闸管、集成运算放大器的应用，直流稳压电源制作、振荡器的分析设计。本书除了有原理分析以外，每一章后面还有对应的实训项目，最后通过功率放大器的安装实训，更好地把理论知识和实践操作结合在一起，培养学生项目制作的工程理念。第 12 章为电子工作台 EWB 仿真软件的介绍，提高学生在电子技术方面的分析、实践和开发设计能力，拓展其设计平台。

本教材根据高职学生的学习特点，以器件运用为主线，突出基本概念，强调应用能力；用通用的实际电路来强化学生的基础知识，引用新型的电路来培养学生的创新能力；帮助学生建立电子电路知识体系，掌握现代电子技术。

本教材可作为高等职业技术院校应用电子技术、家用电器、电子信息技术、无线电等电子类专业基础教材，也可以作为电子智能控制以及电气自动化等专业的参考基础教材，还可作为已经毕业的高职高专类大学生解决实际问题的参考书以及电子工程技术人员和电子技术爱好者的参考书或自学教材。

图书在版编目（CIP）数据

模拟电子技术／徐丽香主编.—3 版.—北京：电子工业出版社，2017. 2
ISBN 978 – 7 – 121 – 30970 – 0

Ⅰ．① 模⋯　Ⅱ．①徐⋯　Ⅲ．①模拟电路 – 电子技术 – 高等职业教育 – 教材　Ⅳ．①TN710

中国版本图书馆 CIP 数据核字（2017）第 032313 号

责任编辑：郭乃明　　特约编辑：范　丽
印　　刷：三河市鑫金马印装有限公司
装　　订：三河市鑫金马印装有限公司
出版发行：电子工业出版社
　　　　　北京市海淀区万寿路 173 信箱　邮编　100036
开　　本：787 × 1 092　1/16　印张：14.75　字数：378 千字
版　　次：2007 年 12 月第 1 版
　　　　　2017 年 2 月第 3 版
印　　次：2021 年 1 月第 5 次印刷
定　　价：36. 00 元

凡所购买电子工业出版社图书有缺损问题，请向购买书店调换。若书店售缺，请与本社发行部联系，联系及邮购电话：(010)88254888，88258888。

质量投诉请发邮件至 zlts@ phei. com. cn，盗版侵权举报请发邮件至 dbqq@ phei. com. cn。

本书咨询联系方式：88254561。

前　言

模拟电子技术是一门应用性很强的专业基础课，主要任务是在传授有关模拟电子技术基本知识的基础上，培养学生分析和设计模拟电路的能力。作者在参加全国大学生电子设计竞赛的培训和评审工作过程中发现，选做模拟电子技术类的题目的学生远少于自动控制和数字类题目的学生，模拟类竞赛作品的性能指标完成率整体水平较差，即项目制作能力较差，在对器件参数的选择，电路的调试，电路板制作的工艺等方面，学生存在很多知识的空白点。

为弥补上述缺陷，本教材编写中，力求能够培养学生动手制作电子产品的能力，而不局限于理论分析，目的是让学生通过学习，掌握制作常见电子电路的能力。本教材具有以下特色。

1．理论和实践的密切结合

本教材内容由理论知识和实训内容构成。主体教学过程是：看、想、学、做。通过每章前导入部分内容让学生对所学内容有直观的理解，然后通过教学，并结合在实训内容中运用器件实现电路，把实践和理论有机地融合在一起。单元内容通过提出问题，让学生去"想一想"，启迪学生扩大相应的知识面。本教材通过对常用芯片构成的典型电路的实例进行分析来强化学生的知识，培养学生举一反三的能力。教师选用这本教材可完成模拟电子技术课程的完整教学过程，无须另行准备实训教材。

本教材实训项目中的电路，希望学生能够利用万能板自行搭接，然后再到实验室进行测试，在制作过程中激发学生学习的兴趣和潜能，培养创新能力。本书第 11 章功率放大器的安装和调试的内容，可以由学生利用一周实训课的时间或课余时间完成，教师也可以在教学过程中作为设计的例子进行分析。这部分内容可帮助学生进一步明确各电路的功能并学习综合运用能力。

本教材对电子工作台 EWB 进行了简介，让学生掌握一种高效的仿真实验手段。

2．实用的工程理念贯穿其中

本教材强调基本概念，突出实用的应用技术。选用的实例是截取于典型电子产品如电视机、音响等整机电路中的部分电路，学生学习后可方便地把所学知识和实际应用紧密地结合在一起。教材通过单元电路的实训项目，以及对单元内容整合的课程设计，把资料查阅、电路整合、仪器仪表使用、安装调试、报告编写等电子工程设计和制作的方法传授给学生，培养其再学习的能力，在基础课程中逐步培养完成电子项目设计的能力。

参加本书编写的有徐丽香（第 1 章～第 6 章和第 12 章），黎旺星（第 7 章～第 11 章）全书由徐丽香担任主编并负责定稿，黎旺星担任副主编。安徽职业技术学院程周主任对本书进行了审核。

由于编者水平有限，书中的错误在所难免，热忱欢迎使用者对本书提出批评与建议。联系邮箱：Lixiangxu2004@163.com。

编　者
2016 年 10 月

目　　录

第1章 导　　言

学习目标

(1) 电信号的类型。
(2) 电子电路的构成。
(3) 电子电路中模拟电路的特点。
(4) 电子电路各种图示方法的认识。

信号是反映信息的物理量，例如，工业控制中的温度、压力、流量、自然界的声音信号等等。现在人们习惯于借助某些物理量（如声、光的变化）来表示和传递信息，例如，广播和电视是利用电磁波来进行传递的。由于各种非电的物理量信号可以通过各种传感器（如话筒、摄像机等）较容易地转换成电信号，而电信号又容易传送和处理，所以电信号成为应用广泛的信号。

电信号的产生、传输、加工、处理是在电子电路中完成的，电子电路具有对电信号某种处理功能。各种功能的电子电路结合在一起，具有更为强大的功能，如电视机、收音机、扩音机、手机等。电子电路分为模拟电子电路和数字电子电路。

1.1　电信号和电路

人与人之间、人与周围环境之间的信息传递、交换和处理是通过信号来进行的。信号通过若干信号处理单元构成的系统进行处理，从而实现某些功能。各种系统的功能不同，复杂程度也存在一定的差异，这些系统通常应用了电子电路，不同系统中有些电子电路可能是完全相同的。

现代信息系统中最常见的信号是电信号，电信号是用于传送和处理的信号。图1.1所示的电视传输系统示意图中有射频信号、视频信号、音频信号，这些信号都是电信号。

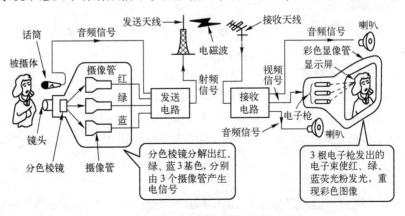

图1.1　电视信号传输系统

电信号的产生、传输、加工、处理是在电子电路中完成的，电子电路具有对电信号进行处理的特定功能。如果系统全部由电子电路构成，称为电子系统，一个比较复杂的电子系统一般都是由不同功能的电子电路单元构成，具有特定功能的电子电路单元又可以视做一个小型的电子系统。

电信号是以电量来表示的，最常见的电量是随时间变化的电压或电流。图 1.2 用图示的方式描述了在电子电路中常见的几种电信号，称为波形图，波形图的横轴表示时间，纵轴表示电压。电信号的波形可通过示波器进行观察。

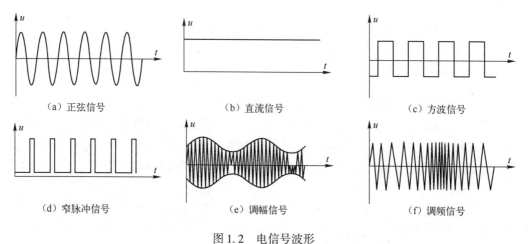

（a）正弦信号　　　　　　　　（b）直流信号　　　　　　　　（c）方波信号

（d）窄脉冲信号　　　　　　　（e）调幅信号　　　　　　　　（f）调频信号

图 1.2　电信号波形

信号通常分成模拟信号与数字信号。一般来说，在时间上和量值上连续变化的信号是模拟信号；而在时间上是离散的，量值上只有高、低两个值的信号是数字信号。图 1.2 的（a）、（b）、（e）、（f）所示是典型的模拟信号波形；图（c）、（d）所示是典型的数字信号波形。处理模拟信号的电子电路称为模拟电子电路，处理数字信号的电路称为数字电子电路。电子系统中通常是既有模拟电子电路，又有数字电子电路。模拟信号和数字信号还可以通过专门的转换电路互相转换。本书主要研究模拟电子电路。

1.2　电子电路的构成及表示

电子电路通常由电子元器件、连接导线、附加装置、电源等构成。为使电子电路正常工作从而实现指定的功能，还需要信号源和负载。

电子电路中使用的元器件有各类半导体二极管、三极管、场效应管、各种类型的集成电路等，还有电阻、电容、电感、开关、继电器、熔断器、接插件、接线端子等等。

小功率电子电路大多在低压直流电源下工作，最常见的是采用 $\pm 5 \sim \pm 15V$ 稳压电源，便携式电子设备的电源大多在 3.6V 以下。供电电源大部分是将频率 50Hz 的交流市电转换为低压直流的稳压电源，便携式电子设备的电源则采用干电池、充电电池、蓄电池等。

信号源是电子电路的输入信号。电子电路通常利用传感器作为信号源，例如使用话筒、红外传感器、温度传感器、压力传感器等元器件把相应的非电量转换为电信号。在电子电路的实验、调试过程中，经常使用专门的信号发生器作为信号源。振荡电路在正常供电时产生各种波形的信号。我们讨论某个单一功能的单元电路（如信号放大电路）时，前一单元电路的输出量就是本单元电路的信号源。

电子电路的负载也有各种类型，例如，音频功率放大电路的负载是扬声器（俗称"喇叭"），而电机驱动电路的负载就是电机。在电子电路的实验、调试过程中，可以采用模拟负载（又称为假负载）连接在电路的输出端来测试电路。在讨论某个单一功能的单元电路（如信号放大电路）时，就把后一级单元电路的输入阻抗作为本单元电路的负载。

一个实际的电子电路通常采用方框图、原理图、装配图等来表示。

1. 原理图

原理图就是用元件符号及连线来描述电子电路具体结构的图示。它简洁地描述了电子电路的结构，方便应用于电子线路的分析、设计，通过识别图纸上所画的各种电路元件符号、参数，以及它们之间的连接方式，就可以了解电路的实际结构。图 1.3 所示是一个稳压电路的原理图。

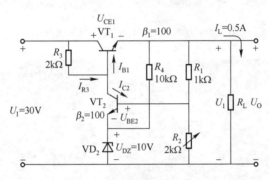

图 1.3　稳压电路的原理图

2. 方框图

方框图是用方框和连线来表示电子电路的构成概况的一种表示方式。方框图按照功能划分为几个部分，将每一个部分描绘成一个方框，在方框中加上简单的文字描述，在方框间用连线（有时用带箭头的连线）说明各个方框之间的关系。图 1.4 是图 1.3 所示的稳压电路的方框图。

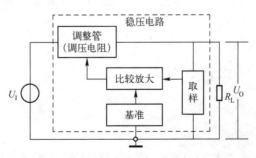

图 1.4　稳压电路的方框图

3. 实际电路

实际电路通常在电路板上安装连接而成，进行电路试验最简单的方法就是在万能板上固定元件和连接线路，如图 1.5 所示就是在万能板上制作稳压电源的实物图。较大批量生产的电子电路都是采用印制电路板，图 1.6 所示就是某一 VCD 稳压电源部分的印制电路板实物图。

图 1.5　万能板上制作的稳压电源实物图

（a）电路元件面　　　　　　　　　　　（b）电路焊接面

图 1.6　印制电路板实物图

印制电路板的元件分布往往与在原理图中的位置不一样。在印制电路板的设计中，主要考虑所有元件的分布和连接是否合理，要考虑元件体积、散热、抗干扰、抗耦合等等诸多因素，综合这些因素设计出来的印制电路板，目的是为了获取最好的性能，从外观看和原理图很难对应起来。在进行电路维修或分析实际电路时，往往要依据印制电路板图画出电原理图。

1.3　模拟电子技术课程的特点

1. 模拟电子电路的主要功能

在信号处理过程中，对模拟信号最常用的处理是放大，放大电路是构成各种功能的模拟电路的最基本电路。常用的模拟电路依功能可分为如下几种。

（1）放大电路：用于信号的电压、电流或功率放大。

（2）滤波电路：用于信号的提取、变换或抗干扰。

（3）运算电路：完成信号的比例、加、减、乘、除、积分、微分、对数、指数等运算。

（4）信号转换电路：用于将电流信号转换成电压信号或将电压信号转换成电流信号；将直流信号转换为交流信号或将交流信号转换为直流信号；将直流电压转换成与之成正比的频率等。

（5）信号发生电路：用于产生正弦波、矩形波、三角波、锯齿波等。

（6）直流电源：将220V、50Hz交流电转换成不同输出电压和电流的直流电，作为各种电子电路的供电电源。

实际的模拟电子电路都是由以上这些单元电路像搭积木一样组成的，这些电路通常都有成熟的单元电路，掌握这些单元电路是掌握模拟电子技术的关键。

2. 模拟电子技术课程的教学要求

在设计电子电路时，要考虑实现预期的功能和性能指标，同时也要考虑系统的可靠性。因此，在学习电子电路的过程中要注意工程性，即首先要保证电路是可行的，这一点可通过电路分析来确认电路是否满足功能和性能要求；同时要考虑成本和可靠性，通常要求所设计的电路尽可能简单，对关键元器件的选取要留有一定的余量，尽量考虑采用集成度高的元器件，还要考虑电磁兼容来减少与周围环境的相互干扰；另一方面，由于实际使用的元器件参数具有分散性，在设计电路时也要充分考虑。要把经理论论证可行的电子电路转换成实用的产品，通常要经过产品化的过程，这是保证产品质量的重要过程。真正掌握模拟电子技术要十分重视实践。

模拟电子技术课程的教学要求如下：

（1）理解电路工作原理。

（2）了解各元器件参数对电路性能的影响。

（3）掌握常用电子仪器仪表的使用方法。

（4）能够按功能要求设计原理图，根据原理图搭接出实际电路。

（5）能够进行电路的测试和调试。

（6）掌握模拟电子电路故障的判断和排除方法。

3. 模拟电子技术课程学习的辅助手段

（1）使用仿真软件提高学习效率。模拟电子技术是一门基于工程的基础学科，重点在于对学生的实际操作技能的培养，要随时随地给学生提供一个实际的实验平台是比较困难的，可采用虚拟实验平台。

电子工作平台Electronics Workbench（EWB）软件是加拿大Interactive Image Technologies公司推出的电子电路仿真的虚拟电子工作平台软件，它具有以下一些特点：

① 采用直观的图形界面创建电路：在计算机屏幕上模仿实际实验室的工作台，绘制电路图需要的元器件、电路仿真需要的测试仪器仪表均可直接从屏幕上选取。

② 虚拟仪器仪表的控制面板外形和操作方式都与实物相似，可以实时显示测量结果。

③ EWB 软件带有丰富的电路元件库，提供多种电路分析方法。

④ 作为设计工具，EWB 可以同其他流行的电路分析、设计和制板软件交换数据。

⑤ EWB 提供的虚拟仪器仪表可以用比在实验室中更灵活的方式进行电路实验，仿真电路的实际运行情况，熟悉常用电子仪器仪表的测量方法。

EWB 非常容易入门，不需要另外开设相关课程，只要学生具有 Office 运用的基本常识通过自学就可以掌握该软件的使用方法。本教材第 12 章简介了 EWB 软件的使用。

希望读者自行安装该软件，然后运行，制作书中的电路进行仿真，更好地理解教材中的内容。同时，读者还可通过该软件去验证设计出来的硬件电路的可行性。

要明确的是，虚拟实验毕竟不是真实的实验，所有参数都是在理想状态下得到的。实际工作还是要做大量的实验才能得到对客观对象的真实体验，所以除了计算机虚拟实验，还必须通过实际实验，来培养学生的动手能力。

（2）通过多种手段增长知识。模拟电子技术课程是一门实践性很强的课程，读者必须多参与实际电路的制作才能够真正学好这门课程。本教材中不能包括所有的知识，建议读者可通过参阅电子类的期刊和通过 Internet 网查阅相应的资料来增长知识，辅助理解。对一些芯片资料，也可以通过书籍和网络来了解所选元器件的功能和典型用途。

入门类的电子期刊和报纸有《无线电》、《家电维修》、《单片机与嵌入式系统应用》、《电子报》。

值得去浏览的电子类网站有：21IC 中国电子网（http://www.21ic.com），与非网（http://www.eefocus.com/），电子发烧友网（http://www.elecfans.com），电子工程世界（http://www.eeworld.com.cn），爱板网（http://www.eeboard.com），教师吧_电子技术和单片机入门的教学网站（http://www.jiaoshi8.com），EEPW 电子产品世界网（http://www.eepw.com.cn/），智能车制作（http://www.znczz.com/），电源网（http://www.dianyuan.com）。

实训 1　常用电子仪器仪表的使用

1. 实训目的

（1）对常用的电子设备如示波器、稳压电源、函数信号发生器、交流毫伏表、万用表等仪器仪表的使用方法有一个基本了解，为今后的实训打下基础。

（2）利用示波器观察信号波形，测量振幅和周期（频率）。

2. 实训仪器

（1）F1733 直流稳压电源	1 台
（2）HFJ‒8G 交流毫伏表	1 台
（3）MY65 数字万用表	1 块
（4）DF1641D 函数信号发生器	1 台
（5）GOS 620 双踪示波器	1 台
（6）可变电阻箱	1 个

3. 常用电子仪器仪表介绍

同一功能不同型号的仪器仪表，其使用方法会有一些不同，学会一种典型的仪器仪表的使用，就可以举一反三地掌握同类仪器仪表的使用方法。本实训以特定型号的仪器仪表为例，介绍常用仪器仪表的使用方法。讲述过程中会给出一些结构框图，请读者尝试利用功能块的中文标志去理解功能块的作用，如果感觉理解比较困难，则学习完后面章节内容后再进行学习。

（1）直流稳压电源（DC REGULATED POWER SUPPLY）。DF1733稳压电源是采用三只电源变压器，三路完全独立输出的直流稳压电源，三路完全相同，其中一路的原理如图1.7所示。

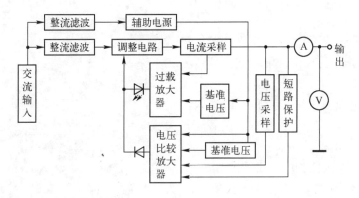

图1.7　DF1733其中一路稳压原理框图

DF1733稳压电源使用方法比较简单，先选择好输出电压的范围为0～15V或15～30V，然后开机，调节电压旋钮至需要的值（当需要精度较高时可用数字万用表做监视）。由于每路电源共用一只电压表和电流表，可以通过电表选择开关，开关置于U挡位时，电表做电压表指示，开关置于I挡位时，电表做电流表指示。当发生输出过载或短路时，不论是电压挡位或电流挡位，告警指示灯亮（PROECTION），电源自动保护，输出为低电压。

（2）数字万用表（DIGITAL MULTIMETER）。MY65数字万用表是一种四位半数字万用表，可用来测量直流和交流电压及电流、电阻、电容、二极管、三极管、频率以及电路通断，具有LCD显示，最大显示值为"19999"，超过量程显示"1"，具有读数保持功能，其外形如图1.8所示。

图1.8　MY65数字万用表的面板图

MY65数字万用表的主要技术参数及使用方法如下：

当被测对象超量程或开路时，屏幕将显示"1"。

① 电阻测量。

a. 被测电路不能处于通电状态，电路内部有较大容量的电容要将其充电电荷放完。

b. 对于大于 1MΩ 或更高的电阻，要几秒钟后，读数才能稳定。

② 直流电压测量。所测输入电压不要高于 750V。测试表笔并接到待测电路上，红表笔所接端子的极性将同时显示。

③ 交流电压测量。所测输入电压不要高于 750V，以免损坏仪表。

（3）交流毫伏表（AV MILIVOLTMETER）。HFJ – 8G 交流毫伏表有测量精度高，输入阻抗高，通频带范围宽的特点，且有监视输出功能，可作为放大器使用，其面板见图 1.9 所示。

使用方法如下：

① 机械调零。在通电前，先调整电表指示的机械零位。

② 接通电源。按下电源开关，发光二极管亮，仪器立刻工作，为保证性能稳定，可预热 10 分钟后使用。

③ 将量程开关置于适当量程，再加入测量信号。若测量电压未知，应将量程开关置于最大挡，然后逐渐减小量程。

④ 当输入电压在任何一个量程挡指示为满度时，监视输出端的输出电压有效值均为 0.1Vrms（rms, root mean square, 均方根值）。

⑤ 毫伏表是按正弦电压有效值刻度的，如果被测信号不是正弦波，则会引起很大误差。

⑥ 毫伏表输入端开路时，由于外界感应信号的影响，指针可能超量程偏转。为了避免指针碰弯，不测量时应置于较大量程。

（4）函数信号发生器（FUNCTION GENER-ATOR）。DF1641D 函数信号发生器能直接产生正

图 1.9　HFJ – 8G 交流毫伏表面板图

弦波、三角波、方波、锯齿波和脉冲波。直流电平可连续调节，频率计可做内部频率显示，也可做测量外部频率、电压用液晶（LED）显示。

DF1641D 函数信号发生器面板上的符号意义如下：

电源开关键（POWER）：按下电源接通（ON），弹起关断电源（OFF）。

量程选择键（RANGE（Hz））：有七个键，即 2，20，200，2k，20k，200k，2M。

功能键（FUNCTION）：有三个键，即方波（⎍）（占空比为 50%），三角波（∧∧）（正、负斜率相等）和正弦波（∿）。

频率调节旋钮（FREQUENCY）：与量程选择键配合使用，如果量程键按下 2kHz，改变频率调节可获得 0.2～2kHz 范围内的任一频率信号，其余依次类推。

输出（OUTPUT）：为被测电路提供信号，输出阻抗约 50Ω。

输出幅度调节旋钮（AMPLITUDE）：用于调节输出信号的幅度大小，$U_{P-P} \geq 20V$。

上述一些键和旋钮是经常使用的，为获得一些特殊场合所需要的电信号，还有如下几个旋钮：

拉出输出信号倒相旋钮（PULL TO INV）：与输出幅度调节旋钮在一起，拉出时使输出信号倒相（相位差为180°），按下输出信号不倒相。

输出衰减键（ATTENUATOR）：按下 20dB 键，使输出相对衰减 10 倍，按下 40dB 键，使输出相对衰减 100 倍。

拉出可改变斜率/脉冲旋钮（PULL TO VAR RAMP/PULSE）：其功能是如果按下功能键中的三角波键（/\/），按下斜率/脉冲旋钮，这时输出为正、负斜率相等的三角波，此时若拉出该旋钮并旋转时，则可获得正、负斜率不等的锯齿波。如果按下功能键的方波键（⎍），按下斜率/脉冲旋钮，这时输出为占空比 50% 的方波，此时若拉出该旋钮并旋转，则可获得占空比为 5%～95% 的脉冲波。

计数器作为频率计使用键（COUNTER EXT－20dB）：在仪器的背后，将外部测试信号输入，按下 EXT 键，即将内部信号断开，用于测量外部信号频率。－20dB 键按下，使输入信号衰减 10 倍。

（5）示波器（OSCILLOSCOPE）。示波器是一种能在示波管屏幕上显示出电信号变化曲线的仪器，它不但能像电压表、电流表那样读出被测信号的幅度（注意：电压表、电流表如无特殊说明，读出的数值为有效值），也能像频率计、相位计那样测试信号的周期（频率）和相位，还能用来观察信号的失真、脉冲波形的各种参数等。图 1.10 是示波器的主要旋钮面板图，图 1.11 所示是用示波器显示正弦波。

示波器面板一些旋钮（或按钮）的中、英文名称及作用如下：

① 电源部分。

a. 电源开关（POWER）；辉度（INTEN）；聚焦（FOCUS）。

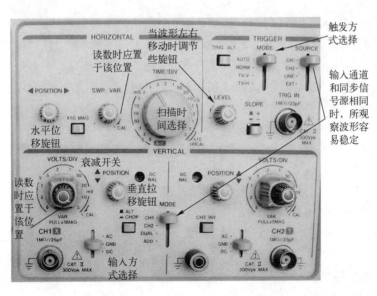

图 1.10　示波器的主要旋钮面板图

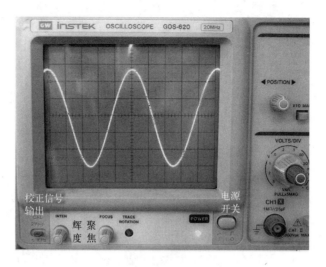

图 1.11　示波器显示正弦波

b. 校正信号（CAL），输出 1kHz 非过零方波，电压峰峰值 $U_{P-P} = 2V$。主要用于校验示波器的性能。

② 垂直通道（VERTRICAL）。

a. CH_1（X）、CH_2（Y）——输入（INPUT）。

b. AC GND/DC。

AC——信号经过电容耦合至放大器输入端；GND——放大器输入端接地；DC——信号直接耦合至放大器输入端口。

c. 伏/格（VOLTS/DIV）：衰减器开关，示波管垂直方向分为 8 格，其数值表示一格对应电压的高低。

d. 移位（POSITION）：调节它能使波形上、下移动，以便观察和读数。

e. 垂直工作方式（VERTICAL MODE）：CH_1 屏幕上仅显示 CH_1 的信号；CH_2 屏幕上仅显示 CH_2 的信号；DUAL（ALT，CHOP），屏幕上显示 CH_1，CH_2 两路信号（ALT 为"交替"，用于较高频率，CHOP 为"断续"，用于较低频率）；叠加（ADD）显示 CH_1 和 CH_2 信号的代数和。

③ 水平通道（HORIZONTAL）。

a. 扫描时间选择开关（TIME/DIV）：示波器水平方向分为 10 格，其数值表示一格对应的时间的长短。

b. X – Y。CH_1 信号作为 X 轴输入，CH_2 信号作为 Y 轴输入。

④ 触发系统（TRIGGER）。

a. 触发源选择（SOURCE）：CH_1，CH_2 输入信号触发；LINE 为电源信号触发；EXT 为外部信号触发。

b. 稳定调节旋钮（LEVEL）：调节波形的稳定性。当所测波形产生左、右移动时，调节此旋钮可让波形稳定下来。

c. 触发方式选择（TRIGE MODE）。自动扫描（AUTO），无信号输入时有扫描基线；常态扫描（NORM），有触发信号时才有扫描基线。当输入信号低于 50Hz 时，请用"常态"

触发扫描。

⑤ 示波器使用举例。读电压幅度时，微调旋钮 VAR/VARIATION 不能打开，应在校正位置。

a. 直流电压测量。

- 将触发方式置自动（AUTO），使屏幕上出现扫描基线，Y 轴微调置于校正（CAL）。
- CH_1 或 CH_2 的输入端接地（GND），此时的基线即为 0V 基准线。
- 利用直流电压源输入信号给示波器，输入置 DC，观察扫描基线在垂直方向平移的格数，与 VOLTS/DIV 开关指示的值相乘，即为信号的直流电压。例如，VOLTS/DIV 置 0.5V/DIV，读得扫描线上移为 3.4 格，则被测电压为：$U = 0.5V/DIV \times 3.4DIV = 1.7V$（如果探头的开关选择了 10∶1 衰减输入，测试结果要 ×10，则为 17V）。

b. 交流电压测量。

- 将输入置 AC（或 DC）。
- 利用信号发生器给示波器提供信号，利用垂直移位旋钮，将波形移至屏幕中心位置，按波形所占垂直方向的格数，即可测出电压波形的峰 – 峰值。例如，VOLTS/DIV 置 0.2V/DIV，被测波形占 5.2 格，则被测电压为：$U_{P-P} = 0.2V/DIV \times 5.2DIV = 1.04V$（置 DC 时，将被测信号中的直流分量也考虑在内，置 AC 时，则直流分量无法测出）。

c. 时间测量。扫描开关的微调置于校正位置（CAL），可读出波形的周期。

例如，TIME/DIV 置于 0.2ms/DIV，波形一个周期在水平方向占 6 格，则其间隔时间为：$T = 0.2ms/DIV \times 6DIV = 1.2ms$。

周期的倒数就是频率。

想一想：如示波器选用的 TIME/DIV 置于 1ms/DIV，VOLTS/DIV 置 0.5V/DIV，读出图 1.11 所示波形的数值。

4. 实训内容

（1）直流电压的测量。用示波器和万用表的直流电压挡，测量直流稳压电源 5V，10V，15V，20V，25V，30V 时的各自读数，并分别填于表 1.1。

表 1.1 直流电压的测量结果

稳压源表头指示	5V	10V	15V	20V	25V	30V
万用表读数						
示波器读数						

（2）方波信号测量。用 CH_1（或 CH_2）观测示波器本身的校准信号，测量数据填入表 1.2，并用 DC 和 AC 挡，分别画出波形图，在图上标出峰 – 峰值 U_{P-P} 和周期 T。

（3）交流电压的测量。信号源选定为正弦波输出，频率分别为表 1.3 中各值时，完成表 1.3。

表 1.2　方波信号测量结果

校正信号	标称值	示波器测得的原始数据		测量值
幅度 U_{P-P}	V	DIV	V/DIV	V
频率 f	Hz	DIV	ms/DIV	Hz

表 1.3　交流电压测量结果

正弦波频率（Hz）	万用表（V）	毫伏表（V）	示波器波形 （标出周期和峰–峰值）
50	3.0		
1k	3.0		
10k	3.0		

5. 思考题

（1）如果需要测量电子线路中的电流，能够直接测量的仪器仪表有哪些？采用间接测量法测量时可用的仪器仪表又有哪些？

（2）使用毫伏表时的注意事项是什么？出现什么误操作时会出现表针打表头的现象？

（3）如果示波器显示的校准信号的频率和幅度与规定的不同，可能是什么原因？此时示波器还能否正确测量信号？

（4）如果在校准状态下，示波器输出的校准信号频率为 900Hz，电压峰–峰值小于 2V，为 1.8V，该示波器能否继续使用？如使用，在读数时应注意什么？

6. 实训报告

（1）整理实训数据并分析，得出相应结论。

（2）回答思考题所提出的问题。

本 章 回 顾

（1）电信号是电子电路中信息传递的载体，电信号是以电量（主要是电压和电流）来表示的。电子电路作用是产生电信号，或对输入电信号进行加工、处理之后提供给负载，可分为模拟电子电路和数字电子电路。电子电路由电子元器件组成，实际的电子电路都是由单元电路组合而成。基本的单元电路有放大电路、滤波电路、运算电路、信号转换电路、信号发生电路、电源电路等，学习电子电路就是要掌握这些基本电路的工作原理、工作特点及应用要点。

（2）原理图用于表示一个实际的电子电路的最常用的方法，方框图用于表示电路结构，实际用于组装电路的是印制电路板，熟悉阅读印制电路板图的走线也是电子电路技术的一项重要技能。

（3）模拟电子技术课程除要求学生要掌握电路工作原理外，同时要掌握电子电路产品化时的工程要求，所以要特别注重动手实践，要熟悉元器件的外性能、生产工艺、测试方法、调试及维修技能，保证电子电路能够得以实际应用。

习 题 1

1.1　简述电子系统与电子电路的关系。

1.2　模拟信号与数字信号有何区别？

1.3　举例说明生活中所用到的电子电路。

1.4　电子电路中常用图示表示方法有哪几种？

1.5　常用的模拟电子电路的单元电路有哪些？

1.6　能否举例说明电子电路的计算机辅助分析和设计所采用的软件。

第 2 章　半导体二极管及其应用

学习目标

（1）了解二极管的基本参数和特性。

（2）了解常用二极管的应用。

（3）理解整流电路的工作过程。

（4）了解滤波电路的基本结构。

（5）利用二极管单向导通的特性，制作一个简单的稳压电源，把交流信号变成稳定的直流信号。稳压电源利用变压器降压、二极管整流、电容滤波、稳压二极管稳压来实现稳压。

从 20 世纪 40 年代第一只二极管和第一只三极管诞生，1958 年第一片集成电路诞生以来，半导体技术发展迅速，至今超大规模集成电路的出现，使得无论是电子工程技术、计算机技术还是人们的居家生活都发生了日新月异的变化。二极管和三极管都是采用半导体材料制成的器件，集成电路也是基于半导体技术实现的。半导体二极管是电子电路中的常用元件。

2.1　半导体二极管

半导体二极管简称二极管，它有两个电极，两个电极分别称为阳极（又称正极）、阴极（又称负极）。通常认为二极管工作于导通、截止两种状态。其实二极管也可能工作在反向击穿状态。

2.1.1　初识二极管

生活中，我们的房门通常是一扇只能单向打开的门。在电路中，为了控制信号只能沿某一方向传送，也需要一种只能单向导电的器件，二极管就具有这一特点。二极管用国标符号"▷|"表示。

下面通过二极管控制灯泡发光的演示，了解二极管的单向导电性。

（1）如图 2.1（a）所示连接电路，二极管的正极接电源正极，二极管的负极经灯泡接电源负极，开关接通，灯亮。对应电路图如图 2.1（c）所示。

（2）在图 2.1（b）所示电路中，改变二极管的连接方向，二极管的正极接电源负极，二极管的负极接电源正极，开关接通，灯不亮。对应电路图如图 2.1（d）所示。

思考与分析

（1）二极管的连接方向能控制灯泡的发光状态。

（2）二极管正极接电源正极，二极管的负极经灯泡接电源负极时（称为二极管正偏），灯亮，说明电路中有较大的电流，此时电路处于导通状态，二极管呈小电阻值，称为正向导通。

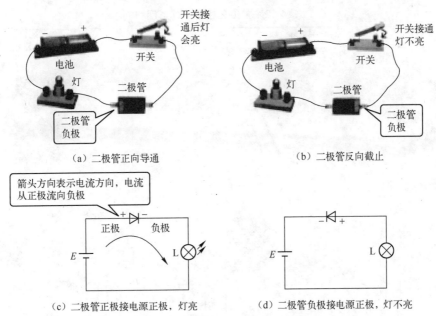

（a）二极管正向导通 　　　　　　　　　（b）二极管反向截止

（c）二极管正极接电源正极，灯亮 　　　　（d）二极管负极接电源正极，灯不亮

图 2.1　二极管单向导电性示意图

（3）二极管负极接电源正极，二极管的正极经灯泡接电源负极（称为二极管反偏），灯不亮，灯上流过的电流应该是为 0 或者非常小，此时电路处于截止状态，二极管呈现大电阻值，称为反向截止。

结论：二极管具有单向导电性，电流沿着图 2.1（c）所示箭头方向从二极管正极流向负极。

2.1.2　二极管的种类和常见结构

二极管是电子电路中常用的器件，表 2.1 列出了二极管种类及说明，表 2.2 给出了常见二极管的外形图。一般情况下，二极管的功率越大，体积越大。

表 2.1　二极管种类及说明

划分方法及种类		说　　明
按照功能划分	普通二极管	常见的二极管，可用于检波
	整流二极管	专门用于整流
	发光二极管	用于指示信号
	稳压二极管	用于直流稳压
	光电二极管	把光的变化转变为电的变化
	变容二极管	二极管的偏压决定其结电容值
按照材料划分	硅二极管	硅材料
	锗二极管	锗材料
按照外壳封装材料划分	塑料封装二极管	大量二极管采用这种封装
	金属封装二极管	大功率整流二极管采用这种封装
	玻璃封装二极管	小功率二极管等

表2.2　常见二极管的外形图

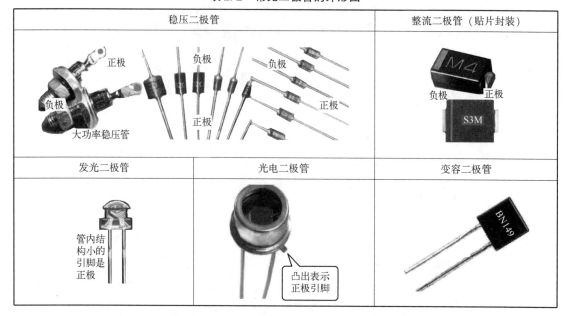

稳压二极管		整流二极管（贴片封装）
发光二极管	光电二极管	变容二极管

2.1.3　二极管的结构及工作原理

二极管具有单向导电性的原因是二极管是由 PN 结构成的。单纯的杂质半导体只能作为一个电阻元件。在一块本征半导体硅（或锗）上，用不同的掺杂工艺使其一边形成 N 型半导体，N 型半导体中有大量的自由电子；另一边形成 P 型半导体，P 型半导体中有大量的空穴，在两种半导体的交界面处，由于两边电子和空穴两种载流子数目的差异，会产生载流子的移动，从而在界面处形成空间电荷区，该区称为 PN 结。PN 结的形成过程如图 2.2（a）和（b）所示。图 2.2（c）所示是 PN 结结构和二极管符号。PN 结只允许电流从 P 区流向 N 区，即 PN 结具有单向导电性，由 PN 结构成的二极管具有单向导电性。

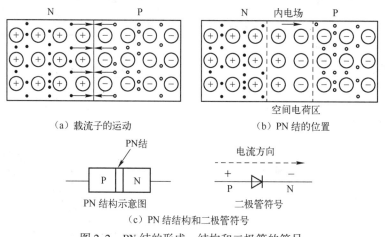

（a）载流子的运动　　　　　　　　　（b）PN 结的位置

（c）PN 结结构和二极管符号

图 2.2　PN 结的形成、结构和二极管的符号

2.1.4　二极管工作状态

从图 2.1 可知二极管有两种工作状态：导通和截止。二极管导通与截止的工作状态特性

见表2.3。二极管还有反向击穿状态，这一状态后面进行介绍。

表2.3　二极管导通和截止时的工作状态

名　称	二极管导通	二极管截止
工作条件	正向偏压，要求偏压值大于等于门限电压，硅管门限电压为0.5V，锗管为0.1V	二极管反向偏压，或正向偏压值硅管小于0.5V，锗管小于0.1V
工作电路	电流从二极管正极流向负极	反偏压，不导通，无电流
等效电路	二极管可等效硅管约为0.7V、锗管约为0.3V的电压源VD，串接近似为0Ω的导通电阻r_{VD}	二极管两个引脚之间的电阻非常大，相当于开路
说明	硅二极管导通电压在0.5～0.8V之间，通常认为是0.7V。锗管导通电压在0.1～0.3V之间，通常认为是0.3V。	

2.1.5　二极管型号命名方法

二极管和三极管命名方法是相同的。我国对晶体管的命名主要由5部分构成，最后一部分是第五部分：用汉语拼音字母表示规格号，有些晶体管上没有标注。在此主要介绍如图2.3所示前四部分代表的含义，表2.4列出了晶体管型号第二、三部分表示的意义。

序号一般用数字表示
晶体管的类别，用字母表示
半导体的材料与极性，用字母表示
晶体管电极的数目，用数字表示

图2.3　晶体管的命名方式

表2.4　晶体管型号第二、三部分表示的意义

半导体的材料与极性		晶体管的类别			
字母	意义	字母	意义	字母	意义
A	N型,锗材料	P	普通管	D	低频大功率管($f<3\mathrm{MHz},P_C>1\mathrm{W}$)
B	P型,锗材料	V	微波管	A	高频大功率管($f>3\mathrm{MHz},P_C>1\mathrm{W}$)
C	N型,硅材料	W	稳压管	T	晶闸管
D	P型,硅材料	C	参量管	Y	体效应器件
A	PNP型,锗材料	Z	整流管	B	雪崩管
B	NPN型,锗材料	L	整流堆	J	阶跃恢复管
C	PNP型,硅材料	S	隧道管	CS	场效应器件
D	NPN型,硅材料	N	阻尼管	BT	晶体特征器件
E	化合物材料	V	光电器件	PIN	PIN型管
		K	开关管	PH	复合管
		X	低频小功率管($f<3\mathrm{MHz},P_C<1\mathrm{W}$)	JG	激光器件
		G	高频小功率管($f<3\mathrm{MHz},P_C<1\mathrm{W}$)		

例如，二极管上标有 2CZ11，表示一只硅整流二极管，11 是序号。

常见的二极管命名方法还有美国电子工业协会半导体分立器件的命名方法，见表 2.5。例如，整流二极管 1N4007，1 表示二极管，N 表示器件已在美国电子工业协会登记，4007 是编号。

表 2.5 美国电子工业协会半导体分立器件的命名方法

位　置	标　记	意　义
第一部分	用符号表示器件用途的类型	JAN—军级、JANTX—特军级、JANTXV—超特军级、JANS—宇航级、（无）—非军用品
第二部分	用数字表示 PN 结数目	1—二极管、2—三极管、3—三个 PN 结器件、n—n 个 PN 结器件
第三部分	美国电子工业协会（EIA）注册标志	N—该器件已在美国电子工业协会（EIA）注册登记
第四部分	美国电子工业协会登记顺序号	多位数字表示顺序号
第五部分	用字母表示器件分档	A、B、C、D、…同一型号器件的不同档别，部分晶体管不标

2.1.6 二极管的主要参数

二极管的种类很多，二极管的参数是合理选用二极管的主要依据。二极管的参数一般不直接标注在外壳上，通过产品说明书和有关手册可查到。表 2.6 是二极管常用参数说明。二极管除了正向平均电流和反向工作峰值电压外，还有反向电流、正向压降、结电容和二极管工作的上限截止频率 f_M 等，选用二极管时，根据需要依据参数合理选择。表 2.7 是整流二极管 1N4007 和 1N5407 的主要参数。

表 2.6 二极管常用参数说明

参数名称	符号/单位	说　明
正向平均电流	I_F/A	二极管长期连续工作时，所允许通过的平均电流最大值。超过这一数值，二极管将过热而损坏
反向工作峰值电压	U_{RRM}/V	二极管工作时，所能允许的最大反向工作电压。若使用中，二极管所加反向电压超过此值，则管子可能被击穿

表 2.7 二极管 1N4007 和 1N5407 的主要参数

型　号	反向工作峰值电压 U_{RRM}（V）	正向平均电流 I_F（A）	正向压降 U_F（V）	反向电流	
				I_S（μA）	I_S（μA）
1N4007	1000	1	≤1.0	5	50
1N5407	800	3	≤0.8	5	50
测试条件			$I_{FM}=1A$（25℃）	25℃，$U_{RM}=U_{RRM}$	100℃，$U_{RM}=U_{RRM}$

2.1.7 二极管的伏安特性

二极管的伏安特性是指在二极管两端加电压时，通过二极管的电流与所加电压的关系，把这种关系用曲线表示，则称为伏安特性曲线。硅二极管和锗二极管的伏安特性曲线形状相似。表 2.8 是硅二极管的伏安特性及说明。

表 2.8　硅二极管的伏安特性及说明

伏安特性曲线	说　　明
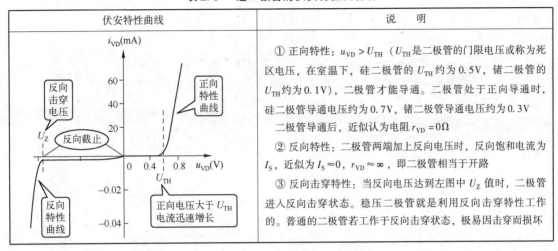	① 正向特性：$u_{VD} > U_{TH}$（U_{TH}是二极管的门限电压或称为死区电压，在室温下，硅二极管的 U_{TH} 约为 0.5V，锗二极管的 U_{TH} 约为 0.1V），二极管才能导通。二极管处于正向导通时，硅二极管导通电压约为 0.7V，锗二极管导通电压约为 0.3V 二极管导通后，近似认为电阻 $r_{VD} = 0\Omega$ ② 反向特性：二极管两端加上反向电压时，反向饱和电流为 I_S，近似为 $I_S \approx 0$，$r_{VD} \approx \infty$，即二极管相当于开路 ③ 反向击穿特性：当反向电压达到左图中 U_Z 值时，二极管进入反向击穿状态。稳压二极管就是利用反向击穿特性工作的。普通的二极管若工作于反向击穿状态，极易因击穿而损坏

2.1.8　二极管应用举例

由于二极管的非线性特性，当电路中加入二极管时，便成为非线性电路，严格分析这种电路非常困难，实际应用中通常根据二极管应用条件做合理近似。图 2.4 画出了两种不同精度的近似法，图（a）把二极管导通电阻看成 $r_{VD} = 0$，导通电压也为 0 的理想情况。理想二极管在导通时二极管相当于短路，管压降为 0；截止时二极管相当于开路。图（b）把二极管仍看成是 $r_{VD} = 0$，但考虑二极管的导通电压 U_{THn}，为了分析方便，本书把硅管导通电压规定为 0.7V，锗管的导通电压为 0.3V。

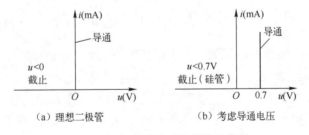

图 2.4　二极管两种近似等效示意图

想一想：实际二极管的导通电阻 r_{VD} 是否为零？

1. 整流

整流就是把交流电变为脉动直流电。利用二极管的单向导电性，可以实现整流。整流后得到的直流电再经过滤波和稳压，就可以得到平稳的直流电了。这部分内容在本章 2.3.1 节讲述。

2. 限幅

利用二极管导通后压降很小且基本不变的特性，可以构成限幅电路，使输出电压幅度限制在某一电压值内。图 2.5（a）所示为一双向限幅电路，设输入电压 $u_i = 10\sin\omega t$（V），$U_{S1} = U_{S2} = 5$V，则输出电压 u_o 被限制在 ±5V 之间，将输入电压的幅度削掉一半，其波形如图 2.5（b）所示。二极管的这一特性，常在过压保护电路中应用。

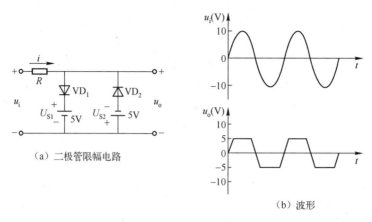

（a）二极管限幅电路

（b）波形

图 2.5　二极管限幅电路及波形

3. 保护

在电子电路中，常利用二极管来保护其他元器件免受过高电压的损害，如图 2.6 所示电路，L 和 R 是线圈的等效电感和等效电阻。

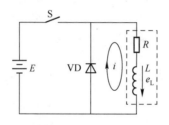

图 2.6　二极管保护电路

在开关 S 接通时，电源 E 给线圈供电，L 中有电流通过，在开关 S 突然断开时，L 中将产生感生电动势 e_L，在未连接二极管 VD 时，电动势 e_L 和电源 E 叠加作用在开关 S 的端子上，会使端子产生火花放电。接入二极管后，e_L 通过二极管形成放电回路，给储存有能量的电感提供释放能量的回路（此二极管又称为续流二极管），电感两端不会产生很高的电压，从而保护了周围的元件。

2.2　常用二极管

常用的二极管有整流二极管、稳压二极管、发光二极管、光电二极管和变容二极管。

1. 稳压二极管

表 2.9 给出了稳压二极管的外形、符号和应用电路，稳压二极管的极性外观判断与普通二极管一样：从外形上看，大功率稳压管螺栓端为负极，贴片二极管有白线端为负极，塑封和玻璃封装的稳压二极管管体上有白环或黑环一端为负极，对于同向引线的二极管，其引线长的一根为正极。

表 2.10 示出了稳压电路工作原理及分析。

表2.9　稳压二极管的外形符号和应用电路

外　形　图	符　号	实际应用电路
	（旧符号） （新符号）	某电视机的稳压电路

表2.10　稳压电路的原理分析

典型电路	应用特性	原理分析
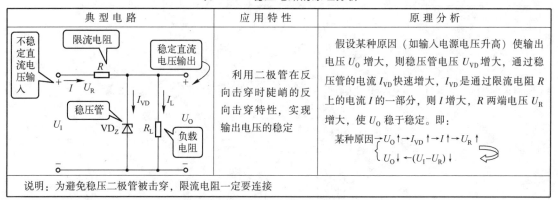	利用二极管在反向击穿时陡峭的反向击穿特性，实现输出电压的稳定	假设某种原因（如输入电源电压升高）使输出电压 U_O 增大，则稳压管电压 U_{VD} 增大，通过稳压管的电流 I_{VD} 快速增大，I_{VD} 是通过限流电阻 R 上的电流 I 的一部分，则 I 增大，R 两端电压 U_R 增大，使 U_O 稳于稳定。即： 某种原因 $\to \begin{cases} U_O\uparrow \to I_{VD}\uparrow \to I\uparrow \to U_R\uparrow \\ U_O\downarrow \leftarrow (U_I-U_R)\downarrow \end{cases}$
说明：为避免稳压二极管被击穿，限流电阻一定要连接		

稳压二极管稳压值的读数：

（1）较大体积的稳压二极管，管体上标有稳压值，如标注 8V2，表示稳压值为 8.2V。

（2）若小功率稳压二极管体积小，在管子上标注型号较困难时，有些国外产品采用色环来表示它的标称稳定电压值。如同色环电阻一样，环的颜色有棕、红、橙、黄、绿、蓝、紫、灰、白、黑，它们分别用来表示数值 1、2、3、4、5、6、7、8、9、0。

有的稳压二极管上仅有 2 道色环，而有的却有 3 道。最靠近负极的为第 1 环，后面依次为第 2 环和第 3 环。

① 仅有 2 道色环的。标称稳定电压为两位数，即 "××V"（几十几伏）。第 1 环表示电压十位上的数值，第 2 环表示个位上的数值。例如，第 1、2 环颜色依次为红、黄，则为 24V。

② 有 3 道色环，且第 2、3 两道色环颜色相同的。其标称稳定电压为一位整数且带有一位小数，即 "×.×V"（几点几伏）。第 1 环表示电压个位上的数值，第 2、3 两道色环的颜色相同，共同表示十分位（小数点后第一位）的数值。例如，第 1、2、3 环颜色依次为灰、红、红，则为 8.2V。

③ 有 3 道色环，且第 2、3 两道色环颜色不同的。其标称稳定电压为两位整数并带有一位小数，即 "××.×V"（几十几点几伏）。第 1 环表示电压十位上的数值，第 2 环表示个位上的数值，第 3 环表示十分位（小数点后第一位）的数值。例如，第 1、2、3 环颜色依次为棕、红、黄，则为 12.4V。

想一想：稳压二极管在电路中使用时为什么要反偏？

2. 发光二极管（LED）

电视机待机状态时，通常会有指示灯发亮，指示灯就采用发光二极管。发光二极管是用特殊的半导体材料制成的，材料不同所发出的光的颜色就不同。

常见发光二极管的外形、符号和应用见表2.11。

发光二极管特点是：正向工作电压为 1.5 ~ 3.0V，比普通二极管的正向工作电压要高，不同颜色的发光二极管正向电压不同。通过发光二极管的电流越大时，发光越亮，但电流不允许超过最大值，以免烧毁。发光二极管的工作电流较小，通常为 10 ~ 30mA，发光二极管的反向击穿电压一般在 5V 左右，使用中不应使发光二极管承受超过 5V 的反向电压。发光二极管应用电路及分析见表2.12。

表2.11　常见发光二极管的外形、符号和应用

名　称	外形和符号	应　用
单色发光二极管	长引脚为正极　LED （a）外形　（b）电路图形符号	用于指示
三端变色发光二极管	+G −K +R　+G −K +R 圆形　长方形 R　G　LED₁ 红　LED₂ 绿　K （a）外形　（b）电路图形符号	能变换颜色，用于指示
红外发光二极管	LED （a）外形　（b）电路图形符号	用于光电开关和各种遥控电路
注：可以用肉眼观察发光二极管识别它的正、负极，透过玻璃观察两条引出线在管体内的形状，较小的是正极。未使用过的发光二极管可根据管脚长短来区分正、负极，管脚较长的就是正极		

表2.12　发光二极管应用电路及分析

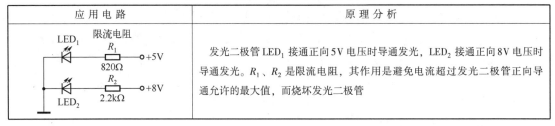

应　用　电　路	原　理　分　析
LED₁　限流电阻 R₁ 820Ω +5V R₂ 2.2kΩ +8V LED₂	发光二极管 LED₁ 接通正向5V电压时导通发光，LED₂ 接通正向8V电压时导通发光。R_1、R_2 是限流电阻，其作用是避免电流超过发光二极管正向导通允许的最大值，而烧坏发光二极管

图2.7 所示是由发光二极管构成的发光数码管，控制不同的发光二极管发光就可以显示不同的数字。

图 2.7 发光二极管构成的发光数码管

想一想：（1）用指针式万用表 R×1kΩ 挡（内部电池为 1.5V）测量绿色的发光二极管，发现正、反向电阻均很大，是否正常？可能是什么原因？

（2）如还想利用万用表测试发光二极管，可采用什么方法？提示：应想办法提高电源电压。

（3）请设计测试红色发光二极管、绿色发光二极管的正向压降的方法。

3. 光电二极管

光电二极管常用于光控开关，是一种能将接收的光信号转换成电信号输出的半导体二极管，又称光敏二极管，其基本特性是在光的照射下能产生电流。

为便于接收入射光，光电二极管在管壳顶端留有窗口，为提高光电转换效率，其 PN 结的面积做得比较大。

光电二极管常工作在反向偏置状态，几种光电二极管的实物、电路符号及工作电路如图 2.8 所示。光电二极管在无光照时，其反向电阻很大，只有极小的反向漏电流（< 0.3μA）流过，称为暗电流；当有光照时，产生与光强成正比的电流（称为光电流），该电流流经负载，产生输出电压 u_o，这就实现了光信号到电信号的转换。

（a）几种光电二极管的实物图　　（b）图形符号　　（c）应用电路

图 2.8 光电二极管的实物、符号与应用电路

4. 光电耦合器和光电传感器

（1）工作原理。光电耦合器和光电传感器都是以光为媒介，用来传输电信号的光电器件，它们通常由发光器（可见光 LED 或红外线 LED）和受光器（光电半导体管）构成。光电耦合器是封装在同一管壳内，光电传感器是光在器件外传输，这两种器件在输入端加上电信号时，发光器便发出光线，受光器因受到光照而产生电流，并从输出端输出，这样就实现了"电→光→电"的转换。

（2）电路符号。常见的光电耦合器和光电传感器的电路图形符号如图 2.9 所示。

（3）应用。光电耦合器主要用于隔离电气连接，它可使输入电路与输出电路完全没有电气连接，即输入与输出是绝缘的；而又可以实现电信号的传送，广泛应用于需要电气隔离或

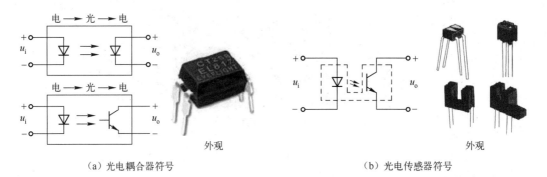

（a）光电耦合器符号

（b）光电传感器符号

图 2.9　光电耦合器和光电传感器的电路符号

提高抗干扰能力的场合，如有些开关型稳压电源为了使主板与电源板之间的地线隔离，就采用光电耦合器。

　　光电传感器的典型应用电路如图 2.10（a）所示，图 2.10（b）所示是遮光叶片。当光未被遮挡时，受光器受到光的照射而饱和；当光被遮挡时受光器截止，遮光叶片装在光电传感器的中间缝隙，转动时，遮光叶片会控制光的通路，OUT 端产生变化的高低电平，即脉冲，通过计算脉冲数，即可知遮光叶片旋转的速度和旋转的次数。如把遮光叶片安装在电机的轴上，则可测量电机的转动位置和转速。

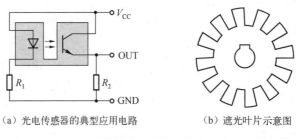

（a）光电传感器的典型应用电路

（b）遮光叶片示意图

图 2.10　光电传感器的典型应用电路和遮光叶片示意图

5. 变容二极管

　　变容二极管是利用反向偏压来改变二极管电容量的一种二极管，正常工作时，变容二极管工作在反偏状态，相当于以电压调节电容量的小电容。几种变容二极管的实物外形、符号和应用电路见图 2.11 所示。变容二极管广泛用于彩色电视机的电子调谐器、直接调频等电路中。

6. 肖特基二极管

　　肖特基二极管属于一种低功耗、超高速半导体器件，它最显著的特点为反向恢复时间极短（可以小到几纳秒），正向导通压降仅 0.3V 左右。其多用做高频、低压、大电流整流二极管、续流二极管、保护二极管。肖特基二极管的图形符号如图 2.12 所示。

【边学边练】

1. 用模拟万用表判别二极管的极性和质量优劣

　　表 2.13 是用指针式万用表识别二极管极性方法说明。模拟万用表用电阻挡测量时，其黑表笔接电表内电池的正极，红表笔接电表内电池的负极。

 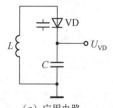

（a）几种变容二极管实物图　　（b）图形符号　　（c）应用电路

图 2.11　变容二极管的实物、电路符号和应用电路　　　图 2.12　肖特基二极管图形符号

表 2.13　用指针式万用表识别二极管极性方法说明

接线示意图	指　针	说　明
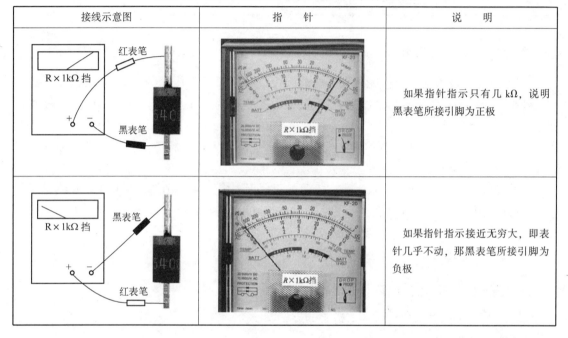		如果指针指示只有几 kΩ，说明黑表笔所接引脚为正极
		如果指针指示接近无穷大，即表针几乎不动，那黑表笔所接引脚为负极

通常锗材料二极管的正向电阻值为 1kΩ 左右，反向电阻值为 300kΩ 左右；硅材料二极管的正向电阻值为 5kΩ 左右，反向电阻值为 ∞（无穷大）。二极管正向电阻越小，反向电阻越大则其性能越好。若测量时表针左右摆动，则说明二极管热稳定性差。

若测得二极管的正、反向电阻值均接近 0 或阻值较小，则说明该二极管内部已击穿短路或漏电损坏；若测得二极管的正、反向电阻值均为无穷大，则说明该二极管已开路损坏。

2. 稳压二极管的检测

（1）稳压二极管极性与性能好坏的测量。稳压二极管极性与性能好坏的测量方法与普通二极管的测量方法相似，不同之处在于：当使用万用表的 R×1kΩ 挡测量二极管时，测得其反向电阻是很大的，此时将万用表转换到 R×10kΩ 挡，如果出现万用表指针向右偏转较大角度，即反向电阻值减小很多的情况，则该二极管为稳压二极管；如果反向电阻基本不变，说明该二极管是普通二极管。此方法仅适用于稳压值小于 9V 的稳压二极管。万用表 R×10kΩ 挡表内电池电压通常为 9V。

（2）稳压二极管稳压值的测量。表 2.14 提供了稳压二极管稳压值的测量方法，该方法可测稳压值在 28V 以下的稳压管。

表 2.14　稳压二极管稳压值的测量

接线示意图	说　　明
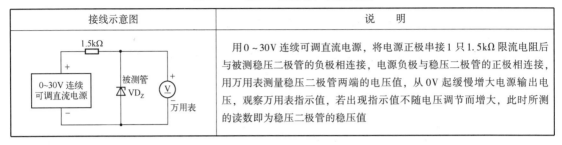	用 0～30V 连续可调直流电源，将电源正极串接 1 只 1.5kΩ 限流电阻后与被测稳压二极管的负极相连接，电源负极与稳压二极管的正极相接，用万用表测量稳压二极管两端的电压值，从 0V 起缓慢增大电源输出电压，观察万用表指示值，若出现指示值不随电压调节而增大，此时所测的读数即为稳压二极管的稳压值

3. 发光二极管的检测

（1）发光二极管正、负极的判别与普通二极管相同，用万用表的 R×10kΩ 挡（此挡用于测量的内部电池通常为 9V），通过测量发光二极管的正、反向电阻值可判别二极管的极性。

（2）性能好坏的判断。用万用表的 R×10kΩ 挡测量发光二极管，当指针偏转时，发光二极管会发光，此时黑表笔接的为发光二极管的正极，且说明发光二极管正常。

若用万用表 R×1kΩ 挡测量发光二极管的正、反向电阻值，则会发现其正、反向电阻值均接近 ∞（无穷大），这是因为大多数发光二极管的正向压降大于 1.6V（高于万用表 R×1kΩ 挡内电池的电压值 1.5V）的缘故。

也可以采用直流电源串接电阻来测量发光二极管的好坏。

4. 用数字万用表测试二极管管脚及极性

表 2.15 是用数字万用表检测二极管的方法。

表 2.15　用数字万用表检测二极管的方法

接线示意图	指 示 数 值	说　　明
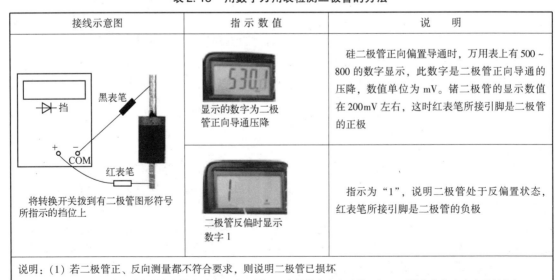将转换开关拨到有二极管图形符号所指示的挡位上	显示的数字为二极管正向导通压降	硅二极管正向偏置导通时，万用表上有 500～800 的数字显示，此数字是二极管正向导通的压降，数值单位为 mV。锗二极管的显示数值在 200mV 左右，这时红表笔所接引脚是二极管的正极
	二极管反偏时显示数字 1	指示为"1"，说明二极管处于反偏置状态，红表笔所接引脚是二极管的负极
说明：（1）若二极管正、反向测量都不符合要求，则说明二极管已损坏 　　　（2）数字万用表的内部结构与指针式万用表不同，红表笔接表内电池的正极，而黑表笔接表内电池的负极		

2.3 简单直流稳压电源

在很多情况下，需要把220V的交流市电转换成稳定的直流电源，如电视机中就有交直流变换电路；手机虽然是用电池供电，但对电池充电时，也需要把交流市电转换成直流电。

直流稳压电源是把交流电整流变换成稳定的直流电的电子电路，通常包括降压、整流、滤波和稳压四部分电路，这里介绍的简单直流稳压电源由变压器降压、半导体二极管整流电路、电容滤波电路和稳压二极管稳压电路组成。

2.3.1 单相半波整流电路

1. 电路组成及工作原理

单相半波整流电路见表2.16，它是在变压器次级绕组回路串入一只二极管，利用其单向导电性实现把交流电压转变为直流电压。图中 R_L 表示负载。

表2.16 单相半波整流电路

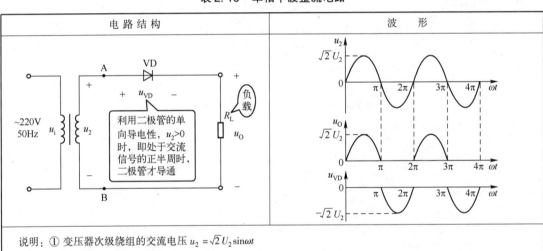

说明：① 变压器次级绕组的交流电压 $u_2 = \sqrt{2}\,U_2 \sin\omega t$

② 设二极管工作在理想情况下，$u_{VD} > 0$ 导通，交流信号有正、负周期，二极管在正半周期导通，所以负载 R_L 上得到的电压 u_O 为单向脉冲电压

2. 负载上直流电压与电流值的估算

整流后，负载得到的直流电压与电流值的估算公式见表2.17。

表2.17 负载得到的直流电压与电流值的估算公式

名　　称	公　　式
负载两端的电压为半波脉动直流电压平均值 U_O	$U_O = \dfrac{\sqrt{2}}{\pi} U_2 \approx 0.45 U_2$
负载中流过的电流是半波脉动直流电流平均值 I_L	$I_L = \dfrac{U_O}{R_L} \approx \dfrac{0.45 U_2}{R_L}$

3. 二极管的选择

选配整流二极管时，最大平均电流和承受的反向电压最大值不能超过规定值，具体标准见表 2.18。

表 2.18　整流二极管最大平均电流和承受的反向电压最大值的估算公式

名　称	估　算　公　式
最大平均电流	$I_F \geqslant I_L = 0.45 U_2 / R_L$
承受的反向电压最大值	$U_{RM} \geqslant \sqrt{2} U_2$

2.3.2　单相桥式整流电路

半波整流电路的缺点是变压器的利用效率低。常用的整流电路为桥式整流电路，它是一种全波整流电路，其整流元件使用了四只二极管接成电桥形式。

1. 电路组成及工作原理

桥式整流电路如图 2.13（a）所示，电路中的四只二极管可以用四只分立的整流二极管构成，也可以使用一个内部集成了四个二极管的桥堆，图 2.13（b）是整流电桥的简化画法。桥式整流电路工作原理分析见表 2.19。

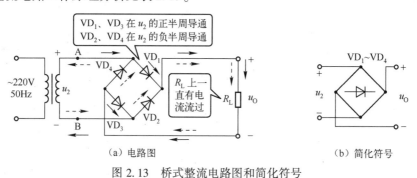

（a）电路图　　　　　　　　　　　（b）简化符号

图 2.13　桥式整流电路图和简化符号

表 2.19　桥式整流电路工作原理分析

名　称	电路结构与波形	分　析
输入 u_2 的波形	u_2 $\sqrt{2} U_2$ 0 π 2π 3π ωt	输入 u_2 为正弦波
u_2 正半周时的电路导通情况	VD₁、VD₃ 在 u_2 的正半周导通 ~220V 50Hz A VD₁ VD₃ B R_L u_O	在 u_2 的正半周，若 A 端为正，B 端为负，则二极管 VD_1、VD_3 被正向偏置导通，VD_2、VD_4 因被反向偏置而截止。电流的流向为 A→VD_1→R_L→VD_3→B，$u_O = u_2$

名 称	电路结构与波形	分 析
u_2 正半周时的 i_L 波形	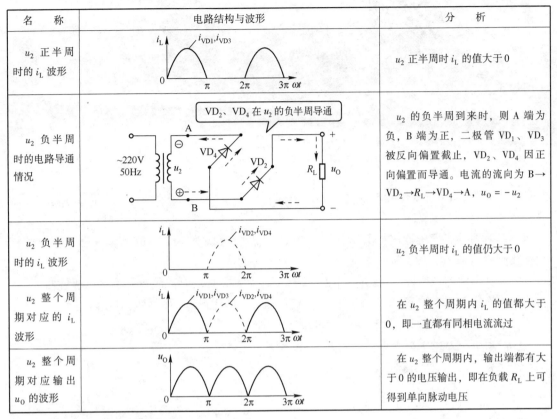	u_2 正半周时 i_L 的值大于0
u_2 负半周时的电路导通情况		u_2 的负半周到来时，则 A 端为负，B 端为正，二极管 VD_1、VD_3 被反向偏置截止，VD_2、VD_4 因正向偏置而导通。电流的流向为 B→VD_2→R_L→VD_4→A，$u_O = -u_2$
u_2 负半周时的 i_L 波形		u_2 负半周时 i_L 的值仍大于0
u_2 整个周期对应的 i_L 波形		在 u_2 整个周期内 i_L 的值都大于0，即一直都有同相电流流过
u_2 整个周期对应输出 u_O 的波形		在 u_2 整个周期内，输出端都有大于0的电压输出，即在负载 R_L 上可得到单向脉动电压

注：设二极管工作在理想状态下。

2. 二极管的选配

当桥式整流电路发生故障需更换二极管时，可参照表 2.20 所示的参数进行估算。

表 2.20　桥式整流电路的估算公式

参数名称	估算公式	说 明
负载两端的直流电压 U_O	$U_O = 0.9U_2$	
输出电流 I_O	$I_O = U_O/R_L$	
二极管的正向平均电流	$I_F \geq I_O/2$	选取二极管的参数要大于对应值，并有一定的余量
最高反向工作电压 U_{RM}	$U_{RM} \geq \sqrt{2}U_2$	

想一想：（1）如果桥式全波整流电路中 4 只二极管全都接反了会出现什么现象？

（2）如果图 2.13 中所示的 VD_2 开路会出现什么现象？

3. 整流桥堆的使用

在使用过程中，可以把 4 个整流二极管封装在一起，做成整流桥堆，某些整流桥堆的实物见图 2.14。整流桥堆有 4 个端子，使用时可根据器件上的标记正确连接。测试时可参照全波整流时二极管的连接方法对器件进行性能测试。

图2.14　某些型号的整流桥堆实物图

【边学边做】　搭接由整流桥堆组成的应用电路。

步骤：

（1）按图2.15所示焊接整流桥堆整流电路，图中3与5端子，4与6端子，在做完步骤（3）后再连通。

（2）采用隔离变压器进行降压，把220V的交流信号降为12V的交流信号输出至整流桥堆，整流桥堆采用KBP206。

（3）用示波器观察图2.15中1、2两端和3、4两端的波形，注意所测电压极性。

（4）连通图2.15中的3与5端子，4与6端子，即把虚线后两只电容接入电路。

（5）再次检测图2.15中3、4两端的波形。注意所检测电压的极性。

（6）记录测量到的波形并读出相应的电压值。

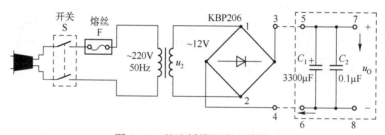

图2.15　整流桥堆整流电路图

想一想：为什么连通电容器前后两次检测到3、4端的波形不相同？第二次检测所得的输出波形是否比较平整？电路中的C_1和C_2起什么作用？

2.3.3　滤波电路

整流后得到的直流电是脉动直流电，这种直流电一般不能作为电子电路的供电电源，而需通过滤波电路获得较为平滑的直流电。上述"边学边做"中的C_1和C_2就起到滤波的作用。

想一想：

（1）经过滤波后的波形与输入波形有什么不同？

（2）滤波电容器的容量取值是大还是小为好？为什么？为什么在容量为$3300\mu F$的电容器旁要并联一只容量为$0.1\mu F$的小电容器？

思考与分析：电容器能储存电荷，把电容器与输出端并联，在输入为高电压时电容储存电荷，在输入为低电压时电容释放电荷，因此输出端的信号就比较平滑。

结论：电容器可作为滤波元件使用。

1. 电容滤波电路

表 2.21 清楚地表述了电容对脉动直流的滤波作用。

表 2.21　电容对脉动直流的滤波作用

名　称	电　路　图	波　形　图	说　明
u_2 输入波形			
开关不接滤波电容时电路及负载波形			无滤波电容时输出脉动波形
接入 50μF 电容时的电路及负载波形			加入 50μF 电容后，二极管导通时，R_L 上有电流流过，同时电容充电。二极管截止时，电容放电，R_L 上仍有电流流过，u_L 的电压一直大于 0
接入 470μF 电容时的电路及负载波形			加入 470μF 电容后，电容量增大，充放电速度放慢，u_L 的电压波形比较平缓

（1）滤波电容的选择。滤波电容 C 的数值，在可能情况下，数值越大滤波效果越好。实际使用时，电容容量太大会造成二极管在开机瞬间流过较大的电流。

为了保证电容器的安全，电容器的耐压值 U_C 通常要求：

$$U_C > 2U_2$$

（2）输出直流电压的估算。为了保证滤波效果，通常选取 $R_L C \geqslant (3 \sim 5) T$（半波整流时），$T$ 为交流电的周期，$R_L C \geqslant (3 \sim 5) T/2$（桥式整流电路时），此时输出电压可按下面的经验公式估算：

$$U_0 \approx 1 \sim 1.1 U_2 \quad \text{（半波整流电路）}$$

$$U_0 \approx 1 \sim 1.2 U_2 \quad \text{（桥式整流电路）}$$

（3）电容滤波电路的特点：电路结构简单，输出电压相比未加电容滤波时有所提高，输出电压的脉动成分减少，是最常用的一种滤波电路。

想一想：试画出桥式全波整流电容滤波电路。

2. 电感滤波电路

电感也同电容一样，能储存能量，因此同样可以应用于滤波电路中。图2.16所示为桥式整流电感滤波电路，滤波元件 L 与负载是串联的，利用流过电感的电流不能突变的特性，可以在负载 R_L 上得到较为平滑的直流电压。

输出电压的估算：在忽略电感 L 上的直流压降时，R_L 两端的直流电压为：

$$U_0 \approx 0.9U_2$$

电感滤波的优点是：在负载电流较大的场合，脉动反而较小，故这种电路适用于电压低、负载电流较大的场合。

其缺点是体积大、成本高、存在电磁干扰。

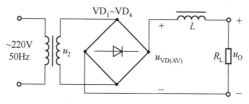

图2.16　电感滤波电路

3. 复式滤波电路

为了提高滤波效果，可以采用复式滤波电路。这种电路中，电感与负载串联以减小电流的波动，电容与负载并联以减小电压的波动，从而使负载 R_L 上得到更加平滑的直流电。

图2.17（a）所示为 Γ 型滤波电路，图（b）、（c）所示为 π 型滤波电路，其电路结构可以看做是在电容滤波的基础上又加了 Γ 型滤波电路。图（c）用电阻替代电感，可应用在负载需要的电流较小的场合。

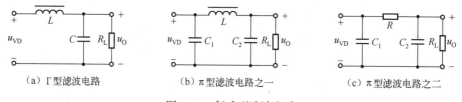

（a）Γ型滤波电路　　　　（b）π型滤波电路之一　　　　（c）π型滤波电路之二

图2.17　复式型滤波电路

【例2-1】　如图2.18所示桥式整流电容滤波电路中，已知变压器次级输出电压 $U_2 =$ 20V（有效值），如果下述元件故障，测量负载两端电压应为多少？

（1）R_L 断开了，（2）VD_1 开路，（3）滤波电容 C 开路。

解： 根据单相桥式整流电容滤波电路中，输出电压与输入电压的关系式，$U_0 = 1.2U_2$，

第（1）种情况，在没有负载的情况下，输出达到交流电压的峰值，$U_0 \approx \sqrt{2}U_2 \approx 1.4 \times 20 = 28$（V）。

第（2）种情况，VD_1 开路，相当于半波整流电容滤波电路，输出电压约等于输入电压，$U_0 \approx U_2 = 20V$。

第（3）种情况，滤波电容 C 开路，$U_0 = 0.9U_2 = 18$（V）。

桥式整流电路的实物图见图2.19所示，图（a）所示是截取 VCD 电源的整流滤波电路，图中最右边容量为 0.1μF 的涤纶电容与电解电容并联共同滤波，其目的是为了更好地滤除高频信号。图（b）所示是截取于电视机的整波滤波电路，图中与整流二极管并联的瓷片电容是为了防止尖脉冲对二极管造成冲击，起保护作用。

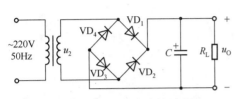

图 2.18　桥式整流电容滤波电路

（a）实物图 1　　　　　　（b）实物图 2

图 2.19　桥式整流电路的实物图

2.3.4　小功率直流电源

图2.20所示是一实用的小功率输出的直流稳压电路，采用了桥式整流、电容滤波和稳压管稳压，当输入电源的电压产生波动或负载电阻大小发生变化时，输出电压 U_0 的大小基本稳定，其值决定于稳压管 VD_Z 的稳压值。

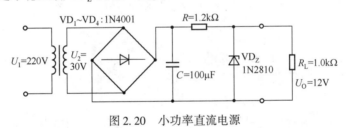

图 2.20　小功率直流电源

想一想：若要求具有较大的输出电流（如1A），能否采用图2.20所示的电路来实现?

实训 2　简单直流稳压电源的安装与调试

1. 实训目的

（1）让学生接触并实际应用二极管和稳压二极管等元器件。
（2）增强学生的实际动手能力，提高学习兴趣。

2. 实训器材

万能线路板1块，整流桥堆 KBP206、稳压二极管 2CW14（或其他型号，稳压值在 6V 左右）各1只，其他二极管多种。1/2W 1.2kΩ 限流电阻1只，1/4W 2kΩ 可调电阻器1只，作为负载 R_L，47μF/50V 和 470μF/50V 电解电容各一只，万用表1只，实训电源（能提供 0～15V，1A 交流电源）1台。

3. 实训电路工作原理

稳压电源的实训电路见图 2.21 所示，输入的 50Hz 交流信号经整流桥整流后成为脉动直流信号，经电容 C_1、C_2 滤波后，经限流电阻 R 输出到负载 R_L，在输出端并联了稳压二极管 VD_Z。只要输入电压不要变化太大，则输出电压基本保持在稳压二极管的稳压值。

4. 实训内容和步骤

（1）检测元器件。主要进行二极管的检测。

（2）实训电路板安装。

① 按图 2.21 所示在万能线路板上安装连接好电路，图中 4、5 两端先断开，开关 S 扳向 "1" 端。

② 各实训小组互相检查有否短路和连接错误。

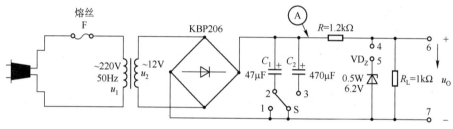

图 2.21 简单稳压电源安装图

（3）电压和波形测试。通电测试，记录相应的波形和数据。

① 测量变压器的次级输出电压和波形，调整为 ~12V。

② 在开关 S 打向 "1" 时测量整流后输出的电压和波形，测试点为图 2.21 所示 R 的左端，即 A 点。

③ 在开关 S 打向 "2" 时测量整流后输出的电压和波形，测试点为 A 点。

④ 在开关 S 打向 "3" 时测量整流后输出的电压和波形，测试点为 A 点，然后测 R_L 两端的电压值。

⑤ 改变变压器的次级输出电压，调整为 ~8V。测试开关扳向 "3" 时测量 R_L 两端的电压值。

*（4）稳压测试（此项内容为选做）。连接图 2.21 中所示的 4 和 5 两端，即把稳压管接入电路。

① 通电测试：输入电压调整为 ~13V，测量输出电压值在负载电阻 R_L 调整为 1kΩ 时的负载电流值。

② 稳压性能的简易测试：将输入电压分别调整为 ~10V、~12V 和 ~5V，负载电阻为 1kΩ 时，测量输出电压值，将测量结果填入表 2.22；在输入电压调整为 ~13V，负载电阻分别调整为 0.5kΩ、1kΩ 和 1.5kΩ 时，测量输出电压值，将测量结果填入表 2.23。

表 2.22 输入电压改变时的输出电压

输入电压（V）	10	12	5
输出电压（V）			

表 2.23　负载电阻改变时的输出电压

负载电阻（kΩ）	0.5	1	1.5
输出电压（V）			

5. 实训报告要求

（1）画出实训电路图，简单描述其工作原理。

（2）写出实训步骤，记录实训的测量数据。

（3）对记录的波形简单分析，说明电容参数对滤波性能的影响。

（4）对记录的数据进行分析，检测实训值和理论值是否一致，如有差异，分析原因。

（5）分析表 2.22 和表 2.23，对这一电路的稳压性能进行评价。

6. 想想做做

制作一个稳压输出为 5V 的直流电源。

本 章 回 顾

（1）二极管是由 PN 结构成的，PN 结的单向导电性决定了二极管的单向导电性。给二极管外加正向电压且等于或大于门限电压 U_{TH} 时，二极管导通；当给二极管外加反向电压时，二极管截止。

（2）二极管的伏安特性是二极管的电流与电压关系曲线，总体上反映了二极管的特性。正向特性区域的非线性和近似线性关系是很重要的，不同用途的二极管所使用的伏安特性的线段不同。反向特性区域分为反向截止区和反向击穿区。稳压二极管工作在反向击穿区。

（3）二极管的主要参数在整流电路中最关注的有：最大整流电流 I_F 和最高反向工作峰值电压 U_{RRM}。

（4）特殊二极管指的是具有特殊用途的二极管：稳压二极管用于稳压电路；发光二极管用于指示电路；二极管数码管是数字电路中常用的显示器件；光电二极管是重要的光电转换器件；变容二极管是利用 PN 结的电容量随外加电压变化的特性制成的二极管，常用于高频调谐电路，很多场合都要用到。

（5）简单的直流稳压电路由变压器、整流电路、滤波电路和稳压管稳压电路构成。

习　题　2

一、选择题

2.1　半导体二极管具有（　　　）

　　A. 导通特性　　　　　　　B. 双向导通特性　　　　　C. 单向导通特性

2.2　稳压二极管工作在稳压状态时，其工作区是伏安特性的（　　　）。

　　A. 正向特性区　　　　　　B. 反向击穿区　　　　　　C. 反向特性区

2.3　对于同一只二极管用万用表不同的挡位测出的正向电阻值会存在差异，主要原因是（　　　）。

　　A. 万用表在不同的挡位，其内阻不同。

　　B. 二极管有非线性的伏安特性。

　　C. 被测二极管的质量差。

二、选择填空题

2.4　二极管导通时，则二极管两端所加的是_____电压。（正向偏置；反向偏置）

2.5　当二极管两端正向偏置电压大于_____电压时，二极管才能导通。（击穿；饱和；门限）

2.6 二极管两端的反向电压增高时，在达到_____电压以前通过的电流很小。（击穿；最大；短路）

2.7 有人在测量一个二极管反向电阻时，为了使万用表测试笔接触良好，就用两手把管脚与表笔捏紧，结果测得管子的反向电阻较小，认为该二极管不合格，但将这只管子应用在电路里却能工作正常，这是为什么？

2.8 在表 2.10 所示的稳压电路中，如果 R 的值为零，电路还能有稳压作用吗？如果 R 的值取得较小，稳压效果会怎样变化？

2.9 桥式整流电路如图 2.13（a）所示，已知 $u_2 = 20V$（有效值），试求：

（1）估算输出电压 u_0 的数值。

（2）若电路中任意一只二极管开路（脱焊），输出电压 U_0 的数值有何变化？

2.10 桥式整流电容滤波电路如图 2.18 所示，已知 $R_L = 40\Omega$，$C = 1000\mu F$，用交流电压表测得 $U_2 = 20V$（有效值），现在用直流电压表测得负载两端的电压为 U_0。如果 C 断开，$U_0 = $（ ）；如果 R_L 断开，$U_0 = $（ ）；如果电路完好，$U_0 = $（ ）；如果 VD_1 断开，$U_0 = $（ ）；如果 C 断开，VD_1 也断开，$U_0 = $（ ）。

2.11 在图 2.18 所示的单相桥式整流电路中，把滤波电容 C 取消，$U_2 = 20V$（有效值），试求：

（1）若二极管 VD_1 内部短路，电路会出现什么现象？

（2）若二极管 VD_2 虚焊（断路），电路会出现什么现象？

（3）若二极管 VD_3 接反，电路会出现什么现象？

2.12 电路如图 2.18 所示，已知交流电频率为 50Hz，负载电阻 R_L 为 120Ω，直流输出电压为 30V。求：

（1）直流负载电流 I_0。

（2）选择二极管的最大整流电流 I_F 和最高反向工作峰值电压 U_{RRM}。

（3）选择滤波电容的容量。

2.13 电路如图 2.18 所示，已知 $U_2 = 20V$（有效值），$R_L = 40\Omega$，$C = 1000\mu F$。试问：

（1）正常工作时，输出电压 U_0 等于多少？

（2）如果电路中有一个二极管开路，U_0 是否为正常值的一半？

（3）如测得 U_0 为下列值时，可能发生什么故障？

$U_0 = 18V$，$U_0 = 28V$，$U_0 = 9V$。

第3章　晶体三极管及放大电路基础

学习目标

(1) 了解三极管的电流放大作用。

(2) 掌握用万用表判别三极管的引脚和性能好坏的方法。

(3) 了解三极管的三种组态特点，掌握共射电路的基本结构。

(4) 了解放大电路性能指标，掌握用万用表调试三极管各参数的方法。

(5) 了解多级放大电路的形式。

(6) 制作放大电路，把微弱的电信号进行放大，如制作一个耳机放大器。

电视机天线接收到的信号是很微弱的，要处理成声音和图像就要经过多次放大；助听器能够帮助听力较差的人听清楚声音，要经过放大；工业生产和日常生活中需要将微弱变化的电信号放大几百倍、几千倍甚至几十万倍之后去带动执行机构，对生产设备进行测量、控制或调节；完成上述这些任务的电路就是放大电路，简称放大器。

在电路中，常用做放大电信号的器件是晶体三极管，简称三极管，三极管的主要作用除了放大电信号，还可以起到信号控制等作用。

3.1　三极管的结构和基本特性

三极管是有三个端子的器件，主要用于信号的放大和控制。三极管按其极性分为 NPN 型和 PNP 型。

3.1.1　初识三极管

图 3.1（a）是某一型号电视机预视放电路采用的三极管。NPN 型三极管的符号如图 3.1（b）所示。"三极"分别是基极 B，集电极 C 和发射极 E。NPN 三极管的工作特点与图 3.1（c）所示水阀控制相当。图中，小水管的小水流等效成基极电流，这一电流可以控制

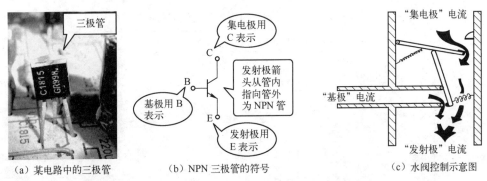

（a）某电路中的三极管　　（b）NPN 三极管的符号　　（c）水阀控制示意图

图 3.1　NPN 三极管的符号，控制示意和实际器件

等效成集电极电流的大水管水流。三极管实现控制的前提是，基极 – 发射极之间的"电压"必须大于0.5V，才能"冲开"基极的阀门，即基极 – 发射极之间存在0.5V的阈值；而集电极 – 发射极之间也必须至少存在0.3V的"电压差"；这些是三极管正常工作必须满足的条件。

3.1.2　三极管的基本结构

三极管的结构如图3.2和图3.3所示，它可以看成由两个PN结构成，引出三个极。集电区与基区之间的PN结称为集电结，基区和发射区之间的PN结称为发射结。三极管两个PN结掺入的杂质元素的多少是不同的，集电极与发射极不能调换使用。

NPN型和PNP型三极管，其符号上的发射极的箭头指向是不同的，箭头指向代表了该类型管子发射极电流的方向。图3.2所示三极管是NPN型三极管，图3.3所示三极管是PNP型三极管。

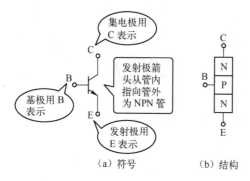

图3.2　NPN型三极管的符号与结构

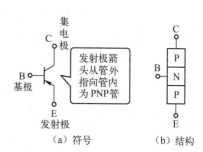

图3.3　PNP型三极管符号与结构

3.1.3　三极管的工作特点

三极管各极的电流关系

三极管具有电流放大作用，在正常的偏置条件下，集电极电流 I_C 由基极电流 I_B 控制。表3.1以NPN型三极管为例，说明各极间的电流关系。PNP型三极管三个电极的电流流向与NPN型三极管相反。

表3.1　NPN型三极管各极间电流关系

种　类	图　例	说　明
电流方向	基极电流从管外流入管内　I_B　集电极电流从管外流入管内　I_C　B　发射极箭头朝外，所以，发射极电流从管内流向管外，发射极电流等于基极电流与集电极电流之和　I_E　E	发射极的箭头确定发射极电流 I_E 的方向　发射极的电流是基极电流和集电极电流之和，据此可判断基极电流 I_B 和集电极电流 I_C 的方向

种　类	图　例	说　明
电流控制作用（对输入电流的放大作用）	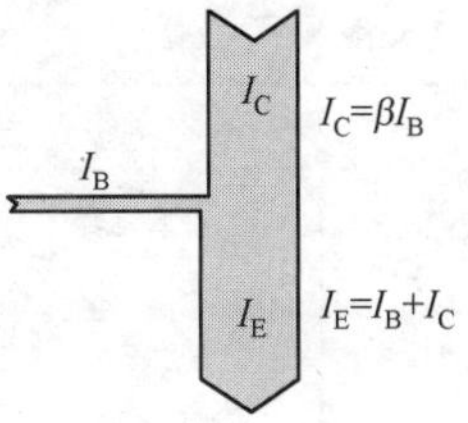	三极管具有电流放大作用，它用很小的基极电流 I_B 来控制比较大的集电极电流 I_C。在放大的情况下，I_C 和 I_B 的关系式为：$$I_C = \beta I_B$$ β 是电流放大系数，其值为几十甚至更大，即只要有小的 I_B，就可以得到较大的 I_C $$I_E = I_B + I_C$$ 可见：$I_B = 0$，I_C、I_E 都将为 0
偏置电路	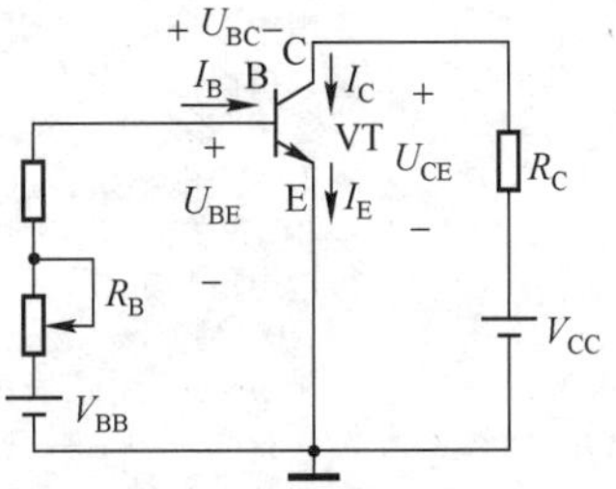 常用放大电路的结构	为产生电流方向是流向管内的 I_B 和 I_C，通常要给三极管提供直流偏置。 偏置电路由 V_{BB}，V_{CC}，R_B 和 R_C 构成，当三极管所加电源极性如左图所示，即发射结正向偏置、集电结反偏置时，三极管才可能处于放大状态

3.1.4　三极管的分类

三极管的种类很多，按极性分为 NPN 管和 PNP 管；按材料分为硅三极管和锗三极管；按工作频率分为低频三极管和高频三极管等。

表 3.2 是几种三极管实物照片及说明。三极管有三个引出端子。体积越大的三极管，额定功率越高。大功率三极管要考虑散热。

表 3.2　几种三极管的实物图

实物图	 TO-92 塑封	 TO-220 塑封	 TO-3P 塑封
应用说明	小功率三极管，放大电压信号，并作为各种控制电路中的控制器件	塑料封装大功率三极管，在顶部有一个开孔的小散热片	塑料封装大功率三极管，上端带孔方便安装散热片
实物图	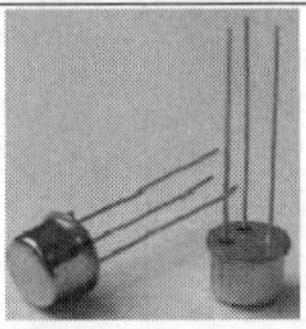 金属封装 A3-02B	 TO-3 金属封装	 TO-23 贴片封装
应用说明	用于高频反向高电压电路	输出功率较大，帽子顶部用来安装散热片，其金属外壳本身也是一个散热部件，两个孔用来固定三极管。只有基极和发射极两根引脚，集电极就是三极管的金属外壳	贴片三极管的引脚很短，它装配在电路板铜箔线路一面

【边学边练】用指针式模拟万用表检测三极管性能。采用指针式模拟万用表检测三极管的方法见表3.3 所示。

表3.3 模拟万用表检测三极管

测试目的	连线图	说 明
判别基极和三极管的类型	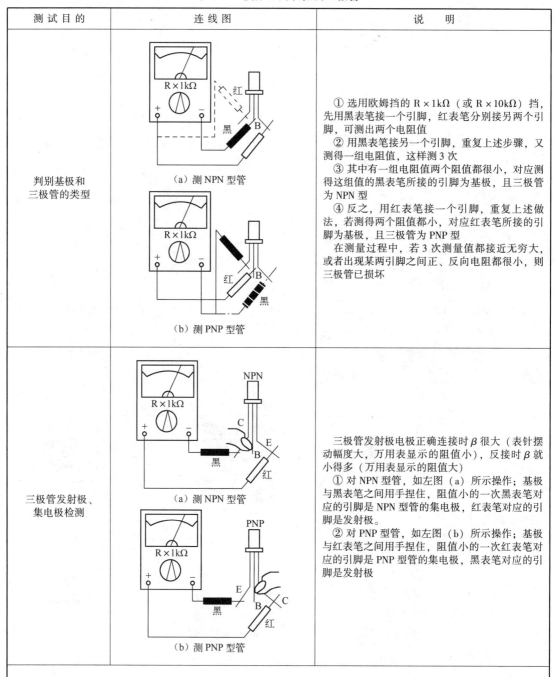	① 选用欧姆挡的 R×1kΩ（或 R×10kΩ）挡，先用黑表笔接一个引脚，红表笔分别接另两个引脚，可测出两个电阻值 ② 用黑表笔接另一个引脚，重复上述步骤，又测得一组电阻值，这样测 3 次 ③ 其中有一组电阻值两个阻值都很小，对应测得这组值的黑表笔所接的引脚为基极，且三极管为 NPN 型 ④ 反之，用红表笔接一个引脚，重复上述做法，若测得两个阻值都小，对应红表笔所接的引脚为基极，且三极管为 PNP 型 在测量过程中，若 3 次测量值都接近无穷大，或者出现某两引脚之间正、反向电阻都很小，则三极管已损坏
三极管发射极、集电极检测		三极管发射极电极正确连接时 β 很大（表针摆动幅度大，万用表显示的阻值小），反接时 β 就小得多（万用表显示的阻值大） ① 对 NPN 型管，如左图（a）所示操作；基极与黑表笔之间用手捏住，阻值小的一次黑表笔对应的引脚是 NPN 型管的集电极，红表笔对应的引脚是发射极。 ② 对 PNP 型管，如左图（b）所示操作；基极与红表笔之间用手捏住，阻值小的一次红表笔对应的引脚是 PNP 型管的集电极，黑表笔对应的引脚是发射极

说明：(1) 测试时，利用万用表内的电池给三极管供电，用手捏相当于在测量中加入人体电阻
　　　(2) 确认三极管发射极和集电极后，用手捏住基极和集电极，表针摆动幅度大，说明 β 值较高，摆动幅度不大或不摆动，说明三极管性能变坏或已损坏

想一想：复习第 2 章所介绍的采用数字万用表测试二极管的方法，想想如果采用数字万用表区分三极管的管脚和判断其好坏，方法如何？

3.1.5 三极管的工作状态

1. 三极管的三种组态

三极管在电路中使用时，必须要有一个电极作为输入、输出端的公共端子，由此引出三极管的三种组态（接法），如图 3.4 所示，每一种组态都有相应的输入输出特性。

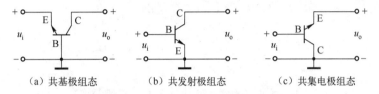

（a）共基极组态　　　　（b）共发射极组态　　　　（c）共集电极组态

图 3.4　三极管放大电路的三种组态

2. 共发射极放大电路的输入输出特性

表 3.4 是共发射极放大电路的输入输出特性说明，输入输出回路中，要给电路加入相应的偏置电压，U_S 和 R_B 表示给三极管基极提供的信号源和偏置电阻。

表 3.4　共发射极输入输出特性及工作状态说明

输入回路	输入特性曲线	输入特性说明
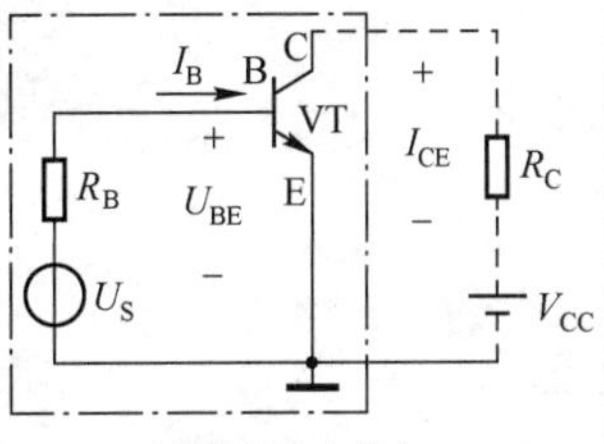 （虚线框内电路）	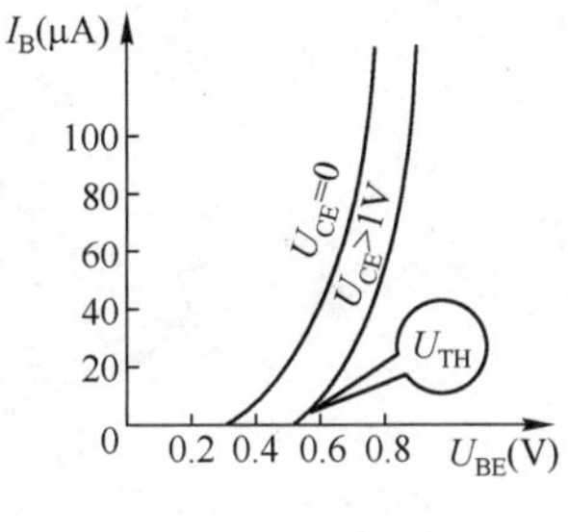 $I_B(\mu A)$ 曲线图，标注 $U_{CE}=0$、$U_{CE}>1V$、U_{TH}，横轴 $U_{BE}(V)$	$U_{CE}=0$ 时，三极管 C、E 间短路，呈现二极管的伏安特性。$U_{CE}>0$ 时，所有曲线底部基本重合 U_S 和 R_B 的取值，可改变 U_{BE} 的大小，控制三极管的工作状态 （1）$U_{BE} < U_{TH}$，三极管截止，$I_B \approx 0$ （2）$U_{BE} > U_{TH}$，三极管导通，$I_B > 0$ 硅管的阈值电压 U_{TH} 约为 0.5V 锗管的阈值电压 U_{TH} 约为 0.1V 三极管导通后，U_{BE} 基本不变，硅管约 0.7V，锗管约 0.3V

输出回路	输出特性曲线
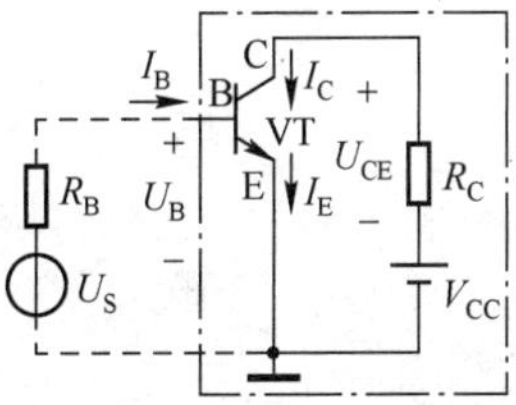 （虚线框内电路）	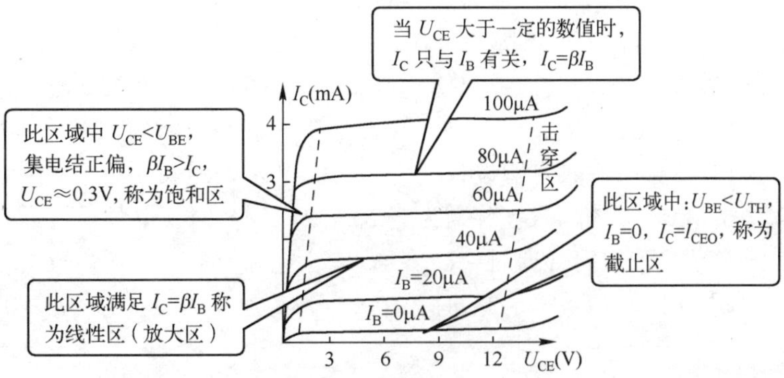 当 U_{CE} 大于一定的数值时，I_C 只与 I_B 有关，$I_C=\beta I_B$ 此区域中 $U_{CE}<U_{BE}$，集电结正偏，$\beta I_B>I_C$，$U_{CE}\approx0.3V$，称为饱和区 此区域中：$U_{BE}<U_{TH}$，$I_B=0$，$I_C=I_{CEO}$，称为截止区 此区域满足 $I_C=\beta I_B$ 称为线性区（放大区） $I_C(mA)$ 曲线标注 100μA、80μA、60μA、40μA、$I_B=20\mu A$、$I_B=0\mu A$，击穿区，横轴 $U_{CE}(V)$

三极管四种区域对应工作状态说明			
$I_B \approx 0$，截止区	$I_B > 0$，三极管导通		
	放大区	饱和区	击穿区
$I_B \approx 0 \rightarrow I_C \approx 0$：三极管 C、E 间相当于开关断开，$r_{CE} \approx \infty$，$U_{CE} \approx V_{CC}$	$I_C = \beta I_B$，I_B 固定则 I_C 固定 $U_{CE} = V_{CC} - I_C \times R_C$ 放大状态下，$U_{CE} > 1V$	$I_C > 0$，$U_{CE} = V_{CC} - I_C \times R_C > 0$，所以，$I_C$ 存在最大值 I_{CS}，U_{CE} 存在最小值 U_{CES}。$I_C = I_{CS}$ 时，三极管饱和，硅管 $U_{CES} \approx 0.3V$，锗管 $U_{CES} \approx 0.1V$，$U_{CE} < U_{BE}$，集电结正偏：$$I_{CS} = \frac{V_{CC} - U_{CES}}{R_C} \approx \frac{V_{CC}}{R_C}$$ 对应临界饱和基极电流 I_{BS}：$$I_{BS} = \frac{I_{CS}}{\beta} = \frac{V_{CC} - U_{CES}}{\beta R_C} \approx \frac{V_{CC}}{\beta R_C}$$ 当 $I_B > I_{BS}$，$I_C \approx I_{CS} \neq \beta I_B$，$I_C$ 不随 I_B 的增长而增长 饱和时，三极管 C、E 间相当于开关闭合，$r_{CE} \approx 0$	U_{CE} 如增大到某一数值时，I_C 将急剧增长，易损坏三极管，称为进入击穿区。正常工作时，三极管要避免进入这种工作状态
说明：(1) 三极管的工作状态通常是指：截止、放大和饱和三种 (2) 三极管在饱和和截止状态时，不按放大状态的电流放大倍数来放大输入信号			

3. 三极管截止和饱和时的等效电路

图 3.5 所示是硅三极管截止和饱和状态时的等效电路。三极管截止时，相当于开关断开，而三极管饱和时，BE 间可以看做是电阻为 0，电压值为 0.7V 的电压源，CE 间是电阻为 0，电压值为 0.3V 的电压源。

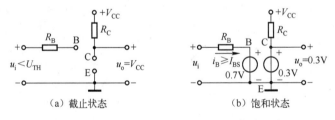

（a）截止状态　　　　　　（b）饱和状态

图 3.5　硅三极管截止饱和状态时的等效电路

结论：三极管的工作状态判断。

(1) 当 $U_{BE} < U_{TH}$ 时，$I_B = 0$，三极管截止，C、E 间相当于开关断开，$I_C = 0$。

(2) 当 $i_B > I_{BS}$ 时，三极管饱和，C、E 间相当于开关闭合，$i_C = I_{CS}$。

(3) 当 $U_{BE} > U_{TH}$，且 $0 < i_B < I_{BS}$，则三极管处在放大状态，$i_C = \beta i_B$。

【例 3 - 1】　某音响设备内有一放大电路如图 3.6 所示，$\beta = 50$，$V_{CC} = 12V$，$R_B = 68k\Omega$，$R_C = 6.8k\Omega$，分析当 U_{SB} 分别为 $-3V$、2V、5V 时，晶体管工作在哪一个区？已知图中三极管是硅管，三极管导通时，$U_{BE} \approx 0.7V$，饱和导通时，$U_{CE} = U_{CES}$（饱和压降）$\approx 0.3V$。

　　解：(1) 当 $U_{SB} = -3V$ 时，$U_{BE} = -3V < U_{TH}$，$I_B = 0$，$I_C = 0$，三极管工作在截止区。

　　(2) 当 $U_{SB} = 2V$ 时，

$$I_B = \frac{U_{SB} - U_{BE}}{R_B} = \frac{2 - 0.7}{68} = 0.019 \ (\text{mA})$$

$$I_{BS} = \frac{V_{CC} - U_{CES}}{\beta R_C} = \frac{12 - 0.3}{50 \times 6.8} \approx 0.034 (\text{mA})$$

$$I_B = 0.019 \text{mA} < I_{BS}$$

所以，三极管工作在放大区。

（3）$U_{SB} = 5\text{V}$ 时，

$$I_B = \frac{U_{SB} - U_{BE}}{R_B} = \frac{5 - 0.7}{68} = 0.063 (\text{mA}) > I_{BS}$$

所以，三极管工作在饱和区，此时 $I_C = I_{CS} = \beta I_{BS} = \frac{V_{CC} - V_{CES}}{R_C} \approx 1.7 \ (\text{mA})$，而不是 $I_C = \beta I_B \approx$ 3.1（mA），即 I_C 不是 I_B 的 β 倍。

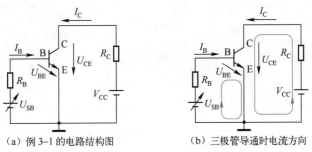

（a）例3-1的电路结构图　　　　（b）三极管导通时电流方向

图3.6　例3-1图

4. 用万用表检测三极管的工作状态

在电路检修中，可使用万用表检测三极管是否工作在正常状态。用万用表检测 NPN 三极管的工作状态的方法参见表3.5。

表3.5　用万用表检测 NPN 三极管的工作状态的方法

名　　称	接　　线	说　　明
基极电压的测量	电压挡 在工作状态下进行检测 红表笔 VT U_{BE} 黑表笔 + −	检测基极与发射极之间电压 U_{BE} ① 硅二极管 $U_{BE} < 0.5\text{V}$，锗三极管 $U_{BE} < 0.1\text{V}$，认为三极管截止 ② 三极管导通时，硅三极管的 U_{BE} 在 $0.6 \sim 0.8\text{V}$ 之间，常见为 0.7V；锗三极管的 U_{BE} 在 $0.1 \sim 0.3\text{V}$ 之间，常见为 0.3V
集-射极间电压的测量	在工作状态下进行检测 红表笔 VT U_{BE} 黑表笔 电压挡 + −	① $U_{CE} = V_{CC}$，三极管截止 ② 硅三极管 U_{CE} 在 0.3V 左右，锗三极管 U_{CE} 在 0.1V 左右，三极管饱和 ③ U_{CE} 不为以上值时，三极管处于放大状态

想一想：如果所测三极管为 PNP 管，在不同工作状态下，所测到的 U_{BE} 和 U_{CE} 的电压值应该是多少？

3.1.6　三极管的主要参数

正确使用三极管，必须了解其主要参数，三极管的参数一般都是通过查阅半导体器件手册得到。表 3.6 是三极管的主要参数。

表 3.6　三极管的主要参数

参数名称	意　义	说　明
电流放大系数 β	三极管电流放大能力	I_B 电流对 I_C 电流的控制能力
极间反向电流 I_{CBO}	发射极开路时集电结的反向饱和电流	同一型号的三极管反向电流越小，性能越稳定
特征频率 f_T	当 β 下降到 1 时对应的频率	三极管不失真放大信号是有一定的频率范围的，f_T 反映了三极管的高频放大性能
集－射极击穿电压 $U_{(RR)CEO}$	基极开路时（$I_B = 0$），加在集－射极之间的最大允许电压	集－射极电压超此值，三极管易烧毁
集电极最大允许耗散功率 P_{CM}	集电极消耗的功率可用集电极耗散功率 $P_C = I_C U_{CE}$ 表示，最大允许耗散功率表示为 P_{CM}	三极管工作时应满足 $I_C U_{CE} < P_{CM}$ 的条件才安全

【拓展知识】三极管替换原则。

三极管替换原则是：

（1）同类型：同为 NPN 型或 PNP 型。

（2）同材料：同为锗材料或硅材料。

（3）参数"大能代小"的原则（即 $U_{(BR)CEO}$ 高的三极管可以代替 $U_{(BR)CEO}$ 低的三极管；I_{CM} 大的三极管可以代替 I_{CM} 小的三极管等）。

（4）三极管的放大倍数是分档的，同一档的三极管可以互换。

在检修电子线路时会遇到形形色色的三极管，它们的替换要依据其型号查阅有关手册。

3.2　放大电路的基本概念

放大电路的主要特征是：不失真地把输入信号放大。例如，很小的电压信号输入，经放大电路后输出很大的电压信号；把微弱的输入电流放大，输出大电流。放大电路希望输出信号与输入信号能成比例地放大。

3.2.1　放大电路的分类

（1）按照放大器放大的信号电量不同分类，可分为：电压放大器、电流放大器和功率放大器。电压放大器通常是小信号放大器，用于整机的前级或中间级；而功率放大器是大信号放大电路，放大元件常工作在极限状态，用在整机的末级。

（2）按照放大器放大的信号频率不同分类，可分为：低频放大器、高频放大器、超高频放大器。低频放大器通常用在放大音频信号的场合，如收音机、扩音机的部分电路；高频放大器和超高频放大器常用在无线电通信设备上，在电视广播接收机中也有一些超高频的放大电路。

（3）按照放大器使用的放大元件所处的工作组态不同分类，可分为：共基极放大器、共集电极放大器、共发射极放大器。

3.2.2 放大电路的性能指标

分析放大器的信号通路时，通常把放大电路等效成如图3.7所示的电路，该电路可以看做三个组成部分：信号源、放大器的等效电路、负载 R_L。图中电流和电压正方向的规定是：电流流入放大器的方向为正；电压的正方向是上正、下负。

一般情况下，对于信号源，放大电路相当于一个电阻，这个电阻就是放大电路输入电阻 R_i；对于负载，放大器相当于一个信号源，可等效为电压源 U'_o 和输出电阻 R_o。

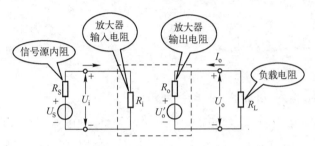

图 3.7 放大器的等效方框图

放大器的主要性能指标见表3.7。

表 3.7 放大器的主要性能指标

参 数 名 称	定 义	公 式	说 明
电压放大倍数 A_u	输出电压 U_o 与输入电压 U_i 之比	$A_o = U_o/U_i$	电压放大能力
电流放大倍数 A_i	输出电流 I_o 与输入电压 I_i 之比	$A_i = I_o/I_i$	电流放大能力
输入电阻 R_i	输入电压 U_i 与输入电流 I_i 之比	$R_i = U_i/I_i$	R_i 越大，对前级的影响越小
输出电阻 R_o	从放大器的负载 R_L 向放大器内部看进去的等效电阻	$R_o = \left(\dfrac{U'_o}{U_o} - 1\right)R_L$	R_o 越小，有利于输出较高的信号电压 U'_o 是不接负载时的输出电压

想一想：三极管的输入电阻能用万用表的欧姆挡测量吗？如不能，你认为应该使用什么仪器？怎样测量？

3.2.3 放大器的电量符号约定

三极管发射结上加有正偏电压，集电结上加有反偏电压时，已经具备了放大的工作条件。当输入的交流信号为零时，三极管的基极、集电极和发射极中都只有直流电流，这种工作状态叫做放大器的静态。

当输入的交流信号不为零时，基极、集电极和发射极中的电流既含有直流电流成分又含有交流电流成分，这种工作状态叫做放大器的动态。

放大电路在信号放大的过程中，电路中流动的电流除了有电源 V_{CC} 供给的直流电流外，还有放大的对象形成的交流电流，直流与交流是混杂在一起的。表3.8给出了电子电路中电量表示的一些约定。

例如，基极直流电流：I_B；基极交流电流：i_b；基极交流电流的有效值：I_b；基极总电流（直流与交流的和）：i_B。

表 3.8　电子电路中电量表示的一些约定

电量角标的写法 ＼ 电量符号的写法	大写	小写
大写	直流量	总电量
小写	交流量的有效值	交流量

想一想：放大电路中信号有哪几种？如果某放大器的输出信号中既有交流信号分量，也有直流分量，用什么电路可以把它们分开？

3.3　共射基本放大电路

3.3.1　电路结构和元器件的作用

单级共射基本放大电路如图 3.8 所示，图（a）是原理电路，图（b）是习惯画法，图（b）与图（a）比较，一是省去了输入回路的电源，二是把电源符号省略不画。

从原理图容易看出，电路以三极管为核心，左边为输入回路，右边为输出回路，通过三极管的电流控制作用实现信号放大。U_S 为信号源电压，U_o 为放大器的输出电压。

电路中各元件的作用如下：

（1）三极管：实现信号放大。

（2）偏置电阻 R_b：提供正偏电压，决定电路在没有信号的时候（也叫静态）基极电流 I_B 的大小。

（3）集电极电阻 R_c：提供集电极电流的通路，把放大的电流信号转换成电压信号。

（4）输入耦合电容 C_1 和输出耦合电容 C_2：传送信号中交流成分。在低频放大电路中，耦合电容的容量一般取几十微法。如果要同时放大直流信号，则不用耦合电容。

（5）放大器的负载 R_L：输出交流信号的承受者，如音频功率放大器的负载就是喇叭（扬声器），而在多级放大器的中间级，其负载就是下一级的输入电阻。

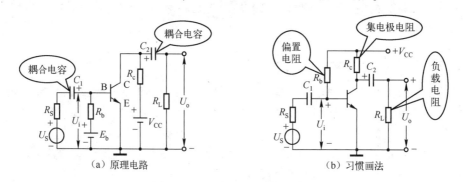

（a）原理电路　　　　　　　　　　　（b）习惯画法

图 3.8　共发射极基本放大电路

想一想：可否不要图 3.8 中的 C_1 和 C_2，直接将信号传送？

3.3.2 共发射极放大电路的工作原理

信号经共发射极放大电路后输出放大的反相信号，其电路及工作原理如图 3.9 所示。进行分析时，可以将输入信号 u_i 的变化曲线认为是输入端电流 i_B 的变化曲线，在 1/4 周期时，电流呈增大状态，那么根据晶体管的放大功能，有 $I_b \uparrow \rightarrow (I_c = \beta I_b) \uparrow \rightarrow (U_{RC} = I_c R_C) \uparrow \rightarrow U_{RL} \downarrow$，输出 $u_o = U_{RL}$，如图 3.9（a）所示的波形。其他周期依此类推，如图 3.9（b）、（c）、（d）所示波形，由波形可见，输出电压与输入电压的相位相反。

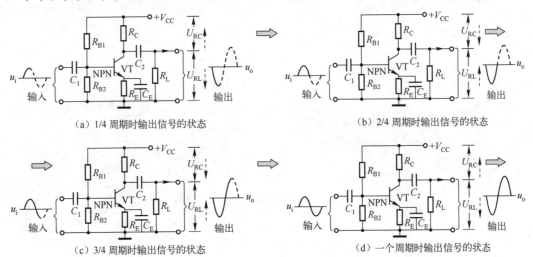

（a）1/4 周期时输出信号的状态 　　　　　　　　（b）2/4 周期时输出信号的状态

（c）3/4 周期时输出信号的状态 　　　　　　　　（d）一个周期时输出信号的状态

图 3.9　共发射极放大电路的工作原理

3.3.3 三极管放大电路中的信号

对照图 3.9，分析三极管放大电路中的信号。在放大器的输入端加入一个交流电压信号 u_i，使电路处于交流信号放大状态（动态），当交变信号 u_i 经 C_1 加到三极管 VT 的基极时，它与原来的直流电压 U_{BE}（设为 0.7V）进行叠加，使发射结的电压为 $u_{BE} = U_{BE} + u_i$。基极电压的变化必然导致基极电流随之发生变化，此时基极电流为 $i_B = I_B + i_b$，如图 3.10（a）、（b）所示

由于三极管具有电流放大作用，基极电流的微小变化可以引起集电极电流较大的变化。如果电流放大倍数为 β，则集电极电流为 $i_C = \beta i_B$，即集电极电流比基极电流增大 β 倍，实现了电流放大，如图 3.10（c）所示。

经放大的集电极电流 i_C 通过电阻 R_C 转换成交流电压 u_{ce}，所以三极管的集电极电压也是由直流电压 U_{CE} 和交流电压 u_{ce} 叠加而成，其大小为 $u_{CE} = U_{CE} + u_{ce} = V_{CC} - i_C R_C$，如图 3.10（d）所示。

放大后的信号经 C_2 加到负载 R_L 上，由于 C_2 的隔直作用，在负载上便得到电压的交流分量 u_{ce}，即 $u_o = u_{ce} = -i_c R_C$，式中 "–" 号表示输出信号电压 U_o 与输入信号电压 U_i 相位相反（相差 180°），这种现象称为放大器的反相放大。

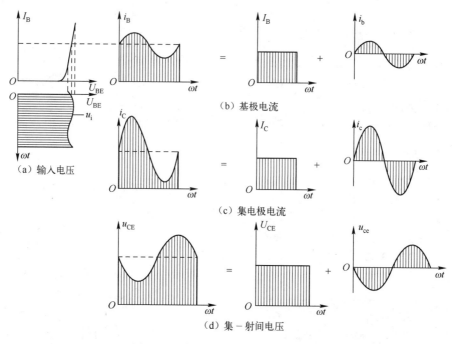

（a）输入电压

（b）基极电流

（c）集电极电流

（d）集－射间电压

图 3.10　放大器各极的电压电流波形

3.3.4　影响三极管工作状态的因素

影响三极管工作状态的因素主要是偏置电路和输入信号的幅值。可通过 EWB 仿真软件观察偏置电路和输入信号影响三极管工作状态的情况。

1．基极偏置电阻对三极管工作状态的影响

观察图 3.11 所示电路的输入、输出波形。给输入端输入有效值为 1.414mV 的正弦波，用双踪示波器同时观察输入、输出波形。调节电路中 R_p 的阻值，观察输出波形的变化。偏置电阻阻值不同，对三极管工作状态的影响也不同，如表 3.9 所示。

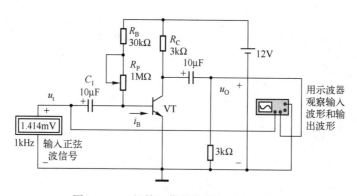

图 3.11　三极管工作状态观察测试连线图

表3.9　偏置电阻阻值不同对三极管状态的影响

电阻的位置	输入、输出信号	工作状态	说　明
电位器 R_p 触点在中间位置	输入波形　输出波形	输入信号期间，三极管一直工作于放大状态	放大时，三极管不失真地反相传送信号
增大 R_p	顶部出现截止失真　输出波形　输入波形	在输入信号的下半周，三极管部分时段进入截止状态	截止时，输出信号会出现图中所示平顶失真（截止失真）
减小 R_p	输入波形　输出波形　底部出现饱和失真	在输入信号上半周，三极管部分时段工作于饱和状态	饱和时，输出信号会出现图中所示平底失真（饱和失真）
分析依据：在放大电路中，如果想不失真地放大信号，交流输入信号与直流叠加后，必须全部落在放大区 说明：调整三极管的静态工作点，可得到最大不失真输出			

　　三极管静态工作点设置合适时，在输入信号幅度相对较大的情况下，仍能不失真地放大信号，避免出现截止失真或饱和失真。调节三极管的偏置电阻就是调整其静态工作点。

2. 输入信号幅度对三极管工作状态的影响

　　加大输入信号，使输入信号幅度从 1.414mV 增大到 14.14mV，输入信号幅度改变对三极管工作状态的影响结果见表 3.10。

表3.10　输入信号幅值对三极管工作状态的影响结果

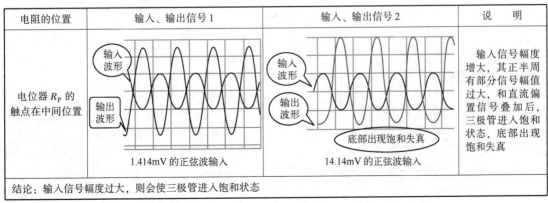

电阻的位置	输入、输出信号1	输入、输出信号2	说　明
电位器 R_p 的触点在中间位置	输入波形　输出波形 1.414mV 的正弦波输入	输入波形　输出波形　底部出现饱和失真 14.14mV 的正弦波输入	输入信号幅度增大，其正半周有部分信号幅值过大，和直流偏置信号叠加后，三极管进入饱和状态，底部出现饱和失真
结论：输入信号幅度过大，则会使三极管进入饱和状态			

14.14mV 的正弦波输入其正半周和直流偏置信号叠加后，有部分信号幅值过大，三极管进入饱和状态，底部出现饱和失真。实际上，在三极管偏置电路固定的情况下，如果输入交流信号幅度过大，在某一时刻与直流偏置电压 U_B 叠加后，u_{BE} 仍小于 0.5V，三极管无法导通，将会出现截止失真。

结论：输入信号幅度过大，会使三极管进入饱和或截止状态。

3.3.5　放大电路的静态工作点设置

图 3.12（a）所示为共发射极基本放大器的原理图。在放大电路中，直流电源的作用和交流信号的作用总是共同存在的。放大电路中各点的电压或电流都可以认为是在静态工作时直流电位（或电流）上叠加交流信号。为了方便对放大电路进行分析，通常分成直流通路和交流通路来分析。

1. 直流通道

无交流信号输入时，放大电路的工作状态称为静态。此时放大电路各支路的电压和电流都是直流量，我们把直流电流通过的路径称为直流通路，利用放大器的直流通路可分析其静态值。图 3.12（b）所示为共发射极基本放大器的直流通路，此时电容视为开路。

2. 交流通道

当输入交流信号时，放大器的工作状态称为动态。这时放大电路中除了存在直流成分之外还有交流成分，通常把交流电流所通过的路径称为交流通路，交流通路可用于放大器的动态分析。图 3.12（c）所示为共发射极基本放大器的交流通路。绘制交流通路应掌握的原则是：

（1）由于电路中耦合电容、旁路电容的容量较大，对交流来说可视为短路。

（2）直流电源的内阻很小，交流电流在其上的压降很小，对交流信号可视为短路。

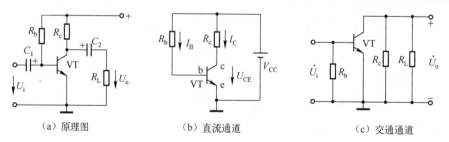

（a）原理图　　　　　　　（b）直流通道　　　　　　　（c）交通通道

图 3.12　共发射极基本放大器及交、直流通道

3. 偏置电路

三极管工作于放大状态的条件是发射结正偏，集电结反偏，这一条件是由偏置电路来实现的。三极管是否处于放大状态可以通过测量静态时的 I_{BQ}、I_{EQ}、I_{CQ}、U_{BEQ}、U_{CEQ} 等来判断，这些量的大小统称为工作点。测量工作点，通常测量 U_{BEQ}、U_{CEQ}，因为这两个参数是最方便测量的。对放大电路进行直流通路即静态分析的目的是要保证三极管的工作点正常。

4. 放大电路的静态分析

对放大电路的静态分析常采用"估算法"，静态工作点的正确设置是放大器能够正常放大信号的先决条件。在工程实践中，许多电路的故障或异常都是由于放大电路的静态工作点出了问题。估算法对电路静态工作点的分析一般步骤是，首先画出放大电路的直流通路，然后把管子的基极－发射极间的导通电压 U_{BE} 估计为 0.7V（硅管）或 0.3V（锗管），列出直流通路的相关的电压方程，利用三极管的电流控制关系 $I_C = \beta I_B$ 等关系式，求出电路的静态工作点（I_{CQ}、U_{CEQ}）。例 3-1 中分析了不同输入电压源 U_S 对工作状态的影响，下面通过例子，说明 R_B 对三极管工作状态的影响。

【例 3-2】 在图 3.8 中，电源电压 $V_{CC} = 12V$，集电极电阻 $R_C = 3k\Omega$，基极偏置电阻 $R_B = 300k\Omega$，三极管为 3DG6，$\beta = 50$。求：（1）放大器的静态工作点；（2）若 $R_B = 30k\Omega$，求电路的工作状态。

解：此电路三极管的偏置符合要求，三极管应处于导通状态，在此状态下，判断是放大还是饱和状态，要计算 I_{BS}。

$$I_{BS} = \frac{V_{CC} - V_{CES}}{\beta R_C} = \frac{12 - 0.3}{50 \times 3} = 0.078(\text{mA})$$

（1）$R_B = 300k\Omega$。

$$I_{BQ} = \frac{V_{CC} - U_{BEQ}}{R_B} = \frac{12 - 0.7}{300 \times 10^3} \approx 0.038(\text{mA})$$

$I_{BQ} < I_{BS}$，三极管处于放大状态。

$$I_{CQ} = \beta I_{BQ} = 50 \times 0.038 = 1.9(\text{mA})$$
$$U_{CEQ} = V_{CC} - I_{CQ}R_C = 12 - 1.9 \times 10^{-3} \times 3 \times 10^3 = 6.3(\text{V})$$

所以，电路的静态工作点为 $I_{CQ} = 1.9\text{mA}$、$U_{CEQ} = 6.3\text{V}$。

（2）$R_B = 30k\Omega$。

$$I_{BQ} = \frac{V_{CC} - U_{BEQ}}{R_B} = \frac{12 - 0.7}{30 \times 10^3} \approx 0.377(\text{mA})$$

$$I_{BQ} = 0.377\text{mA} > I_{BS} = 0.078\text{mA}$$

所以，当 R_B 为 30kΩ 时，电路中的三极管处在饱和状态，此时，

$$I_{CEQ} = I_{CES} = \beta \times I_{BS} = 50 \times 0.078 = 3.9(\text{mA})$$
$$U_{CEQ} = U_{CES} \approx 0.3(\text{V})$$

从上面分析中可知，R_B 的取值会影响三极管的工作状态。调节 R_B 可使三极管处于合适的工作状态，三极管静态工作点设置合适时，集－射间电压通常略高于二分之一电源电压。

想一想：（1）通过测量三极管的集电极和发射极间的电压 U_{CE} 能否判断放大电路是否处于合适的工作状态。

（2）图 3.8 中，调大 R_B 有利于三极管进入饱和状态还是截止状态。

5. 稳定工作点的放大电路

在前面介绍的固定偏置放大电路，电路的静态工作点是由偏置电阻确定的，由于核心元件三极管的参数受温度的影响，会引起工作点的漂移。解决问题的办法是：除尽可能选用参

数受温度影响较小的三极管外，更多的是选用能稳定工作点的放大电路。分压式偏置放大电路可实现稳定工作点。

（1）稳定工作点的原理分析。分压式偏置放大电路如图 3.13 所示，直流等效电路见图 3.14 所示，它与图 3.12 所示固定偏置式放大电路比较，在偏置电路上增加了一个电阻，由 R_{B1} 和 R_{B2}（分别称为上偏置和下偏置电阻）构成分压电路，同时增加了发射极电阻 R_E，为避免 R_E 对交流信号造成损失，在 R_E 两端并联了旁路电容 C_E，为交流信号电流提供通路。

以图 3.14 所示，分析电路的稳定原理如下：
$I_1 = I_2 + I_{BQ}$，通常情况下，$I_{BQ} \ll I_2$，有 $I_1 \approx I_2$，则有：

$$U_B = \frac{R_{B2}}{R_{B1} + R_{B2}} V_{CC}$$

由于电阻的阻值受温度影响很小，故一般可认为 U_B 是不随温度变化而变化的。

另外，发射极电位为：

$$U_E = I_{EQ} R_E$$

基极电位 U_B 和发射极电位 U_E 有下面关系：

$$U_B = U_{BE} + U_E$$

三极管参数受温度影响变化，温度上升，静态工作点电流增大；温度下降，静态工作点电流如 I_{BQ}、I_{EQ}、I_{CQ} 会减小。

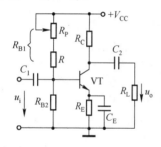

图 3.13　分压式偏置放大电路

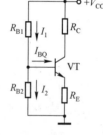

图 3.14　分压式偏放大电路的直流等效电路

电路的静态工作点稳定的过程可以描述如下：假设环境温度升高，则静态工作点电流增大，而 I_{CQ} 的增大，使发射极电位上升，这又使 U_{BE} 减小，而 U_{BE} 的减小使三极管的基极电流 I_{BQ} 减小，I_{BQ} 对 I_{CQ} 的控制作用又使 I_{CQ} 成比例减小，这就使放大电路的静态工作点得到了稳定。

这个过程可以用下面的流程图来表示：
T（℃）$\uparrow \rightarrow I_{CQ} \uparrow \rightarrow U_E \uparrow \rightarrow U_{BE} \downarrow \rightarrow I_{BQ} \downarrow \rightarrow I_{CQ} \downarrow$

通常情况下，I_{BQ} 小于 I_2 越多，其变化量小，越有利于电路稳定性的提高，但会使 I_1 和 U_B 的数值变大，I_1 数值大了，在电阻 R_{B1} 和 R_{B2} 上的损耗会变大，因此 R_{B1} 和 R_{B2} 一般取几十 kΩ。

想一想： 在分压式偏置放大电路中，如果取消下偏置电阻 R_{B2}，电路还能有稳定工作点的作用吗？

（2）静态工作点的计算（静态分析）。

$$U_B = \frac{R_{B2}}{R_{B1} + R_{B2}} V_{CC}$$

集电极电流 I_{CQ} 近似等于发射极电流 I_{EQ}，管子的 B – E 间电压 U_{BE} 按硅管 0.7V（锗管 0.3V）计算，则有，

$$I_{CQ} \approx I_{EQ} = \frac{U_B - U_{BE}}{R_E}$$

$$U_{CEQ} = V_{CC} - I_{CQ}R_C - I_{EQ}R_E \approx V_{CC} - I_{CQ}(R_C + R_E)$$

这种分压式偏置电路在实际中应用非常广泛，它可以自动稳定电路的工作点，提高电路工作的稳定性。

6. 使用万用表测试调整三极管的静态工作点

表3.11 所示是用万用表测试调整 NPN 型三极管的静态工作点的方法。

表3.11 使用万用表测试调整 NPN 型三极管的静态工作点的方法

名　称	接　线	说　明
集 – 射极电压的测量	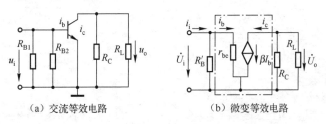	① 调节 R_{B1} 和 R_{B2}，将改变三极管的静态工作点 ② 通过测量 U_{CE}，配合调整 R_{B1} 和 R_{B2}，可使电路工作点设置在最佳状态 R_{B1} 的影响：R_{B1}↑→三极管趋向进入截止状态，R_{B1}↓→三极管趋向进入饱和状态 R_{B2} 的影响与 R_{B1} 的影响相反 ③ 调整时，目的是使集 – 射极间电压 U_{CE} 略大于 $\frac{1}{2}V_{CC}$

想一想：如果是 PNP 三极管，测量其静态工作点的方法与测量 NPN 管有什么不同？

3.3.6　三极管的动态分析

动态分析就是指在静态的基础上，对放大器放大输入信号情况的分析，目的是确定放大电路的一些性能指标，如电压放大倍数 A_u、放大器的输入电阻 r_i 和输出电阻 r_o 等。通过本章实训可掌握测量输入、输出变量的方法，直接利用表3.7 所示公式，可推算三极管的放大倍数，了解元件参数对放大倍数的影响。在具体设计过程中，通常可以借助仪器，通过测试数据对电路进行调试。

利用图解法和微变等效电路法可以进行理论分析，此处简介微变等效电路法。

微变等效电路画法是把三极管等效成如图3.15（b）中所示虚线框内的结构。图3.13 所示分压式偏置放大电路的交流等效电路和微变等效电路如图3.15（a）、（b）所示，图（b）等效电路中的 R'_B 是 R_{B1} 和 R_{B2} 的并联电阻，各参数的计算公式如下：

（a）交流等效电路　　　　　　（b）微变等效电路

图3.15 分压式偏置放大电路的等效电路

$$A_u = \frac{U'_0}{U_i} = -\frac{\beta R'_L}{r_{be}} \qquad (R'_L = R_L /\!/ R_C)$$

$$R_i = \frac{U_i}{I_i} = R_B /\!/ r_{be} = R_{B1} /\!/ R_{B2} /\!/ r_{be}$$

$$R_0 = \left(\frac{U'_0}{U_0} - 1\right) R_L \approx R_C$$

式中，三极管输入回路 B、E 之间的等效电阻 r_{be} 由经验计算得：

$$r_{be} = 300\Omega + (1+\beta)\frac{26(\text{mV})}{I_{EQ}(\text{mA})}$$

想一想：如果图 3.13 所示的发射极所连电容 C_E 开路，电压放大倍数要如何进行计算？输入电阻和输出电阻是否会发生变化？

【**例 3-3**】 分压式偏置放大电路如图 3.16 所示，元件参数如图中标注，三极管为 3DG12，$\beta = 50$。试求：（1）电路的静态工作点；（2）画出电路的微变等效电路；（3）放大器的电压放大倍数、输入电阻和输出电阻。

解：（1）先画出电路的直流通路，如图 3.17 所示，计算得：

$$U_B = \frac{R_{B2}}{R_{B1} + R_{B2}} V_{CC} = \frac{10}{20+10} \times 12 = 4(\text{V})$$

$$I_{CQ} \approx I_{EQ} = \frac{U_B - U_{BE}}{R_{E1} + R_{E2}} = \frac{4-0.7}{0.1+1.5} = \frac{3.3}{1.6} = 2.06(\text{mA})$$

$$U_{CEQ} = V_{CC} - I_{CQ}R_C - I_{EQ}R_E \approx V_{CC} - I_{CQ}(R_C + R_{E1} + R_{E2})$$
$$= 12 - 2.06 \times (2+0.1+1.5) = 12 - 2.06 \times 3.6 \approx 4.58 \quad (\text{V})$$

（2）按交流等效电路和微变等效电路画法的原则，先画出电路的交流等效电路，再画出微变等效电路，如图 3.18（a）、（b）所示。

（3）放大电路的输入电阻和输出电阻。三极管的输入电阻为：

$$r_{be} = 300 + (1+\beta)26/I_{EQ} = 300 + (1+50) \times 26/2.06 = 300 + 643 = 0.943(\text{k}\Omega)$$

由于在等效电路中存在发射极电阻 R_{E1}，放大倍数和输入电阻的表达关系和前面的电路有所不同，在求 R_i 和 A_u 的时候必须按定义先求出表达关系，而后再进行计算。

流过发射极电路的电流 $i_e = (1+\beta)i_b$，所以，

$$U_i = i_b r_{be} + i_e R_{E1} = i_b[r_{be} + (1+\beta)R_E]$$

而输出电压 U_o 为：

$$U_o = -i_C(R_C /\!/ R_L) = -\beta i_b R'_L$$

按电压放大倍数的定义，

$$A_u = \frac{U_o}{U_i} = -\frac{\beta i_b(R_C /\!/ R_L)}{i_b[r_{be} + (1+\beta)R_{E1}]} = -\frac{\beta R'_L}{r_{be} + (1+\beta)R_{E1}}$$

$$= -\frac{50 \times 1}{0.943 + 51 \times 0.1} = -\frac{50}{6.043} = -8.27$$

输入电阻为：

$$R_i = U_i/I_i = R_{B1} /\!/ R_{B2} /\!/ R'_i$$

$$R'_i = U_i/I_b = I_b[r_{be} + (1+\beta)R_{E1}]/I_b = 0.943 + 51 \times 0.1 = 6.043(\text{k}\Omega)$$

$$R_i = R_{B1} /\!/ R_{B2} /\!/ R'_i = 20 /\!/ 10 /\!/ 6.043 = 3.15(\text{k}\Omega)$$

输出电阻：$R_o \approx R_C = 2\text{k}\Omega$

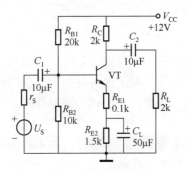

图 3.16　分压式偏置放大电路

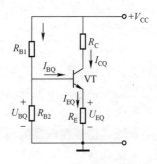

图 3.17　分压式偏置放大电路直流通路

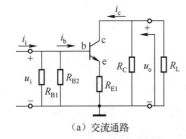

（a）交流通路

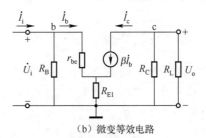

（b）微变等效电路

图 3.18　分压式偏置放大电路的交流通路和微变等效电路

想一想：例 3-3 中，如果想提高电放大倍数，可以通过调整哪些参数来获得？

3.4　三种基本组态放大电路的比较

三极管放大电路的三种组态结构不同，所起的作用也有差异，表 3.12 给出了三种基本组态放大电路和性能指标的比较。

表 3.12　三种基本组态放大电路的比较

组态	共发射极放大电路	共基极放大电路	共集电极放大电路
电路			
A_u	$A_u = -\dfrac{\beta R_L}{r_{be}}$，高	$A_u = \dfrac{\beta R_L}{r_{be}}$，高	$A_u = \dfrac{(1+\beta)(R_L /\!/ R_E)}{r_{be} + (1+\beta)(R_L + R_E)}$，低
A_i	$A_i = \beta$	$A_i \approx 1$	$A_i = (1+\beta)$
R_i	$R_i = R_B /\!/ r_{be}$	$R_1 = R_L /\!/ [r_{be}/(1+\beta)]$	$R_i = R_B /\!/ [r_{be} + (1+\beta)R_L]$
R_o	$R_o = R_C$，高	$R_o = R_C$，高	$R_o = R_E /\!/ [(r_{be} + R_s)/(1+\beta)]$
主要特性	电流和电压放大倍数较高	电压放大倍数较高，电流放大倍数为1，通频带宽	电压放大倍数近似为1，输入阻抗高，输出阻抗低
用途	小信号电压放大器	高频放大器或宽带放大器	输入级、输出级、缓冲器

共发射极因为具有较高的电压放大和电流放大能力，通常用于小信号电压放大器。共基极放大电路主要用于高频放大器或宽带放大器。

共集电极放大电路又称为射极跟随器，简称射随器。因为其具有高输入电阻和低输出电阻的特点，应用非常广泛。主要应用如下：

（1）将射极跟随器放在电路的首级，可以提高输入电阻。

（2）将射极跟随器放在电路的末级，可以降低输出电阻，提高带负载能力。当前级电路信号源内阻较大时，用它作为阻抗变换，实现与后级的最佳匹配。因为射极跟随器的输出电阻很小，所以在负载的输出电流变动较大时，其输出电压下降较小，即负载变化时，放大倍数基本不变，称为带负载能力强。

（3）将射极跟随器放在电路的两级之间，可以对电路起到匹配、缓冲、隔离作用。

想一想：共集电极放大电路的电压放大倍数近似等于1，输出信号电压近似等于输入信号电压，能否说这种电路对信号没有放大能力？

3.5 多级放大器

单级放大器的放大倍数有限，实际应用中需要放大的信号很微弱，如扩音机从话筒输入电路的信号只有几十毫伏，甚至更低，而推动扩音机的扬声器发声的信号需要几伏，甚至更高，这就要求放大器的放大倍数很大，显然依靠单级放大器是无法完成的。

解决问题的办法是采用多级放大器。多级放大器是把多个单级放大器用合适的方法级联起来，把信号一级接一级地接续放大，就能够完成所需的放大任务。通常多级放大器由输入级、中间级和输出级组成，如图3.19所示。

图3.19　多级放大器的组成框图

3.5.1　多级放大器的级间耦合方式

耦合，是指多级放大器中级与级之间的连接，耦合方式就是连接方式，常用的耦合方式有三种：阻容耦合、变压器耦合和直接耦合。

1. 阻容耦合方式

两级阻容耦合放大电路形式如图3.20所示。在这种电路中，信号的传递是依靠耦合电容的"通交流，隔直流"的特性实现的。这种耦合方式的特点是：前后级之间工作点相互独立，互不影响，这有利于电路的设计、调试与维修；电路体积小、重量轻。但这种耦合方式直流成分丢失，不能放大直流信号，低频特性受耦合电容的影响较大。

2. 变压器耦合方式

两级变压器耦合放大器电路如图3.21所示。

变压器耦合放大器对信号传递依靠的是："变压器电磁转换传递能量"和"通交流，隔直流"的原理。其电路的特点是：前后两级之间静态工作点相互独立，便于设计、调试与维护；由于变压器具有变压、变流和阻抗变换的性质，因而这种耦合方式最大的优点是可以方便实现前后两级之间的阻抗变换，常用于高频调谐放大器和功率放大器中。

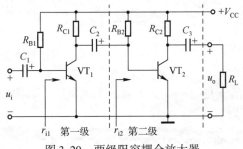

图 3.20　两级阻容耦合放大器

这种耦合方式的缺点是：体积大，重量大，特别是对于低频信号不适合采用这种方式。

3. 直接耦合方式

直接耦合方式是直接把前级的输出端与后级的输入端连接。这种连接的特点是：前后级静态工作点相互影响，而且后级会把前级的工作点变化当做输入信号放大，并逐级放大下去，在输出端形成"零点漂移"，这种现象是直流放大器主要需解决的问题，可以采用第 4 章介绍的差分电路来克服"零点漂移"。另外，由于各级直流偏置相互影响，因此这种电路的调试和检修难度较大。这种耦合方式的主要优点是能对直流信号放大，具有很好的低频特性。

图 3.22 所示是一个三级直接耦合放大器电路，为解决逐级电平移动的问题，在第二级发射极串入稳压管，第三级采用了 PNP 型三极管和第二级的 NPN 型管互补。

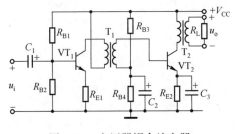

图 3.21　变压器耦合放大器

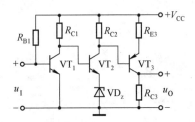

图 3.22　直接耦合放大器

3.5.2　多级放大器的分析计算

多级放大器分析步骤和单级放大电路相同，主要需要处理好每一级的"有载电压放大倍数"的计算问题。

1. 电压放大倍数 A_u

计算多级放大器的电压放大倍数时，应考虑到前后级之间的相互影响，此时可把后级的输入电阻看成前级的负载，也可以把前级等效成一个具有内阻的信号源，经过这样处理，将多级放大器化为单级放大器，便可应用单级放大器的计算公式来计算。

对于图示 3.23 所示的两级放大器电路，前级的放大倍数为：

$$A_{u1} = \frac{U_{o1}}{U_{i1}}$$

后级的放大倍数为：$A_{u2} = \dfrac{U_{o2}}{U_{i2}}$

两级总的放大倍数为：$A_u = \dfrac{U_{o2}}{U_{i1}} = \dfrac{U_{o2}}{U_{i2}} \times \dfrac{U_{o1}}{U_{i1}} = A_{u1} \times A_{u2}$

上式表明，两级放大器总的电压放大倍数等于两级电压放大倍数的乘积。由此可以推出 n 级放大器总的电压放大倍数为：$A_u = A_{u1}A_{u2}\cdots A_{un}$

多级放大器的输入电阻就是第一级放大器的输入电阻，其输出电阻就是最后一级放大器的输出电阻。

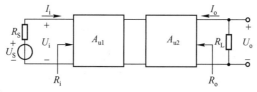

图 3.23　两级放大器计算

2. 放大倍数的分贝表示法

当放大器的级数较多时，放大倍数将很大，表示和计算都不方便。为了简便起见，常用一种对数单位——分贝（dB）来表示放大倍数。用分贝表示的放大倍数又称为增益。

电压增益表示为：
$$G_u = 20\lg\frac{U_o}{U_i} = 20\lg A_u\,(\text{dB})$$

电流增益表示为：
$$G_i = 20\lg\frac{I_o}{I_i} = 20\lg A_i\,(\text{dB})$$

功率增益表示为：
$$G_p = 10\lg\frac{P_o}{P_i} = 10\lg A_p\,(\text{dB})$$

3. 输入电阻 R_i

多级放大器的输入电阻就是其第一级的输入电阻。即
$$R_i = R_{i1}$$

4. 输出电阻 R_o

多级放大器的输出电阻就是其最后一级的输出电阻。即
$$R_o = R_{on}$$

【例 3-4】　两级组合放大电路如图 3.24 所示，已知 $V_{CC} = 12\text{V}$，$R_{b1} = 180\text{k}\Omega$，$R_{e1} = 2.7\text{k}\Omega$，$R_{b21} = 100\text{k}\Omega$，$R_{b22} = 75\text{k}\Omega$，$R_{c2} = 2\text{k}\Omega$，$R_{e2} = 1.6\text{k}\Omega$，$R_S = 1\text{k}\Omega$，$R_L = 8\text{k}\Omega$，$r_{be1} = r_{be2} = 0.9\text{k}\Omega$，$\beta_1 = \beta_2 = 50$。求 r_i、A_u、A_{us} 和 r_o。

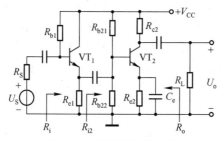

图 3.24　两级组合放大器

解：图 3.24 所示的电路由共集电极放大器和共发射极放大器组成。

（1）输入电阻。 $\qquad r_{i2} = R_1 /\!/ R_2 /\!/ r_{be2} = 100 /\!/ 75 /\!/ 0.9 \approx 0.9(\mathrm{k\Omega})$

所以， $\qquad r_i = R_{b1} /\!/ [r_{be1} + (1 + \beta_1)(R_{e1} /\!/ R_{i2})]$

$$= 180 /\!/ [0.9 + (1 + 50)(2.7 /\!/ 0.9)] = 29.6(\mathrm{k\Omega})$$

（2）输出电阻。 $\qquad R_o = R_{c2} = 2\mathrm{k\Omega}$

（3）电压放大倍数。由于第一级为共集电极放大器，所以 $A_{u1} \approx 1$

第二极为共发射极放大器， $A_{u2} = -\dfrac{\beta_2(R_{c2} /\!/ R_L)}{r_{be2}} = -\dfrac{50 \times (2 /\!/ 8)}{0.9} = -88.9$（负号表示反相）

总的放大倍数为： $\qquad A_u = A_{u1}A_{u2} = -1 \times 88.9 = -88.9$

考虑信号源内阻时的电压放大倍数为： $A_{us} = \dfrac{R_i}{R_S + R_i}A_u = \dfrac{29.6}{1 + 29.6}(-88.9) = -86$

3.5.3 复合管

复合管是由两个或两个以上的三极管按照一定的连接方式组成的等效三极管，又称为达林顿管。

实际应用中采用复合管结构，可以改变放大电路的某些性能，以满足不同放大器的需要，如功率放大电路要求输出电流尽可能大，若采用复合管结构，可有效提高放大电路的电流放大倍数，以满足负载的要求；若在放大电路的输入级采用复合管结构，可有效提高放大电路的输入电阻。

1. 复合管的结构

复合管可以由相同类型的管子复合而成，也可以由不同类型的管子复合连接，其连接的方法有多种。连接的基本规律为小功率管放在前面，大功率管放在后面；连接时要保证每管都工作在放大区域，保证每管的电流通路。图 3.25 所示为四种常见的复合管结构。

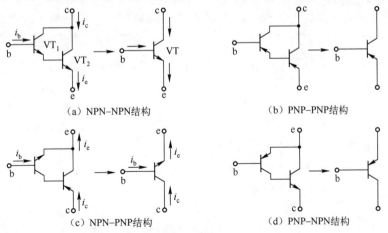

（a）NPN–NPN结构　　　　　（b）PNP–PNP结构

（c）NPN–PNP结构　　　　　（d）PNP–NPN结构

图 3.25　四种常见的复合管结构

2. 复合管的特点

（1）复合管的类型与组成复合管的第一只三极管的类型相同。如果第一只管子为 NPN

型，则复管的管型也为 NPN；若第一只管子为 PNP 型，则复合管的管型也为 PNP。

（2）复合管的电流放大倍数 β 近似为组成该复合管的各三极管电流放大倍数的乘积。即 $\beta \approx \beta_1 \beta_2 \beta_3 \cdots$

3.5.4 放大器的频率特性

放大器对于不同频率的信号其放大倍数有所不同，因电路中存在着一些与频率特性有关的器件，如电容、电感、PN 结的结电容、导线和电路板的分布电容等，这些元器件的电抗会随着信号频率的变化而变化，从而影响到放大器的频率特性。

放大器的放大倍数与信号频率的关系叫做放大器的频率特性，由幅频特性和相频特性两部分组成。幅频特性表示放大器的放大倍数的数值与信号频率的关系；相频特性表示输出电压与输入电压的相位差和信号频率的关系。图 3.26（a）是阻容耦合放大器的幅频特性，图 3.26（b）是阻容耦合放大器的相频特性。

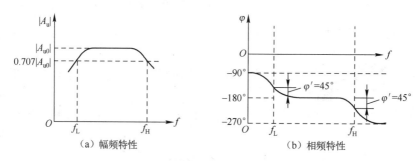

图 3.26　阻容耦合放大器的频率特性

放大器的频率特性表明，在某一段频率范围内，放大器的放大倍数 A_u 与频率无关，是个常数 A_{u0}，随着信号频率的升高或降低，放大倍数会减小，同时输出电压与输入电压的相位差也随着信号频率的变化而变化。我们定义：当放大器的放大倍数下降到 $0.707A_{u0}$ 时所对应的两个频率，分别叫做放大器的下限频率 f_L 和上限频率 f_H；在这两个频率之间的频率范围，叫做放大器的通频带 B_W，它是放大器的一个重要性能指标。因为这两处的 A_u 的值在用分贝表示时，比中间平坦特性处的 A_{u0} 值低 3dB，所以这个带宽又称为"3dB 带宽"。通频带越宽，表示放大器工作的频率范围越宽。

单管放大器的增益与通频带的乘积通常是常数，即放大器的增益越高，通频带越窄，两者成反比关系。多级放大电路的增益与通频带也是反比关系。提高增益通常要以牺牲通频带为代价，高增益的电路通常要考虑通频带的扩展。

想一想：放大器的频率特性是其重要的性能指标，能否在设计放大电路时，尽量把其通频带设计得很宽？通频带是不是越宽越好？

实训3　晶体管单管放大器

1. 实训目的

（1）学习放大器静态工作点调试方法，分析静态工作点对放大器性能的影响。

（2）学习放大器电压放大倍数及最大不失真输出电压的测量方法。

（3）测量放大器输入、输出电阻。

（4）进一步熟悉各种仪器仪表的使用。

2. 实训器材和仪器仪表

（1）按实训电路在实验板上安装好"单级低频小信号放大器"。

（2）示波器（10MHz 以上）1 台，低频毫伏表 1 台，低频信号源 1 台。

（3）其他辅助实训设备。

3. 实训原理

图 3.27 所示为电阻分压式静态工作点稳定放大电路，它的偏置电路采用 $R_{B1} = R_{P1} + R_3$ 和 $R_{B2} = R_{P2} + R_4$ 组成的分压电路，并在发射极中接有电阻 R_6（R_E），用来稳定静态工作点。

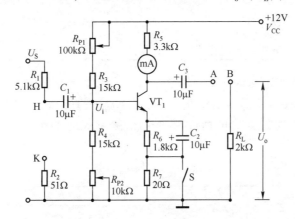

图 3.27　晶体管单管放大电路（电阻分压式静态工作点稳定）

4. 实训内容及步骤

（1）用数字万用表测所用管子的 β 及静态工作点。将三极管 VT_1 的信号输入端 H 接地，用线短接电位器 R_{P2} 和电阻 R_7，调节 R_{P1} 使 $I_C = 2mA$，即 $U_E = 3.6V$，测量 U_{R3}、U_{R4} 的值，根据 $\beta = \dfrac{I_C}{I_B} = \dfrac{2mA}{\dfrac{U_{R3}}{R_3} - \dfrac{U_{R4}}{R_4}}$ 求出 β 值。

测量 U_C、U_B 的值填入表 3.13 中。

表 3.13　实训用表 1

测　量　值					计　算　值			
U_E	U_B	U_C	U_{R3}	U_{R3}	U_{CE}	U_{BE}	I_B	β

（2）电压放大倍数的测量。将 H、K 两点短接，保持静态工作点不变，调节函数发生器，使其输出频率为 1kHz 正弦波信号，信号加在 U_S 和接地端之间，逐渐加大信号，用示

波器观察输入、输出信号，在保证输出信号不失真的情况下，测量 U_S、U_i、U_o（$R_L = 2k\Omega$ 即有载时）、U_o'（$R_L = \infty$ 即空载时），计算有载时电压放大倍数 A_u、空载时电压放大倍数 A_u'，记入表 3.14 中，并在同一纵坐标系中记入 U_i、U_o 的波形。

表 3.14　实训用表 2

测量值				计算值	
U_S	U_i	U_o'	U_o	A_u	A_u

（3）静态工作点对电压放大倍数的影响。使 $R_L = \infty$，$U_i = 5\text{mV}$，用示波器监视 U_o 不失真的范围内，测出数组 I_c 和 U_o 值，记入表 3.15。

表 3.15　实训用表 3

I_c（mA）	0.5	1	3	3.38
U_{EQ}（V）	0.9	1.8	3.6	4.1
U_o（mV）				
A_u				

（4）最大不失真输出电压的测量。使 $R_L = \infty$，尽量加大 U_i，使 U_o 波形同时出现截止失真和饱和失真，调节 R_{P1} 改变静态工作点，使 U_o 无明显失真，继续增大 U_i，重复上面步骤，直到 U_o 上、下同时出现失真，再稍许减少 U_i，测量此时的 U_{imax} 和 U_{omax} 及 I_c 值，记入表 3.16。

表 3.16　实训用表 4

I_c（mA）	U_{imax}（mV）	U_{omax}（mV）	A_u

（5）静态工作点对放大器失真的影响。取 $I_c = 1.5\text{mA}$，$R_L = \infty$，调节 U_i，使之略小于 U_{imax}，此时 U_o 波形不失真，测量 U_{CE} 和 I_c 值，并绘出 U_o 波形，调节 R_{P1}，使 I_c 减小，观察 U_o 波形的变化，当 U_o 波形出现失真后，绘出 U_o 波形，然后将函数发生器输出信号幅度调节旋钮旋至零，测量此时的 U_c、U_{CE}。

调节 R_{P1}，使 I_c 增大，当波形产生失真后，绘出 U_o 波形，然后将信号源输出旋钮旋至零，测量此时 U_{CE}、I_c 值，将上述结果记入表 3.17。

表 3.17　实训用表 5

I_c（mA）	U_{CE}（V）	U_o 波形	属何种失真

（6）输入电阻 R_i 的测量（选做）。采用如图 3.28（a）所示的串联电阻法，在放大器与信号源之间串入一个已知电阻 R_S，通过测出 U_S 和 U_i 的电压求得 R_i。

$$R_i = \frac{U_i'}{U_S - U_i'} R_S$$

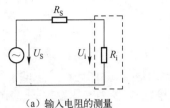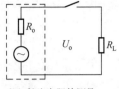

（a）输入电阻的测量　　　　　　（b）输出电阻的测量

图 3.28　输入、输出电阻的测量

本实训中，用 R_1 代替 R_S，断开 H、K 间短路线，其余连接同前面实训，函数发生器输出信号电压 U_S，测得 U_S、U'_i，记入表 3.18。

测试时注意 U_S 不应取得太大，以免晶体管工作在非线性区。

表 3.18　实训用表 6

U'_i	U_S	计算 R_i	$U_{o\infty}$	U_{oL}	计算 R_o

（7）输出电阻 R_o 的测量（选做）。测量输出电阻时的电路如图 3.28（b）所示，测出放大器在接入负载 R_L 时的值 U_o 和不接负载（$R_L = \infty$）时的输出电压 U'_o 的变化来求得输出电阻。具体方法是将图 3.28 中的 H、K 再次短接，函数发生器输出从 U_S 端接入，将放大器输入信号的频率调至 1kHz，用双踪示波器监视输入，在输出波形不失真的前提下，测得负载电阻 R_L 接入和不接入两种情况下放大器的输出电压 U_o 和 U'_o，从而求得输出电阻 R_o：

$$R_o = \left(\frac{U'_o}{U_o} - 1 \right) R_L$$

将测到的值记入表 3.18，并计算出 R_i。

5. 实训报告

（1）整理实训中所测得的数据。
（2）将实训值与理论估算值比较，分析差异原因。
（3）总结静态工作点对放大器性能的影响。
（4）讨论在测试过程中出现的问题。

6. 想想做做

工作原理：根据图 3.29 所示电路和参数，进行安装和调试，制作声、光电子门铃。

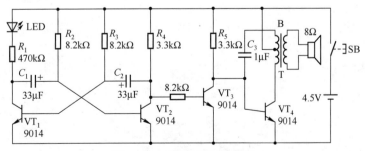

图 3.29　声光电子门铃电路

当按钮开关 SB 接通时，多谐振荡器起振。LED、R_1、R_4 为三极管 VT_1、VT_2 的集电极负载电阻，通过 R_2、R_3 分别给 VT_1、VT_2 三极管加上正向电压，电容 C_1、C_2 交替充电，使三极管正常工作，产生振荡。两个三极管的参数应尽可能保持一致，否则会导致振荡器停止工作，这时可适当调整 R_2 或 R_3 的阻值，使振荡器起振。振荡器产生的信号由三极管 VT_3 和 VT_4 组成的电压放大器放大后经变压器耦合送给扬声器，使其发声。调节电容器 C_1、C_2 的值，可以改变音调。

元件选择：VT_1、VT_2、VT_3 和 VT_4 可选 9014，变压器 B 可选用晶体管收音机中的小型输出变压器，扬声器电阻为 8Ω，门铃开关 SB 可选用普通的按钮开关。

按电路图连接好电路，按钮开关 SB 接通，扬声器应该发出间隔的声响，与此同时，发光二极管也一闪一闪地发光。否则应检查扬声器和振荡器工作是否正常。

本 章 回 顾

(1) 晶体三极管的外部有基极、集电极、发射极三个电极，其内部有发射结、集电结两个 PN 结。晶体三极管是一种电流控制器件，通过基极电流的变化去控制较大的集电极电流的变化。使用时有三种基本连接方式：共基极组态、共集电极组态和共发射极组态，共发射极组态是常用的组态。

(2) 晶体三极管有 PNP 和 NPN 两大基本类型。晶体三极管有三种工作状态：截止、放大和饱和状态，工作状态由外加集电结和发射结偏置电压决定。三个电极电流之间的关系是：$I_E = I_C + I_B$，在放大状态下，$I_C = \beta I_B$。

(3) 三极管的特性曲线和参数是用来描述三极管性能的，是选择三极管时的依据。选择三极管时要考虑的主要参数是工作频率、耐压、放大倍数。型号相同的三极管可以互换，型号不同，但对于该电路来说关键参数相似也可以替换。

(4) 放大器是三极管电路中最常见和最基本的电路。放大器的基本任务就是放大信号。放大器用一些性能指标来表征其性能：电压（电流、功率）放大倍数、输入电阻、输出电阻是最主要的三个。单级共射小信号放大器是最基本的放大电路。

(5) 放大器中流过的电流和各点的电压是直流的、动态的，可以认为电流和电压都是由信号电流（电压）与静态电流（电压）叠加而成，可以分为直流偏置和交流通道来分析检查放大电路。直流分量、交流分量和瞬时量的表示符号是有约定的，一定要搞清楚。

(6) 放大器合适的工作点是放大电路工作的基本条件，工作点的稳定很重要，稳定工作点的办法有多种，分压式偏置电路是应用最多的一种稳定工作点的电路。

(7) 放大器的三种组态电路有着各自的特点，在不同场合各有应用。共射组态电路应用最多，因为它的放大能力较强，输入电压和输出电压反相关系是其另一特点。共集电极组态电路较高的输入电阻，较低的输出电阻和电压放大倍数近似为 1 的特点，使其常用于"隔离"和"缓冲"场合。共基极组态放大器虽放大能力有限，但其良好的高频特性使其在高频电路中有用武之地。

(8) 多级放大器是实用放大器的基本形态。多级放大器的分析方法和单级放大器没有本质区别，只是要注意处理好多级放大器中级与级之间的负载关系，处理好直接耦合情况下各级工作点相互影响的问题。应掌握放大器的频率特性及其影响因素，通频带的定义，应了解多级放大器的频率特性与单级放大器频率特性的关系。

习 题 3

3.1 三极管工作在放大区的条件是（　　）。

A. 发射结正偏，集电结反偏   B. 发射结反偏，集电结正偏

C. 发射结反偏，集电结反偏   D. 发射结正偏，集电结正偏

3.2 测得某三极管的三个电极的电压为 $U_1 = 5V$，$U_2 = 1.3V$，$U_3 = 1V$，试判定该管为何种类型，是硅管还是锗管？并确定 e、b、c 极。

3.3 图 3.30 所示的各个电路能否实现交流信号放大？为什么？不能实现的应如何改正？

3.4 三极管放大电路如图 3.30（a）所示，已知 $V_{CC} = 12V$，$R_C = 4k\Omega$，$R_B = 300k\Omega$，$\beta = 50$。$U_{BE} = 0.7V$。

（1）估算电路的静态工作点。

（2）在静态时，电容 C_1 和 C_2 上的电压各为多少？请标出电压的极性。

（3）若改变 R_B 的阻值，使 $U_{CE} = 3V$，求 R_B 的阻值大小；若改变 R_B，使 $I_C = 1.5mA$，R_B 应为多少？

3.5 画出图 3.30（c）的微变等效电路；并求以下参数：

（1）图 3.30（c）所示电路的输入电阻 R_i 和输出电阻 R_o。

（2）图 3.30（c）所示电路在输出端接有负载 $R_L = 6k\Omega$ 时的电压放大倍数 A_u。

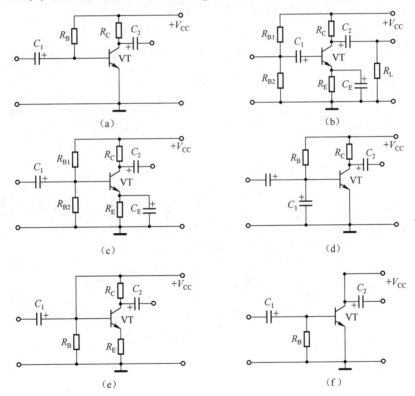

图 3.30

3.6 有一个晶体管继电器电路，电路结构为固定偏置式放大电路。继电器的线圈作为放大电路的集电极电阻，线圈电阻 $R_C = 3k\Omega$，继电器动作电流为 6mA，晶体管的 $\beta = 50$，问：

（1）基极电流为多大时，继电器动作？

（2）电源电压 V_{CC} 至少应大于多少伏，才能使此电路正常工作？为什么？

3.7 在图 3.30（c）所示的分压式偏置电路中，已知 $V_{CC} = +16V$，$\beta = 50$，$R_{B1} = 60k\Omega$，$R_{B2} = 20k\Omega$，$R_C = 3k\Omega$，$R_E = 1k\Omega$，所带负载 $R_L = 6k\Omega$，$C_1 = C_2 = 30\mu F$，求：

（1）电路的静态工作点。

（2）试画出该电路的微变等效电路，并求其输入电阻 R_i，输出电阻 R_o 和电压放大倍数 A_u。

（3）若 R_{B2} 一脚脱焊，求此时的基极静态电位 U_B 及发射极的静态电流 I_E。

（4）用示波器观察电路中输出电压的波形，若出现饱和失真，应如何调整电路的参数来消除失真？若出现截止失真，又应如何调整电路的参数来消除失真？

3.8 电路如图 3.31 所示，已知三极管的 $\beta = 50$，$U_{BE} = 0.2\text{V}$，试求：

（1）静态工作点。

（2）画出放大电路的微变等效电路。

（3）计算电压放大倍数 A_u。

（4）计算输入电阻和输出电阻。

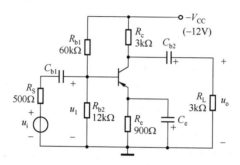

图 3.31 分压式偏置放大电路

3.9 阻容耦合共集 – 共射两级放大电路如图 3.32 所示，已知 $V_{CC} = 12\text{V}$，$R_{b1} = 180\text{k}\Omega$，$R_{e1} = 2.7\text{k}\Omega$，$R_1 = 100\text{k}\Omega$，$R_2 = 50\text{k}\Omega$，$R_{c2} = 2\text{k}\Omega$，$R_{e2} = 2\text{k}\Omega$，$R_S = 1\text{k}\Omega$，$\beta_1 = \beta_2 = 50$，$r_{be1} = r_{be2} = 0.9\text{k}\Omega$。试求：

（1）画出放大电路的交流等效电路。

（2）求电路的输入电阻和输出电阻。

（3）计算电路的电压放大倍数 A_u。

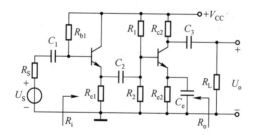

图 3.32 两级阻容耦合放大器

第4章　场效应管放大器

学习目标

（1）了解场效应管电压放大作用和主要参数。

（2）了解场效应管放大器的特点及应用。

（3）用场效应管制作放大电路或制作恒流源电路。

场效应管和三极管一样，可以实现电信号放大。场效应管全称是场效应晶体管（英文为 Field Effect Transistor，简写成 FET），简称场效应管，它是利用输入回路产生的电场来控制输出回路的电流的一种半导体器件。它通过改变输入电压来控制输出电流，是电压控制器件。场效应管的输入回路电阻高达 $10^7 \sim 10^{15}\,\Omega$，因此它的控制端几乎不吸收输入信号源的电流，不消耗信号源功率，它还具有噪声低、很好的温度特性、抗辐射能力强等优点。场效应管具有制造工艺简单，便于大规模集成等特点，广泛应用于集成电路中。

4.1　场效应管的基本特性

场效应管的外形与三极管相似，功率大的场效应管是铁壳的或者是可带散热片的。场效应管的外形和管脚说明及分类见表 4.1。

表 4.1　场效应管的外形、管脚说明及分类

几种塑封场效应管的外形图	说　明
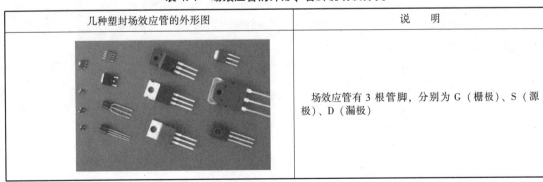	场效应管有 3 根管脚，分别为 G（栅极）、S（源极）、D（漏极）

与普通三极管相比，场效应管的漏极相当于集电极，源极相当于发射极，栅极相当于基极。图 4.1 所示为对三极管和场效应管控制放大对象进行说明。三极管是电流控制器件，用基极电流 i_B 控制集电极电流 i_C；场效应管是利用栅、源极之间的电压，即 u_{GS} 的大小来控制漏极电流 i_D 的大小，用电压来控制电流的大小。

场效应管是仅靠半导体中的空穴或自由电子之一来导电的，它又被称为单极性晶极管。场效应管分为结型场效应管（Junction Field Effect Transistor，简称 JFET）和绝缘栅型场效应管（Insulated Gate Field Effect Transistor，简称 IGFET）两大类。绝缘栅型场效应管有增强型

和耗尽型两类。不论结型还是绝缘栅型场效应管，它们按材料又可分为 N 沟道和 P 沟道两种。

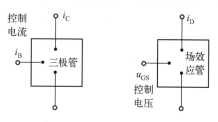

（a）电流控制放大器　　（b）电压控制放大器

图 4.1　控制放大对象

场效应管的种类和符号见表 4.2。

表 4.2　场效应管的种类和符号

场效应管的种类			符　　号	说　　明
结型场效应管	N 沟道		D G S	① N 沟道场效应管箭头朝向场效应管内部；P 沟道场效应管箭头朝外 ② 场效应管无栅极电流，即 i_G =0，输入阻抗近似无穷大，特别适用于要求高输入阻抗的电路 ③ 绝缘栅型场效应管的 B 引脚是衬底，衬底 B 通常与源极 S 相连，有些型号的管子衬底在管内与源极 S 相连。衬底 B 也可以与地相连
	P 沟道		D G S	
绝缘栅型场效应管	N 沟道	增强型	D G B S	
		耗尽型	D G B S	
	P 沟道	增强型	D G B S	
		耗尽型	D G B S	

想一想：三极管工作时，集电极电流 i_C 受什么控制？场效应管工作时的 i_D 受什么控制？

4.2　结型场效应管

结型场效应管利用栅 – 源电压 U_{GS} 控制漏极电流 I_D。结型场效应管有三种正常工作状态：夹断状态、恒流状态、可变电阻状态。当工作电压超过额定值时，可能会进入另一种不正常的状态——击穿状态。当场效应管用于放大时，应使其工作在恒流状态。

4.2.1　结型场效应管的特性

结型场效应管有 N 沟道和 P 沟道两种类型。下面以 N 型沟道场效应管进行讲述。

N 沟道结型场效应管的电路符号如图 4.2（a）所示，结构示意图如图 4.2（b）所示。

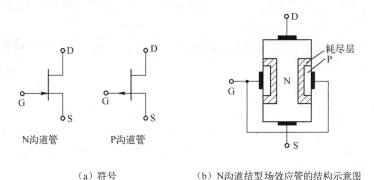

（a）符号　　　　　　　　（b）N沟道结型场效应管的结构示意图

图 4.2　N 沟道结型场效应管

从结构示意图可见，N 沟道结型场效应管是在一块 N 型硅半导体材料上制造两个 P 区域形成 PN 结，由于结构中存在两个 PN 结，故取名为结型场效应管。在 P 区与 N 区交界面形成耗尽层，漏极与源极之间的非耗尽区域称为导电沟道（耗尽区域是不导电的）。导电沟道可以是 N 型沟道，也可以是 P 型沟道，前者称为 N 沟道结型场效应管，后者称为 P 沟道结型场效应管。

1. 栅源电压 u_{GS} 对导电沟道的控制作用

N 型半导体棒的两端加上电压，由于半导体材料的导电作用，在半导体棒中会流过电流 i_D。工作中，始终给两个 PN 结加反向电压即栅源电压 u_{GS}，可以控制耗尽区的厚薄，由于耗尽区不导电，也即控制了导电沟道的宽窄，改变沟道电阻，从而控制流过管子的工作电流 i_D 的大小。

2. 漏源电压 u_{DS} 的大小对导电沟道的影响

如 $u_{DS}=0$，则不管 u_{GS} 为何值，都无法产生 i_D。u_{DS} 将与 u_{GS} 一起来控制导电沟道的宽窄，进而控制工作电流 i_D。

结型场效应管工作在放大状态的基本条件是：漏 – 源之间要加正向电压，以形成漏极电流 i_D，即 $u_{DS}>0$。对于 N 沟道管，在其栅 – 源之间加负电压，即 $u_{GS}\leqslant 0V$；对于 P 沟道管，在其栅、源极之间加正电压，即 $u_{GS}\geqslant 0V$，以保证耗尽层承受反向电压；耗尽层承受反向电压值越大，漏极电流 i_D 就越小。

3. 结型 N 沟通场效应管的输入输出特性

结型 N 沟道场效应管的输入输出特性说明参见表 4.3。在 u_{GS} 和 u_{DS} 的共同作用下，场效应管的导电沟道会发生变化，进入不同的区域，场效应管呈现四种不同的工作状态。

（1）可变电阻区。在 u_{DS} 较小时，沟道电阻主要由栅源电压 u_{GS} 控制，若栅源电压固定，耗尽区宽度也固定，沟道电阻也固定，则 i_D 随 u_{GS} 的增大而增大，即场效应管可视为一个受

u_{GS}控制的可变电阻。当 $|u_{GS}|$ 增大到某一值时，耗尽层闭合，沟道消失，沟道电阻趋于无穷大，i_D 接近于 0，此时对应的 u_{GS} 的值称为夹断电压 $U_{GS(off)}$，具体参见表 4.3 中的转移特性曲线 $i_D = 0$ 的位置。

u_{DS} 较小是指 $u_{DS} < u_{GS} - U_{GS(off)}$。

（2）恒流区。当 u_{DS} 继续增长到一定程度时，管子的 i_D 的增长变慢，以后基本保持不变，这个区域称为恒流区或饱和区。其原因是 u_{DS} 增加，使得 $u_{DG} = u_{DS} - u_{GS}$ 增加，耗尽层加宽，上部导电沟道变窄，沟道总电阻增大，漏极电流 i_D 的增长速度变慢。当耗尽层上部开始出现闭合现象，此时称为预夹断，预夹断时，$u_{GD} = u_{GS} - u_{DS} = U_{GS(off)}$。

其后 u_{DS} 再增加，$u_{DS} > u_{GS} - U_{GS(off)}$（即 $u_{GD} = u_{GS} - u_{DS} < U_{GS(off)}$），耗尽层的合拢部分逐渐变大，总电阻变大，与漏源电压 u_{DS} 增加的速度相当，则电流 i_D 基本不变，呈恒流特性，i_D 几乎仅决定于 u_{GS}，而与 u_{DS} 无关，可把 i_D 近似看成 u_{GS} 控制的恒流源。此时若在漏极与漏极电源之间串接电阻 R_D，就会将 i_D 的变化转换成电压的变化，利用场效应管做放大管，应使其工作在恒流区。

根据半导体物理中对场效应管内部载流子的分析可以得到恒流区中 i_D 的近似表达式为：

$$i_D = I_{DSS}\left(1 - \frac{u_{GS}}{U_{GS(off)}}\right)^2 \qquad (U_{GS(off)} < u_{GS} < 0)$$

式中，I_{DSS} 是 $u_{GS} = 0$ 情况下产生预夹断（即恒流区）i_D，称为饱和漏电流。

（3）击穿区。当 u_{DS} 继续增大，$|u_{GD}|$ 也增大，增大到一定程度时会超出栅漏间 PN 结所能承受的反向电压，发生击穿现象，这时漏极电流 i_D 迅速上升，场效应管进入击穿区。为了避免管子损坏，场效应管不允许工作在这一区域。

（4）夹断区。当 $u_{GS} \leqslant U_{GS(off)}$ 时，耗尽层闭合，导电沟道完全被夹断，$i_D \approx 0$，管子进入夹断区。

表 4.4 是结型 N 沟道场效应管电压与电流的关系。

表 4.3　结型 N 沟通场效应管的输入输出特性说明

回　路　结　构	说　　明
	工作条件：漏极与源极之间要加正向电压，以形成漏极电流 i_D，即 $u_{DS} > 0$；对于 N 沟道场效应管，在其栅极与源极之间加负电压，即 $u_{GS} \leqslant 0$
 （虚线框内为输入回路）	输出特性曲线和转移曲线 （a）输出特性曲线　　（b）转移特性曲线

回 路 结 构	说 明	
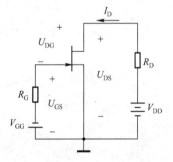 (虚线框内为输出回路)	场效应管截止，$u_{GS} \leq U_{GS(off)}$	场效应管导通，$u_{GS} > U_{GS(off)}$
	夹断状态，对应于三极管的截止状态；$i_D \approx 0$ $U_{GS(off)}$ 称为夹断电压	恒流状态相当于三极管的放大状态；$u_{DS} > u_{GS} - U_{GS(off)}$，$i_D$ 呈现恒流特性，与 u_{DS} 无关。此时 u_{GS} 的大小将直接决定 i_D 的大小，从转移特性可知此时 i_D 仅与 u_{GS} 有关	可变电阻状态，相当于三极管的饱和状态；$u_{DS} < u_{GS} - U_{GS(off)}$，$r_{DS}$ 主要受 u_{GS} 的控制。此时场效应管可视为一个受 u_{GS} 控制的可变电阻
说明：① u_{DS} 如增大到某一数值时，i_D 将急剧增长，易损坏场效应管，称为进入击穿区 ② 对于 P 沟道，场效应管处于恒流状态，要求 u_{GS} 为正，u_{DS} 为负		

表 4.4　结型 N 沟道场效应管电压与电流的关系

场效应管的状态	对应三极管的状态	结型 N 沟道场效应管的工作条件（$u_{DS} > 0$）	i_D
可变电阻区	饱和	$u_{GS} \leq 0V$，$u_{DS} < u_{GS} - U_{GS(off)}$	$i_D = \dfrac{u_{DS}}{r_{DS}}$，$r_{DS}$ 与 u_{GS} 有关
恒流区	放大	$U_{GS(off)} < u_{GS} \leq 0V$ $u_{DS} > u_{GS} - U_{GS(off)}$	$i_D = I_{DSS}\left(1 - \dfrac{u_{GS}}{U_{GS(off)}}\right)^2$ i_D 与 u_{DS} 无关，与 u_{GS} 有关
夹断区	截止	$u_{GS} \leq U_{GS(off)}$	$i_D = 0$
击穿区	击穿	$u_{GS} \leq 0V$，u_{DS} 超过允许范围	i_D 突然上升

【例 4-1】 在图 4.3 所示电路中，已知场效应管的 $u_{GS(off)} = -5V$；问在下列三种情况下，管子分别工作在哪个区？

（1）$u_{GS} = -8V$，$u_{DS} = 4V$。

（2）$u_{GS} = -3V$，$u_{DS} = 4V$。

（3）$u_{GS} = -3V$，$u_{DS} = 1V$。

解：（1）因为 $u_{GS} = -8V < u_{GS(off)} = -5V$，所以场效应管工作在夹断区。

（2）因为 $u_{GS} = -3V > u_{GS(off)}$，同时 $u_{GS} < 0$，且 $u_{GS} - U_{GS(off)} = -3 - (-5) = 2V < u_{DS}$，所以场效应管工作在恒流区。

（3）因为 $u_{GS} = -3V > u_{GS(off)}$，同时 $u_{GS} < 0$，且 $u_{GS} - U_{GS(off)} = -3 - (-5) = 2V > u_{DS}$，所以场效应管工作在可变电阻区。

想一想：结型 N 沟道场效应管有哪几种工作状态？处于何种工作状态由什么因素决定？

图 4.3　场效应管工作状态判断

4.2.2　结型场效应管的管脚识别

表 4.5 表述了结型场效应管管脚的识别方法。

表 4.5　结型场效应管管脚的识别方法

测试目的	连 线 图	说　　明
区分栅极、源极和漏极		① 将万用表置于 R×1kΩ 挡，用两表笔分别测量每两个引脚间的正、反向电阻 ② 当某两个引脚间的正、反向电阻相等，均为千欧以上时，则这两个引脚为漏极 D 和源极 S（这两个引脚可互换使用），余下的一个引脚即为栅极 G ③ 对于有 4 个引脚的结型场效应管，如果不是双栅极，则另外一极是屏蔽极（要求在使用时接地）
判定场应管的沟道类型		① 指针式万用表的黑表笔与管子的一个电极相连，红表笔分别与另外两个电极接触，若两次测出的阻值都很小，说明此时测量的均是正向电阻，该管属于 N 沟道场效应管，与黑表笔相连的是栅极 ② 若指针式万用表的红表笔与管子的一个电极相连时，同样方法测得两次的电阻都很小，则说明该管属于 P 沟道场效应管，红表笔相连的是栅极
估测场效应管的放大能力		① 将指针式万用表置于 R×100Ω 挡，红表笔接源极 S，黑表笔接漏极 D，相当于给场效应管加上 1.5V 的电源电压，这时表针指示出的是 D–S 极间电阻值 ② 用手指捏住栅极 G，将人体的感应电压作为输入信号加到栅极上。由于场效应管栅极的控制作用，场效应管的栅源极间电阻发生变化，可观察到万用表的指针有较大幅度的摆动。如果手捏住栅极时表针摆动很小，说明场效应管的放大能力较弱；若表针不动，说明场效应管已经损坏 由于人体感应的 50Hz 交流电压较高，而不同的场效应管用电阻挡测量时的工作点可能不同，用手捏住栅极时表针可能向右摆动，也可能向左摆动，无论表针摆动方向如何，只要有明显的摆动，就说明场效应管具有放大能力
测试说明	利用万用表内的电池给场效应管供电，用手捏住相当于加入人体感应电压	

4.3　绝缘栅型场效应管

4.3.1　绝缘栅型场效应管

绝缘栅型场效应管（JFET）因栅极采用金属铝，故又称为 MOS 管，它的栅源极间电阻由于是完全绝缘的，比结型场效应管具有更好的温度稳定性，同时集成化工艺简单，广泛应用于大规模和超大规模集成电路中。

MOS 管可分为 N 沟道和 P 沟道，每一类又分为增强型和耗尽型两种。

MOS 场效应管在使用时应注意分类，不能随意互换。在 MOS 管中，通常出厂时已将源极与衬底连在一起，因此源极与漏极不能对调使用。下面对 N 沟道绝缘栅增强型场效应管进行讲述。

N 沟道绝缘栅增强型场效应管的结构如图 4.4（a）所示，电路符号如图 4.4（b）所示，工作原理结构示意图如图 4.4（c）所示，通常衬底 B 与源极 S 在封装时内部相连。

从图 4.4（a）可知，栅极与其他电极都是绝缘的，所以叫做绝缘栅型。

当栅 – 源极之间不加电压时，漏极 D 与源极 S 之间是两个背靠背的 PN 结，不存在导电沟道，即使漏源极之间加上电压，也不会有电流流过。

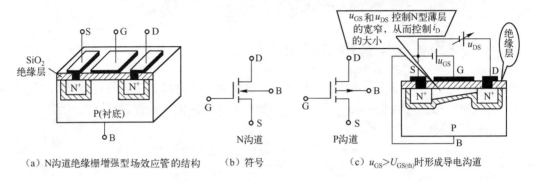

（a）N沟道绝缘栅增强型场效应管的结构　　（b）符号　　（c）$u_{GS} > U_{GS(th)}$时形成导电沟道

图 4.4　N 沟道绝缘栅增强型场效应管

当 $u_{GS} > 0$ 时，如图 4.4（c）所示，由于栅压的表面电场效应，使两个 N 型区之间的负电荷增加，在耗尽层与绝缘层之间形成一个 N 型薄层，从而构成漏源极之间的导电沟道，使沟道刚刚形成的栅 – 源极电压称之为开启电压 $U_{GS(th)}$。u_{GS} 愈大，N 型薄层加厚，导电沟道电阻变小，此时 i_D 的大小由 u_{DS} 决定。但随着 u_{DS} 的增大，当 $u_{GD} = U_{GS(th)}$ 时，沟道之间就出现夹断点，称为预夹断，此时 i_D 几乎不因 u_{DS} 的增大而变化，即 i_D 仅由 u_{GS} 决定，管子进入恒流区。

N 沟道绝缘栅增强型场效应管工作时，漏极 D 和源极 S 之间要有正电压，即 $u_{DS} > 0$；栅源电压也必须为正，即 $u_{GS} > 0$。

如果在制造 N 型 MOS 管时，在 SiO_2 绝缘层中掺入大量的正离子，即使 $u_{GS} = 0$，在正离子的作用下漏 – 源极之间存在导电沟道，并且栅 – 源极间的电压同样可以控制 N 型薄层的宽度，当 u_{GS} 为正时，N 型薄层变宽，沟道电阻变小；反之，当 u_{GS} 为负时，N 型薄层变窄，沟道电阻变大，这种 MOS 管称为耗尽型 MOS 管。耗尽型 MOS 管由于原始沟道的存在，栅压不论为零、为负或为正均可工作，这是耗尽型 MOS 管的重要特点。

4.3.2　VMOS 管

MOS 管通常处于恒流区，此时管子的耗散功率主要消耗在漏极一端的夹断区上，由于普通 MOS 管的漏极所连接的区域不大，无法散发出较多的热量，采用 VMOS 管的结构可以解这一问题。N 沟道绝缘栅增强型 VMOS 管的结构示意图如图 4.5 所示。

VMOS 管的漏区散热面积大，耗散功率可达千瓦以上；此外漏源极间击穿电压高，上限工作频率高，当漏极电流大于某一值（如 500mA）时，i_D 与 u_{GS} 基本成线性关系。VMOS 管已广泛应用于中、大功率放大器中。

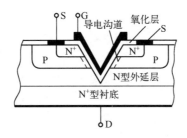

图 4.5 N 沟道绝缘栅增强型 VMOS 管的结构示意图

4.4 各种场效应管特性曲线汇总

表 4.6 给出了各种场效应管特性曲线汇总，从表 4.6 各种场效应管的特性可知，绝缘栅增强型场效应管的传输特性与结型场效应管相比，除了栅源电压极性相反外，两者的传输特性非常相似。

表 4.6 各种场效应管特性曲线汇总

分 类		符 号	转移特性曲线	输出特性曲线	恒流状态下的电压极性
结型场效应管	N 沟道				$U_{GS(off)} < 0$ U_{GS} 为负 U_{DS} 为正
	P 沟道				$U_{GS(off)} > 0$ U_{GS} 为正 U_{DS} 为负
绝缘栅型场效应管	N 沟道	增强型			$U_{GS(th)} > 0$ U_{GS} 为正 U_{DS} 为正
		耗尽型			$U_{GS(off)} < 0$ U_{GS} 任意 U_{DS} 为正
	P 沟道	增强型			$U_{GS(th)} < 0$ U_{GS} 为负 U_{DS} 为负

分　类		符　号	转移特性曲性	输出特性曲线	恒流状态下的电压极性
绝缘栅型场效应管	P沟道 耗尽型				$U_{GS(off)} > 0$ U_{GS}任意 U_{DS}为负

想一想：

(1) 什么类型的场效应管即使将 GS 间短路，i_D 也可不为零？

(2) 什么类型场效应管 u_{GS} 工作在正值、零、负值时，都可处于放大状态？

【例 4-2】 两个场效应管的转移特性曲线分别如图 4.6（a）、（b）所示，分别确定这两个场效应管的类型，并求其主要参数（开启电压或夹断电压、跨导）。测试时电流 i_D 的参考方向为从漏极 D 到源极 S。

解：（1）从图 4.6（a）曲线可以读出，开启电压 $U_{GS(th)} = -2V$，因此是 P 沟道增强型 MOS 管的转移特性曲线。

跨导 g_m 由 i_D 的变化与 u_{GS} 的变化之比决定，u_{GS} 从 $-2V$ 变化到 $-6V$ 之间，i_D 由 0mA 变化到 $-4mA$，故平均跨导约为：

$$g_m = \frac{\Delta i_D}{\Delta u_{GS}} \bigg|_{U_{DS}=常数} \approx \frac{0-(-4)}{-2-(-6)} = 1.0 \,(\mathrm{ms})$$

（2）从图 4.6（b）曲线可以读出，夹断电压 $U_{GS(off)} = -4V$，$I_{DSS} = 4mA$，u_{GS} 可以工作在正值、零、负值，因此是 N 沟道耗尽型 MOSFET 的转移特性曲线。

u_{GS} 从 $-2V$ 变化到 0V 之间，i_D 由 1mA 变化到 4mA，故平均跨导约为：

$$g_m \approx \frac{4-1}{0-(-2)} = 1.5 \,(\mathrm{ms})$$

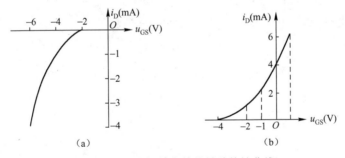

图 4.6　两个场效应管的转移特性曲线

4.5　场效应管的应用

1. 电压放大原理

场效应管通过栅 - 源极电压控制漏极电流，与晶体管一样可以实现能量的控制，通过一定的电路形式，可以构成放大电路。构成放大电路的基本条件是场效应管的工作点位于特性曲线的恒流区，所以必须给场效应管提供合适的直流偏置。由于场效应管的栅源极电阻很大，所以其输入阻抗很高。场效应管放大电路有共源极、共漏极和共栅极三种接法，对于每一种接法的电路，求解 A_u、R_i 和 R_o 指标的方法与双极型三极管放大电路类似。

从图 4.7 可以看出结型场效应管构成的放大电路的原理，u_{GS} 变化控制 i_D 的变化，利用 R_D 把电流变化转化为电压变化，图中电路的电压放大倍数为 15。

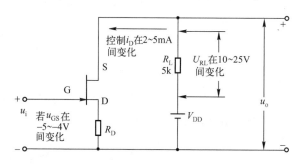

图 4.7　结型场效应管的放大原理

图 4.7 所示结型场效应管的电压放大倍数 $A_u = \dfrac{u_o}{u_i} = -g_m R'_L$，其中 $R'_L = R_D /\!/ R_L$，g_m 为场效应管的跨导，类似于三极管的 β。

2. 场效应管偏置电路

和二极管放大电路一样，场效应管放大电路也由偏置电路提供合适的偏压，建立一个合适而稳定的静态工作点，使管子工作在恒流区。不同极性的场效应管对偏置电压的极性有不同的要求。场效应管放大电路依输入与输出的公共端的不同，可以分为共源、共漏、共栅三种放大电路形式。

（1）自偏压电路。图 4.8 所示是 N 沟道耗尽型 MOS 管构成的共源极放大电路的自偏压（Self Bias Voltage）电路，图中漏极电流在 R_S 上产生的源极电位 $u_D = i_D R_S$，由于栅极基本不取电流，R_G 上没有压降，栅极电位 $u_G = 0$，所以栅源电压为：

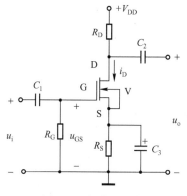

图 4.8　自偏压电路

$$u_{GS} = u_G - u_S = -i_D R_S$$

这种栅偏压是依靠场效应管自身电流 i_D 产生的，故称为自偏压电路，显然自偏压电路只能产生反向偏压，所以它仅适用于耗尽型 MOS 管和结型场效应管，而不能用于 $u_{GS} \geqslant U_{GS(th)}$ 时才有漏极电流的增强型 MOS 管。

想一想： 自偏压电路能否使场效应管工作在截止区？为什么？

（2）分压式自偏压电路。图 4.9 所示是分压式自偏压电路，它是在自偏压电路的基础上加接分压电阻后组成的，这种偏置电路适用于各种类型的场效应管。

为增大输入电阻，一般 R_{g3} 选得很大，可取几兆欧。适当选取 R_{g1}、R_{g2} 和 R_1 值，就可得到各类场效应管放大工作时所需的正、零或负的偏压。

3. 场效应管构成的恒流源电路

图 4.10 所示电路的核心器件是大功率场效应管 IRF530 协同运算放大器 LF356、采样电阻 R_2 等组成恒流控制电路。

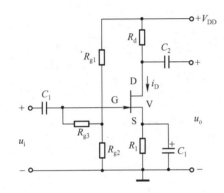

图 4.9　分压式自偏压电路

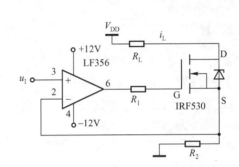

图 4.10　场效应管构成的恒流电路

运算放大器的重要特点是 $u_+ = u_-$，电路中，$u_I = u_+$，$u_- = u_S$，所以有 $u_I = u_S$，而 $i_S = u_S/R_2 = u_I/R_2$，场效应管 $i_D = i_S$，所以 $i_L = i_D = i_S = u_I/R_2$，即输出电流 i_L 仅与输入电压 u_I 和采样电阻 R_2 有关，这个值和负载 R_L 的变化无关，只要保证 u_I 稳定，就可以保证流过负载 R_L 的输出电流 i_L 基本稳定，从而实现恒流输出。

4.6　MOS 场效应管使用注意事项

MOS 场效应管输入阻抗高，极易被静电击穿，虽然有些 MOS 场效应管会采用一些特别的保护措施，但通常使用时应注意以下事项：

（1）MOS 场效应管出厂时通常装在黑色的导电防静电泡沫塑料袋中，切勿自行随便用其他塑料袋装。也可用锡纸包装。

（2）MOS 场效应管应防止栅极悬空，以免产生高的感应电压而击穿绝缘层，在保存时应将栅源极间短接。

（3）取出的 MOS 场效应管要放置在防静电的容器中，如金属盘等，而不能存放在非防静电的塑料盒上。

（4）焊接用的电烙铁必须良好接地，应在焊接时将电烙铁拔离交流电源后再焊接。

（5）在焊接前最好把电路板的电源线与地线短接，焊接完成后再分开电源线与地线。

（6）MOS 场效应管各引脚的焊接顺序是漏极、源极、栅极，拆除时顺序相反。

（7）安装有 MOS 场效应管的电路板在与机器的接线端子连接之前，最好要用接地的线夹子去碰一下机器的各接线端子，进行静电泄放，再与电路板相连接。

总之，在运输、使用 MOS 场效应管时，要严格遵守防静电的操作规范。

想一想：在一些要防静电的场所，如生产激光头的车间，工人通常手带腕镯，而腕镯通过一根导线连接到流水线的铁架上，想想为什么？

实训 4 结型场效应管放大器（拓展实验）

1. 实训目的

（1）了解结型场效应管的可变电阻特性。

（2）掌握共源极放大器的特点。

2. 实训仪器

名称	数量
双踪示波器	1 台
函数发生器	1 台
晶体管毫伏表	1 台
数字万用表	1 台
直流稳压电源	1 台
电阻、电容	若干
场效应管	1 只

3. 实训原理

（1）实训电路。实训电路如图 4.11 所示，电路中的一些开关和接线柱是为便于进行有关实训内容而设置的，根据测试的目的，请读者判断对应每一项测试应接通的开关是哪一个。

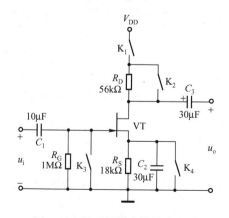

图 4.11 结型场效应管放大电路

（2）实训电路工作原理。

① 结型场效应管用做可变电阻。N 沟道结型场效应管的工作状态分为三个区：可变电阻区、恒流区、击穿区。在可变电阻区内 i_D 与 u_{DS} 的关系近似于线性关系，i_D 增加的比率受 u_{GS} 控制，因此可以把场效应管的 D、S 之间看成一个受 u_{GS} 控制的电阻 r_{DS}，测量 r_{DS} 的电路如图 4.12 所示，图中，

$$i_D = \frac{U_1}{R_D}, \qquad\qquad r_{DS} = \frac{U_2}{i_D} = \frac{U_2}{U_1} R_D$$

式中，U_1，U_2 为电压表 V_1 和 V_2 测得的电压值。

在恒流区内，管子在夹断后，电流 i_D 的大小几乎完全受 u_{GS} 的控制，故可以把场效应管看成一个压控电流源，这个区域是场效应管的放大区。

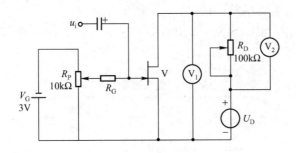

图 4.12　测量 r_{DS} 的电路

② 自偏压共源极放大器。如图 4.10 所示，若 K_2、K_3 和 K_4 断开，K_1 闭合，即为自偏压共源极放大器，其中 $u_G = 0$，$u_S = i_D R_S$，则有

$$u_G = 0$$

$$u_S = i_D R_S$$

$$i_D = I_{DSS} \left(1 - \frac{u_{GS}}{U_{GS(off)}} \right)^2$$

可以得到静态工作时的 u_{GS}、i_D、u_{DS}。

电压放大倍数为：
$$A_u = \frac{u_o}{u_i} = -g_m \left(R_D /\!/ R_L \right)$$

输入电阻为：
$$R_i = r_{gs} /\!/ R_G$$

输出电阻为：
$$R_o \approx R_D$$

4. 实训内容

（1）测量结型场效应管的可变电阻。

① 按图 4.10 接线，u_i 为 $10 \sim 100\text{mV}$，$f = 1000\text{Hz}$ 的正弦波信号。

② 令 $u_{GS} = 0$，调节 u_i，使万用表 V_2 的读数在 $0 \sim 100\text{mV}$ 范围内变化，读出 V_1 和 V_2 的值，计算 r_{DS} 值并填入表 4.7 中。

③ 分别将 u_{GS} 调至 $\frac{U_{GS(off)}}{5}$，$\frac{2U_{GS(off)}}{5}$，$\frac{3U_{GS(off)}}{5}$ 和 $\frac{4U_{GS(off)}}{5}$，重复以上步骤②。

表 4.7　测量 r_{DS} 数据表

u_i（mV）		10	20	40	60	80	100
$u_{GS}=0$	V_2						
	V_1						
	r_{DS}						
$u_{GS}=\dfrac{U_{GS(off)}}{5}$	V_2						
	V_1 读数						
	r_{DS}						

（2）测量共源极放大器的放大倍数。

①测量电压放大倍数 A_u，输入 $f=1000Hz$、有效值为 0.5V 的正弦波信号，分别测量 u_i 和 u_o 并填入表 4.8。

表 4.8　放大倍数的计算

项　　目	u_i	u_o	$A_u=u_o/u_i$
测量值			
计算值			

② 输入电阻和输出电阻的测量。测输入电阻时，在放大器的输入端串入的电阻要大一些，这里选 $R=1M\Omega$。测输出电阻时，外接负载电阻选 $R_L=56k\Omega$。按图 4.12 接线，测量结果填入表 4.9。

表 4.9　输入电阻和输出电阻的测量

u_S	u_i	R_i	u_o	R_o

5. 思考题

测输入电阻时，为什么在场效应管放大器的输入端串入的电阻要比在晶体管放大器的输入端串入的电阻大一些?

6. 实训报告要求

（1）根据实训内容（1），在 $u_i=40mV$ 测得的数据，以 u_{GS} 为横坐标，r_{DS} 为纵坐标，画出 $r_{DS}-u_{GS}$ 的关系曲线。

（2）当 u_{GS} 由零伏变到 $\dfrac{4}{5}U_{GS(off)}$ 时，r_{DS} 变化多少?

7. 想想做做

如何应用场效应管设计制作一放大倍数为 20dB 的放大器。

本 章 回 顾

（1）场效应管是电压控制器件，用栅 – 源电压 u_{GS} 控制漏极电流 i_D，栅极的电流基本为零，这是它与晶体三极管最大的差别。场效应管由于输入阻抗高，极易被静电击穿，使用时要特别注意防静电。

（2）场效应管仅靠半导体中的一种载流子导电，它又被称为单极性晶极管，分为结型场效应管（JFET）和绝缘栅场效应管（MOS 管），每一种按材料又分为 N 沟道和 P 沟道两种类型，绝缘栅场效应管又有增强型和耗尽型两种，它们的特性均不相同，在测试或使用时要特别注意分清楚。详细比较可参照表 4.6。

（3）场效应管与三极管一样，可以构成放大电路和开关电路。构成放大电路的基本条件是场效应管的工作点位于特性曲线的恒流区，通过 u_{GS} 变化控制 i_D 的变化来实现。场效应管放大电路首先保证直流偏置正常才能工作于恒流状态。

习 题 4

一、选择题

4.1 场效应管是一种_____控制型的电子器件。

    A. 电流   B. 光   C. 电压

4.2 结型场效应管利用栅 – 源极间所加的_____来改变导电沟道的电阻。

    A. 反偏电压   B. 反向电流   C. 正偏电压

4.3 P 沟道增强型 MOS 管的开启电压 $U_{GS(th)}$ 为_____。

    A. 正值   B. 负值   C. 零

4.4 对于结型场效应管来说，如果 $|u_{GS}| > |U_{GS(off)}|$，则，管子一定工作于_____。

    A. 可变电阻区   B. 饱和区   C. 截止区

4.5 P 沟道增强型 MOS 管工作在恒流区的条件是_____。

    A. $u_{GS} < U_{GS(th)}$，$u_{DS} \geqslant u_{GS} - U_{GS(th)}$

    B. $u_{GS} < U_{GS(th)}$，$u_{DS} \leqslant u_{GS} - U_{GS(th)}$

    C. $u_{GS} > U_{GS(th)}$，$u_{DS} \geqslant u_{GS} - U_{GS(th)}$

4.6 N 沟道结型场效应管工作于放大状态时，要求：$0 \geqslant u_{GSQ} > $_____，$u_{DSQ} > $_____。

    A. $U_{GS(off)}$，$u_{GS} - U_{GS(off)}$ B. $- U_{GS(off)}$，$u_{GS} + U_{GS(off)}$ C. $U_{GS(off)}$，$u_{GS} + U_{GS(off)}$

4.7 试判断图 4.13 所示的四种电路中，哪一个电路不可能构成具有电压放大作用的电路。

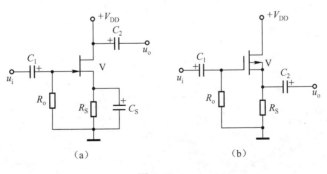

（a）   （b）

图 4.13

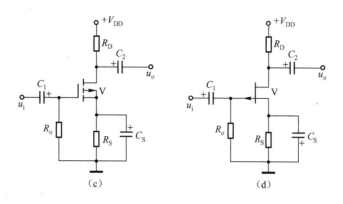

图 4.13 （续）

二、简答题

4.8 比较场效应管与三极管特性的差异。

4.9 场效应管共有哪几类？哪一种场效应管可用做电压控制的可变电阻使用？

4.10 在图 4.14 所示电路中，已知场效应管的 $u_{\rm GS(off)} = -4{\rm V}$，问下列三种情况，管子分别工作在哪个区？

（1）$u_{\rm GS} = -6{\rm V}$，$u_{\rm DS} = 5{\rm V}$。

（2）$u_{\rm GS} = -2{\rm V}$，$u_{\rm DS} = 5{\rm V}$。

（3）$u_{\rm GS} = -2{\rm V}$，$u_{\rm DS} = 1{\rm V}$。

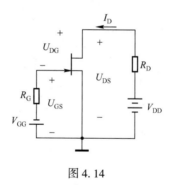

图 4.14

第5章 集成运算放大器

学习目标

(1) 了解差动放大电路的输入输出结构。

(2) 掌握集成运放的符号及器件的引脚功能。

(3) 理解集成运放实现放大、运算、滤波和比较等功能的典型电路。

(4) 掌握安装使用集成运放构成的应用电路的方法。

(5) 掌握运用运放芯片 LM324 制作加法器、滤波器、比较器和三角波产生器的方法。

旧式的电视机,内部电路非常复杂,大量的电子元件让人眼花缭乱;而现在的电视机,功能多了,很多电视机内部仅用一块不大的电路板,就可以正常工作,原因是基于集成电路的发展。集成电路是把电阻、二极管、三极管、场效应管、小电容及它们的连接导线都制作在一块小小的硅片上,然后把硅片和引线封装在一个管壳内,电路就简单多了。原来需要几个或者几十个、上百个晶体管才能实现的放大电路由一块小集成电路来实现。常用的一种集成电路是集成运算放大器,集成运算放大器从电路原理上来说是一个多级直接耦合放大器。直接耦合放大器可能由于温度的变化等原因引起零点漂移问题,解决这一问题通常采用差动放大电路。

5.1 差动放大电路

差动放大电路亦称差分放大电路,它常用在多级放大电路的前置级,也是集成运放的基本电路。差动放大电路不但能有效地放大信号,而且还能有效地抑制零点漂移。零点漂移是由于元件参数的变化,导致输入电压不变时,输出电压发生变化。在直接耦合放大电路中,由于前后级直接相连,零点漂移经多级放大后,会引起放大电路不能正常工作。

5.1.1 基本差动放大电路

1. 基本差动放大电路的电路形式

基本差动放大电路的电路形式如图 5.1 所示,由图可见,它实际上是由两个对称的单管共射放大电路组成,其中 VT_1 和 VT_2 是两只特性相同的三极管,R_{B1} 和 R_{B2} 是偏置电阻,R_{C1} 和 R_{C2} 是集电极负载电阻。通常 $R_{B1} = R_{B2}$,$R_{C1} = R_{C2}$,电路为对称形式。

2. 差动放大电路的特点

(1) 共模抑制作用。如果输入的信号使两管集电极电流发生同样的变化,而且它们各自的变化量大小相等,称为共模输入。差动放大电路对共模信号基本不放大。零点漂移对电路的影响相当于共模输入,不影响输出信号,即零点漂移被抑制了。

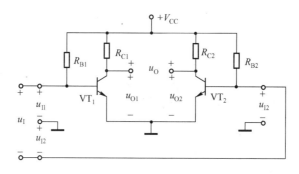

图 5.1　基本差动式放大电路

（2）差模放大作用。如果把输入信号接到差动放大器的两输入端，如图 5.1 所示，则由于电路完全对称，使每个放大器分得的输入信号电压大小相等（均为 $u_1/2$），极性相反。我们把这种幅度相等极性相反的信号叫做差模信号，而把这种输入方式称做差模输入方式。

差动放大电路对差模信号具有放大作用，差动放大电路的差模电压放大倍数 A_d 与构成它的单管电路的电压放大倍数相同。

（3）共模抑制比。性能好的差动放大电路应有强的共模抑制能力和强的差模放大能力。对共模信号的放大倍数 A_c 越小，对差模信号的放大倍数 A_d 越大，则电路的性能越好。共模抑制比定义为：差模放大倍数与共模放大倍数的比值，用 K_{CMR} 表示。即

$$K_{CMR} = \frac{A_d}{A_c}$$

5.1.2　射极耦合差动放大电路

在基本差动放大电路中是靠电路的对称性来抑制零点漂移的，对称性越好，抑制零点漂移的效果越好。但实际上电路不可能做到完全对称，因而基本差动放大电路对零点漂移的抑制就受到较大的限制。改进的办法是在基本放大电路的发射极接一电阻 R_E，这种电路称为射极耦合差动放大电路，如图 5.2 所示。下面简要叙述其工作原理。

（1）假设在电路两输入端加上大小相等、极性相反的信号（差模信号），则两管集电极电流 i_{C1} 和 i_{C2} 大小相等且方向相反，即 i_{C1} 增加多少，i_{C2} 就要减少多少，因而流过 R_E 的电流变化量为零（即 $u_E = 0$，所以 R_E 的存在对差模信号而言不产生影响，即无负反馈作用），不影响差模放大倍数。对差模信号而言，图 5.2 可以等效成图 5.3。

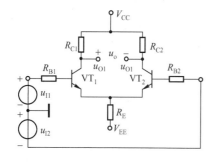

图 5.2　射极耦合差动放大电路

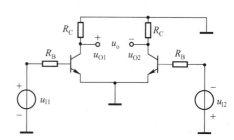

图 5.3　图 5.2 的等效电路

按图 5.3 所示计算其交流参数。由图可知，这种电路与基本差动放大电路的交流通路是相同的（忽略上偏置电阻的影响），因而差模电压放大倍数为：

$$A_d = A_1 = A_2 = -\frac{\beta \left(R_C \mathbin{/\mkern-5mu/} \dfrac{R_L}{2}\right)}{R_B + r_{be}}$$

从两管输入端看进去的输入电阻 r_i 为：

$$r_i = 2\left(R_b + r_{be}\right)$$

差模输出电阻 r_o 为：

$$r_o = 2R_C$$

（2）假设在电路两输入端加大小相等、极性相同的信号（称之为共模信号），电路如图 5.4 所示，则 i_{C1} 和 i_{C2} 将同时增加，使流过 R_E 的电流 $i_E = i_{C1} + i_{C2}$，于是，E 点电位 u_E 升高，使 $u_{BE} = u_B - u_E$ 无法升高，从而使共模放大倍数大大减小，也就减小了零点漂移。

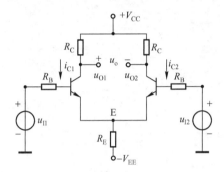

图 5.4　共模信号射极耦合差动放大电路

5.1.3　差动放大电路的连接方式

差动放大电路有两个输入端和两个输出端，它们可以组合成四种不同的连接方式，即：双端输入双端输出、双端输入单端输出、单端输入双端输出和单端输入单端输出。表 5.1 列出了这四种不同接法的电路图，并对差模电压放大倍数、输入输出电阻等及特点进行比较。

由表 5.1 可以看出，不管信号是单端输入还是双端输入，其差模电压放大倍数仅取决于输出是单端还是双端。若是双端输出，则电压放大倍数与构成它的单边基本放大电路相同；若是单端输出，则电压放大倍数是基本放大电路的一半。

表 5.1　差动放大电路的四种接法比较

接法	电路原理图	差动放大倍数	输入输出电阻	共模抑制比 K_{CMR}	特　点
双端输入双端输出		$A_d = -\dfrac{\beta\left(R_C \mathbin{/\mkern-5mu/} R_L/2\right)}{R_b + r_{be}}$	$r_i = 2\left(R_b + r_{be}\right)$ $r_o = 2R_C$	很高	①放大倍数与单管相同 ②电路对称时共模抑制比 $\to\infty$ ③适用于输入输出对称电路

接法	电路原理图	差动放大倍数	输入输出电阻	共模抑制比 K_{CMR}	特　点
双端输入单端输出		$A_d = -\dfrac{1}{2} \times \dfrac{\beta\,(R_c /\!/ R_L)}{R_b + r_{be}}$	$r_i = 2\,(R_b + r_{be})$ $r_o = R_c$	较高	① 放大倍数为单管的一半 ② 共模抑制比仍然很高 ③ 适用于将差动信号转换为单管信号的情况
单端输入双端输出		$A_d = -\dfrac{\beta\,(R_c /\!/ R_L / 2)}{R_b + r_{be}}$	$r_i = 2\,(R_b + r_{be})$ $r_o = 2R_c$	很高	① 放大倍数与单管相同 ② 电路对称时共模抑制比 $\rightarrow \infty$ ③ 适用于将单端输入转为双端输出电路
单端输入单端输出		$A_d = -\dfrac{1}{2} \times \dfrac{\beta\,(R_c /\!/ R_L)}{R_b + r_{be}}$	$r_i = 2\,(R_b + r_{be})$ $r_o = R_c$	较高	① 放大倍数为单管的一半 ② 共模抑制比仍然很高 ③ 适用于输入输出都要接地的情况

5.2　集成运放

运算放大器实际上就是一个高增益的多级直接耦合放大器，运算放大器广泛应用于模拟信号的放大、运算和滤波等功能。集成运算放大器是利用集成工艺，将运算放大器的所有元件集成制作在同一块硅片上，然后再封装在管壳内。集成运算放大器简称为集成运放。使用集成运放，只需另加少数几个外部元件，就可以方便地实现很多电路功能。可以说，集成运放已经成为模拟电子技术领域中的核心器件之一。

图 5.5（a）所示是集成运放组成框图，由图可知，输入级主要由差动放大器构成，以减小运放的零漂和提高其他方面的性能，它的两个输入端分别构成整个电路的同相输入端和反相输入端。

中间级的主要作用是获得高的电压增益，一般由一级或多级放大器构成。

输出级一般由电压跟随器（电压缓冲放大器）或互补电压跟随器组成，以降低输出电阻，提高运放的带负载能力和输出功率。

偏置电路则是为各级提供合适的工作点及电源。

图 5.5（b）给出了集成运放的国内、国外符号，符号省略了电源端、调零端等，其中的"+"、"−"分别表示反相输入端、同相输入端。同相输入端"+"输入时，输出电压的相位与该输入电压的相位相同，反相输入端"−"输入时，输出电压的相位与该输入电压的相位相反。

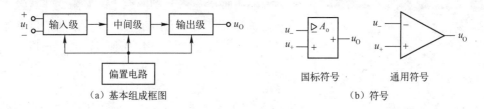

（a）基本组成框图　　　　　　　　　　　　（b）符号

图 5.5　集成运放级成框图和符号

1．理想集成运放的特点

在分析集成运放构成的应用电路时，将集成运放看成理想运算放大器，可以使分析大大简化。

理想运放的理想参数见表 5.2。

表 5.2　理想运放的理想参数

参 数 名 称	符号及数值	说　明
开环电压增益	$A_{\mathrm{Od}} \approx \infty$	理想集成运放对于差模信号的放大倍数趋于无穷大 特别注意： ① $A_{\mathrm{Od}} \approx \infty$ 并非说明输出电压可以被放大到无穷大，而是说明输入端输入的电压趋于无穷小，在合理的范围内，输入电压可以看成是 0，$u_{\mathrm{I}} = u_{+} - u_{-} \approx 0$ ② 开环是指运放输出端与输入端之间没有任何元件相连，不存在反馈电路
差模输入电阻	$r_{\mathrm{Id}} \approx \infty$	对于输入端的差模信号，由于输入电阻趋于无穷大，所以输入端的输入电流趋于 0，$i_{+} = i_{-} \approx 0$
输出电阻	$r_{\mathrm{Od}} \approx 0$	输出的电压和电流完全作用在负载上面，运放本身没有内阻
共模抑制比	$K_{\mathrm{CMR}} \approx \infty$	同相输入端和反相输入端输入信号的相同部分，即共模信号不影响输出
开环带宽	$f_{\mathrm{H}} \approx \infty$	集成运放对任何频率的信号都可以正常地放大

2．集成运放的两个工作区

集成运放具有如图 5.6 所示的传输特性。集成运放可工作在线性区或非线性区。

（1）集成运放工作在线性工作区时的特点。集成运放的线性工作区是指其输出电压 u_{O} 与输入电压 u_{I} 成正比时的输入电压范围。

由于理想运放开环电压放大倍数 $A_{\mathrm{od}} \approx \infty$，所以

$$u_{\mathrm{I}} = u_{+} - u_{-} = \frac{u_{\mathrm{O}}}{A_{\mathrm{Od}}} \approx 0$$

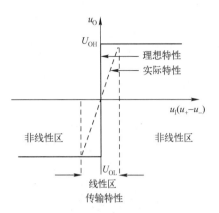

图 5.6 集成运放的传输特性

$$u_+ \approx u_- \tag{5-1}$$

$u_+ = u_-$ 这一特性称为理想运放输入端的"虚短"。虚短：同相输入端和反相输入端的电压相等。

"虚短"和"短路"是截然不同的两个概念，"虚短"的两点之间，电压为零但并不表示两点之间电阻为 0，只表示两端电位相同，不描述两点间的电阻大小；而"短路"的两点之间电阻为零，当然电压也为零。集成运放工作在线性区时，它的同相输入端和反相输入端的电压基本相等，从电压角度看，可以把它们之间看做短路，称为"虚短"。如果同相输入端接地时，反相输入端称为虚地。

集成运放的开环差模输入电阻 $r_{Id} \approx \infty$，输入偏置电流 $I_B \approx 0$，所以不会向外部电路索取任何电流，因此其两个输入端的电流为：

$$i_+ = i_- \approx 0 \tag{5-2}$$

$i_+ = i_- \approx 0$ 这一特性称为"虚断"。虚断：向运算放大器内部流入的电流近似为 0。

同样，"虚断"与"断路"不同，"虚断"是指某一支路的电流十分微小；而"断路"则表示某支路电流为零。

式（5-1）和式（5-2）是分析理想运放线性应用电路的重要依据。为书写方便，以后将式中的"≈"写为"="。

（2）集成运放工作在非线性工作区时的特点。集成运放的非线性工作区是指其输出电压 u_O 与输入电压 u_I 不成比例时的输入电压取值范围。在非线性工作区，运放的输入信号超出了线性放大的范围，输出电压不再随输入电压线性变化，而是如图 5.6 所示达到饱和。

集成运放在非线性工作区内一般是开环运用或加正反馈。它的输入输出关系是：$u_O \neq A_{od}(u_- - u_+)$，它的输出电压的两种形态见表 5.3 所示。

表 5.3 非线性区工作时集成运放的输入输出关系

输　入	输　出
$u_- > u_+$	$u_O = U_{OL}$（U_{OL}，负向饱和压降，即负向最大输出电压）
$u_- < u_+$	$u_O = U_{OH}$（U_{OH}，正向饱和压降，即正向最大输出电压）

3. 常见集成运放芯片简介

常用集成运放芯片的外形、管脚和主要参数见表 5.4。

表 5.4 常用集成运放芯片的外形、管脚和主要参数

名称	LM325	MC5558C	NE5532C
外形			

名称	LM324	MC5558C	NE5532C
管脚			
供电电压	双电源 $\pm 1.5 \sim \pm 16V$ 单电源供电电压 $3 \sim 32V$	$\pm 3 \sim \pm 18V$	$\pm 3 \sim \pm 18V$
输入电压	$0 \sim 30V$（单电源供电）或 $-15 \sim 15V$（双电源供电）	$-15 \sim 15V$	$-13 \sim +13V$
增益带宽	1MHz	2MHz	10MHz

其他常见的集成运放有 OP07、LF353、AD508 等，读者可查询相关元器件手册，要注意运放是单电源供电还是双电源供电、供电电压值、输入电压范围和开环时的带宽等参数。

5.3 基本运算放大电路

1. 同相输入比例运算放大电路

同相输入放大器又称为同相比例运算放大电路，其基本形式见表 5.5 所示。输入信号 u_I 加至集成运放的同相端，R_f 为反馈电阻，输出电压经 R_f 及 R_1 组成分压电路，取 R_1 上的分压作为反馈信号加到运放的反相输入端，形成深度的电压串联负反馈。

同相放大电路的分析见表 5.5。

表 5.5 同相放大电路的分析

电路形式	相关计算	说明
	$$A_u = \frac{u_O}{u_I} = 1 + \frac{R_f}{R_1}$$	① 输出电压与输入电压同相 ② 输出电压是输入电压的 $(1 + R_f/R_1)$ 倍 ③ $R_2 = R_1 // R_f$，可使电路达到直流偏压平衡，R_2 又称为平衡电阻

计算依据：由于运算放大器的开环放大倍数很大，差动输入电阻很大，故可以当做理想运算放大器分析，分析结果与实际值几乎相同。例如，LM325，其开环放大倍数的典型值为 100000 倍，差动输入电阻的典型值约为 1MΩ，当运算放大器输出为 10V 时，此时差动输入电压为 0.1mV，近似为 0V，即 $u_+ \approx u_-$，此时输入电流为 0.1nA，近似为 0，可以当做"虚

断"，即 $i_+ \approx i_- \approx 0$。

由"虚短"的原则可知，反相输入端的电压 $u_{1-} = u_{1+} = u_1$

由"虚断"的原则可知，$i_{1+} = i_{1-} = 0$，$i_1 = i_f$。得：

$$\frac{u_1}{R_1} = \frac{u_0}{R_f + R_1}$$

$$u_0 = \left(1 + \frac{R_f}{R_1}\right) u_1$$

$$A_u = \frac{u_0}{u_1} = 1 + \frac{R_f}{R_1} \tag{5-3}$$

式（5-3）表明，集成运放的输出电压与输入电压相位相同，大小成比例关系，比例系数（即电压放大倍数）等于 $(1 + R_f/R_1)$，此值与运放本身的参数无关。

图 5.7 是运放 NE5532 用于音频放大器，主要作为交流信号放大，其反相输入端所接电阻串电容后再接地，有利于稳定运放的工作点。

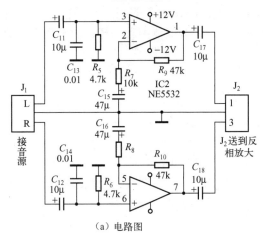

（a）电路图　　　　　　　　　　　（b）实物图

图 5.7　NE5532 用于音频放大器

2. 反相输入比例放大电路

反相输入比例放大电路基本形式见表 5.6 所示，输入信号 u_1 经 R_1 加至集成运放的反相输入端，R_f 为反馈电阻，将输出电压 u_0 送回反相输入端，形成负反馈。

反相放大电路的分析见表 5.6。

表 5.6　反相放大电路的分析

电路形式	相关计算	说　明
	$A_u = \dfrac{u_0}{u_1} = -\dfrac{R_f}{R_1}$	① 输出电压与输入电压反相 ② 输出电压是输入电压的 $-R_f/R_1$ 倍 ③ R_2 为平衡电阻，$R_2 = R_1 /\!/ R_f$ ④ 如不接 R_2，可将同相输入端直接接地。接 R_2 有利于直流偏压平衡

计算依据：根据"虚短"原则的概念可知 $u'_I = 0$，在同相端接地时，反相端电压 $u_N = 0$，故反相端为"虚地"。

$$u_O = -i_f \times R_f$$
$$u_I = i_I \times R_1$$

根据"虚断"原则，$i_{1+} = 0$，故 $i_I = i_f$，

$$A_u = \frac{u_O}{u_I} = \frac{-i_f \times R_f}{i_I \times R_1} = -\frac{R_f}{R_1} \tag{5-4}$$

式（5-4）表明，集成运放的输出电压与输入电压相位相反，大小成比例关系，比例系数（即电压放大倍数）等于外接电阻 R_f 与 R_1 之比值，显然与运放本身的参数无关。

【例5-1】 在表5.6的电路中，如果 R_1 为 $10k\Omega$，要求输出电压 $u_O = -3u_I$，请选择正确的 R_f。

解：$u_O = -3u_I$

$$A_u = -\frac{R_f}{R_1} = -\frac{R_f}{10} = -3$$

$$R_f = 3 \times 10 = 30 \text{（k}\Omega\text{）}$$

3. 反相加法运算电路

加法运算是指电路的输出电压等于各个输入电压的代数和。在图 5.11 所示的反相输入放大器中再增加几个支路便组成反相加法运算电路，见表 5.7 所示，R_3 是平衡电阻。

表 5.7 反相加法运算电路的分析

电路形式	相关计算	说　明
	$u_O = -\left(\dfrac{R_f}{R_1}u_{I1} + \dfrac{R_f}{R_2}u_{I2}\right)$	① 输出电压与输入电压反相 ② 两信号 u_{I1} 与 u_{I2} 带加权系数（分别为 R_f/R_1 和 R_f/R_2）的相加 ③ 平衡电阻 $R_1 = R_f /\!/ R_2 /\!/ R_f$

计算依据：$u_I = 0$，$i_I = 0$，$u_+ = 0$；

$$\frac{u_{I1} - u_I}{R_1} + \frac{u_{I2} - u_I}{R_2} = \frac{u_{I1} - u_O}{R_f}$$

$$\frac{u_{I1}}{R_1} + \frac{u_{I2}}{R_2} = -\frac{u_O}{R_f}$$

$$u_O = -\left(\frac{R_f}{R_1}u_{I1} + \frac{R_f}{R_2}u_{I2}\right) \tag{5-5}$$

在卡拉 OK 机中，为了把话筒得到的人声信号与伴奏音乐混合在一起，就是采用表 5.7 所示的电路，其波形示意如图 5.8 所示。

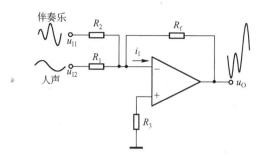

图 5.8　卡拉 OK 机中人声与伴奏乐混合电路

想一想：如果在反相输入端再加一路输入，那么输出 u_O 会做何变化？继续增加输入信号数量有何规律可循？

【**例5-2**】　设计一加法器，要求输入端电阻不小于 10kΩ，同时实现 $u_O = -(2u_{I1} + 3u_{I2})$ 的运算。

解：依据式（5-5）可知：$\dfrac{R_f}{R_1} = 2$，$\dfrac{R_f}{R_2} = 3$，取 $R_2 = 10$ kΩ，有 $R_f = 30$ kΩ，$R_1 = 15$ kΩ。平衡电阻为：$R = R_1 /\!/ R_2 /\!/ R_f = 5$（kΩ）。

4. 减法运算电路

把输入信号同时加到反相输入端和同相输入端，对两个输入信号之差进行放大，即可实现代数相减的运算功能。图 5.9 所示是一种减法运算电路，该电路也叫做差动比例运算电路。

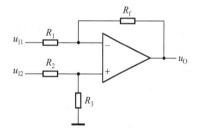

图 5.9　一种减法运算电路

分别求出 u_{I1}、u_{I2} 单独作用于电路时的输出，利用叠加原理，将两者叠加，即可得该电路的输出为：

$$u_O = \left(1 + \frac{R_f}{R_1}\right)\frac{R_3}{R_2 + R_3}u_{I2} - \frac{R_f}{R_1}u_{I1} \qquad (5-6)$$

当电路的电阻满足 $R_1 = R_2$，$R_f = R_3$，则上式可写成：

$$u_O = \frac{R_f}{R_1}(u_{I2} - u_{I1})$$

输出电压与两个输入电压之差成正比，电路实现了减法运算。如果 $R_1 = R_f$，则

$$u_O = u_{I2} - u_{I1}$$

即输出电压等于两输入电压之差，这种电路称为减法器。

5. 运放用于测量放大器

在测量系统中，通常被测物理量均通过传感器转换为电信号，然后放大。从传感器所获得的信号通常为差模小信号，需要足够的放大倍数才能放大到一定的幅度。传感器获得的信号含有较大共模成分，其数值有时远大于差模信号，此时要求放大器具有高共模抑制比。测量仪器在测量时，对被测电路影响小的最重要一点就是，测量仪器的输入阻抗要高，图 5.10 所示为仪表放大器常用的精密放大器电路，此电路的放大倍数的计数公式如下：

$$A_\mathrm{u} = \frac{u_\mathrm{O}}{u_\mathrm{I1} - u_\mathrm{I2}} = -\frac{R_\mathrm{f}}{R}\left(1 + \frac{2R_1}{R_2}\right)$$

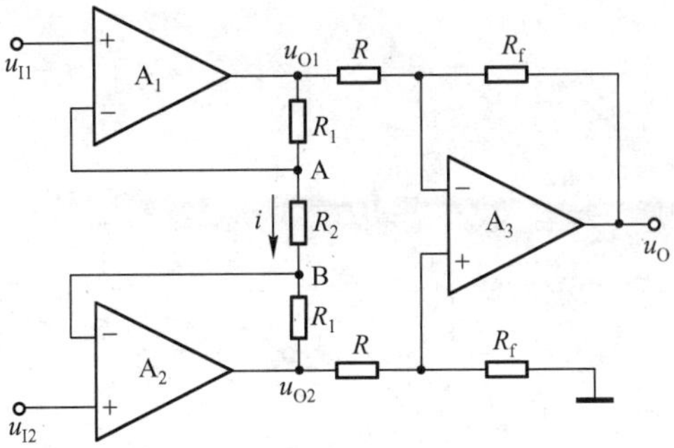

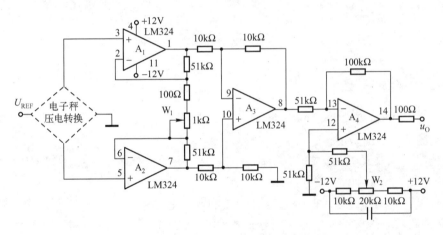

图 5.10　仪表放大器常用的精密放大器电路

图 5.11 所示为测量放大器用于电子秤电路。电子秤把重量值转换成电信号输入到测量放大器，其 A_4 同相端连接的可调电位器 W_2 用于调零，W_1 用于改变电路的放大倍数。

图 5.11　测量放大器用于电子秤电路

6. 典型例题分析

例 5-3　试求图 5.12 所示电路的输出电压 U_O，设各个集成运放都是理想的。

解：可根据"虚短"、"虚断"和节点电流叠加计算。

$I_1 + I_2 = I_3$

代入数值计算可得：

$$\frac{9}{6} + \frac{-9}{4} = \frac{-U_{\mathrm{O}1}}{24}\quad,\quad U_{\mathrm{O}1} = 18(\mathrm{mV})$$

又 $U_{2+} = U_{2-} \rightarrow (I_4 + I_5) \times 6\mathrm{k}\Omega = I_7 \times 6\mathrm{k}\Omega \rightarrow I_4 + I_5 = I_7$

$$I_4 + I_5 = \frac{6 - \frac{6}{4+6}U_{\mathrm{O}2}}{6} + \frac{-12 - \frac{6}{4+6}U_{\mathrm{O}2}}{6} = I_7 = \frac{\frac{6}{4+6}U_{\mathrm{O}2}}{6}$$

$$U_{O2} = -\frac{10}{3}(\text{mV})$$

把结果代入式（5-6）可得：

$$U_O = -\frac{6}{12} \times U_{O1} + \left(1 + \frac{6}{12}\right) \times U_{O2} \times \frac{6}{12+6} = -\frac{1}{2} \times 18 + \left(-\frac{3}{2} \times \frac{10}{3} \times \frac{1}{3}\right) = -9 - \frac{5}{3} = -\frac{32}{3}(\text{mV})$$

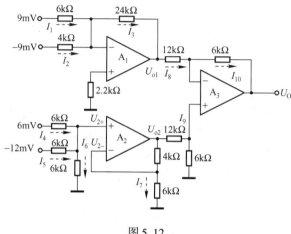

图 5.12

7. 积分运算电路

积分运算（Integratial Operation）电路如图 5.13 所示，输入信号 u_1 通过电阻 R 接至反相输入端，电容 C 为反馈元件。

一般情况下可取 $R = 1\text{k}\Omega$ 左右，$C = 0.1\mu\text{F}$，$R_1 = R$，其中 R 和 C 根据实际需要取不同的值。

由上式可以看出，当输入电压固定时，在电容充电过程（即积分过程）中，输出电压（即电容两端电压）随时间线性增长，增长速度均匀，实现了接近理想的积分运算。

当输入为阶跃信号时，若 $t = 0$ 时刻电容上电压为零，电容将以近似恒流的方式充电，当输出电压达到运放输出的饱和值时，积分作用无法继续，波形如图 5.14 所示。

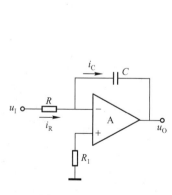

图 5.13　积分电路

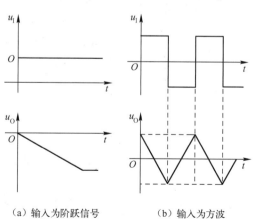

（a）输入为阶跃信号　　（b）输入为方波

图 5.14　不同输入情况下的积分电路电压波形

观察图 5.14（b）可知，积分电路可以实现把方波（矩形波）变换为三角波的功能。

8. 微分运算电路

将积分运算电路的 R 和 C 位置互换就构成微分运算电路，如图 5.15 所示。
微分电路的输入、输出波形如图 5.16 所示。

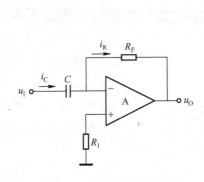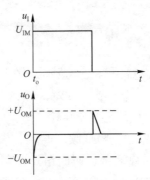

图 5.15　微分运算电路　　　　图 5.16　微分电路的输入，输出波形

由于微分电路对输入信号中的快速变化分量敏感，易受外界信号的干扰，尤其是高频信号干扰，使电路抗干扰能力下降，一般在电阻 R_F 上并联一个很小容量的电容器，以增强高频负反馈量，抑制高频干扰。

5.4　有源滤波器

滤波器的作用是允许信号中某一部分频率的信号顺利通过，而将其他频率的信号进行抑制。根据其阻止或通过的频率范围不同，滤波器可分为：
低通滤波器：允许低频信号通过，将高频信号衰减。
高通滤波器：允许高频信号通过，将低频信号衰减。
带通滤波器：允许某一频带范围内的信号通过，将此频带以外的信号衰减。
带阻滤波器：阻止某一频带范围内的信号通过，而允许此频带以外的信号通过。
常用的滤波器理想特性和实际滤波器特性如图 5.17 所示。

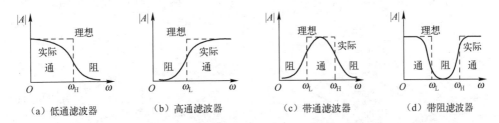

（a）低通滤波器　　（b）高通滤波器　　（c）带通滤波器　　（d）带阻滤波器

图 5.17　滤波器的理想特性和实际滤波器特性

根据其是否含有有源元件，滤波器又可分为：
无源滤波器：利用电阻、电容等无源器件构成的简单滤波电路。无源滤波器对信号有衰减，无法对微小信号进行滤波，带负载能力差。

有源滤波电路：将 RC 无源网络与集成运放或其他放大电路结合起来的滤波电路。

在有源滤波电路中，集成运放起着放大作用，提高了电路的增益，由于集成运放的输出电阻很低，因而大大增强了电路的带负载能力。同时集成运放将负载与 RC 滤波网络隔离，加之集成运放的输入电阻很高，所以集成运放本身以及负载对 RC 网络的影响很小。

1. 有源低通滤波器

有源低通滤波器如图 5.18 所示，在图（a）中信号通过无源低通滤波网络 R_2C 接至集成运放的同相输入端，这个电路的滤波作用实质还是依靠无源低通滤波网络 R_2C。在图（b）中，信号经过 R_1 加到反相输入端，同时输出信号经 R_FC 负反馈到反相输入端；由于电容器 C 具有"通高频，阻低频"特性，因此对高频来说是深度负反馈，即运放对信号的高频分量放大能力非常有限，而低频分量能非常顺利通过。

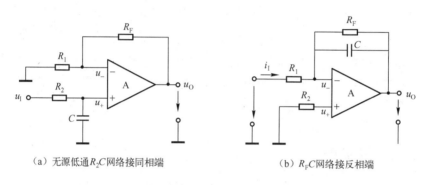

（a）无源低通 R_2C 网络接同相端　　　　（b）R_FC 网络接反相端

图 5.18　有源低通滤波器

2. 有源高通滤波器

有源高通滤波电路如图 5.19 所示，其中图（a）为同相输入接法，图（b）为反相输入接法。它们的工作原理是相同的，都是在无源高通滤波器的基础上，加上集成运放而成的；都是应用了电容器 C 具有"通高频，阻低频"特性，即对于低频信号，由于电容器 C 的容抗很大，输出电压很小；随着频率的升高，电容的容抗下降，输出电压随之增大。

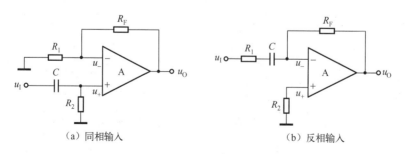

（a）同相输入　　　　　　　　（b）反相输入

图 5.19　有源高通滤波电路

3. 带通和带阻滤波电路

将截止频率为f_h的低通滤波电路和截止频率为f_l的高通滤波电路进行不同的组合，就可以得到带通滤波电路和带阻滤波电路。将一个低通滤波电路和一个高通滤波电路串联连接即可组成带通滤波电路，$f_h > f_l$才能组成带通电路。

一个低通滤波电路和一个高通滤波电路并联连接就组成了带阻滤波电路，所以$f_h < f_l$才能组成带阻电路。

图5.20是带通滤波电路和带阻滤波电路的组成原理图。

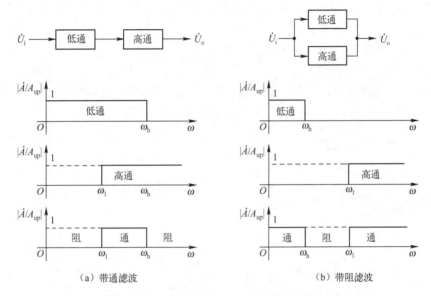

图 5.20　带通滤波和带阻滤波电路的组成原理

带通滤波和带阻滤波的典型电路如图5.21所示。

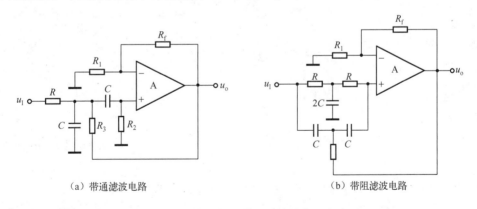

图 5.21　带通滤波和带阻滤波的典型电路

5.5　电压、电流转换电路

采用集成运放组成的电压、电流转换电路可以分为电流－电压转换电路和电压－电流转换电路，在工业控制和测量系统中用途很广泛。下面分别对它们进行介绍。

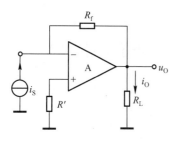

图 5.22 电流－电压变换电路

1. 电流－电压变换电路

图 5.22 所示是电流—电压变换电路。图中，信号电流 i_S 加在运放的反相输入端，由"虚短"和"虚断"概念可知，$i_+ = i_- = 0$，所以流过反馈电阻 R_f 的电流与 i_S 相等。

又因为 $u_+ = u_- = 0$，所以输出电压 $u_O = -i_S R_f$。

由此可见输出电压与输入电流成比例，我们把这种电路称为电流－电压变换电路。

输出端的负载电流为：

$$i_O = \frac{u_O}{R_L} = -\frac{i_S R_f}{R_L} = -\frac{R_f}{R_L} i_S$$

若 R_f、R_L 固定，则输出电流与输入电流成比例，此时该电路也可视为电流放大电路。

电流－电压变换电路常常应用在微电流测量技术和传感器电路中。

2. 电压－电流变换电路

图 5.23 所示是电压－电流变换电路，图（a）、图（b）负载接法不相同，图（a）中，负载接在输出端和反相输入端之间，由"虚短"和"虚断"概念可知；$u_+ = u_- = u_S = i_R R$。

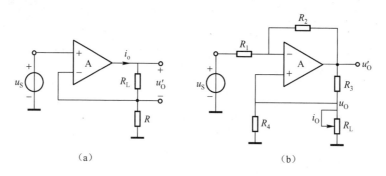

（a）   （b）

图 5.23 电压－电流变换电路

又因为 $i_R = i_O$，所以 $i_O = \dfrac{1}{R} u_S$，即输出电流与输入电压成比例，称为电压－电流变换电路。

图（b）中，负载通过 R_3 接在输出端，R_3、R_4 和 R_L 构成电压串联正反馈，R_1 和 R_2 构成电流并联负反馈。

由"虚断"概念和叠加原理可求得反相输入端电压和同相输入端电压：

$$u_- = u_S \frac{R_2}{R_1 + R_2} + u'_O \frac{R_1}{R_1 + R_2}$$

$$u_+ = u_O = i_O R_L = u'_O \frac{R_4 /\!/ R_L}{R_3 + (R_4 /\!/ R_L)}$$

由"虚短"概念可知，反相输入端电压等于同相输入端电压，联解上面二式可得：

$$i_O = -\frac{R_2}{R_1} \times \frac{u_S}{\left(R_3 + \frac{R_3}{R_4}R_L - \frac{R_2}{R_1}R_L\right)}$$

从上式可以看出，R_1、R_2、R_3 和 R_4 阻值是固定的，所以输出电流与输入电压成比例。

5.6 电压比较器

在生活中，经常会用到比较。图 5.24 反映了身高不足 120cm 的儿童免票的规定，儿童需不需要购票就以身高为标准。在电路中经常要用到电压比较器来判断电压的大小。

1. 电压比较器

运放构成的电压比较器的作用是比较同相输入端和反相输出端两者的电压高低，输出不同的电压，以方便后续电路利用比较结果进行处理。在波形变换、数字通信线路的中继放大恢复、数字信号处理等方面都有广泛的应用。

电压比较器是利用集成运放工作在非线性区时，当 $U_- > U_+$ 时，$U_O = U_{OL}$；当 $U_- < U_+$ 时，$U_O = U_{OH}$。

图 5.25 是简单的电压比较器电路图，图中，运放的

图 5.24　生活中的比较

同相输入端接基准电位（或称参考电位）U_{REF}，被比较信号由反相输入端输入，集成运放处于开环状态。当 $u_I > U_{REF}$ 时，输出电压为负饱和值 U_{OL}；当 $u_I < U_{REF}$ 时，输出电压为正饱和值 U_{OH}。可见只要输入电压在基准电压 U_{REF} 处稍有正、负变化，输出电压 U_O 即对应处于正的最大值和负的最大值。注意输入电压不能超过所使用的集成芯片的最大输入电压，如使用 LM324，则输入电压要求在 $\pm 15V$ 之内。

作为特殊情况，若图 5.25 中 $U_{REF} = 0V$，即集成运放的同相端接地，则基准电压为 0V，这时的比较器称为过零比较器，当过零比较器的输入信号 u_I 为正弦波时，输出电压 u_O 为正、负宽度相同的矩形波，如图 5.26 所示。

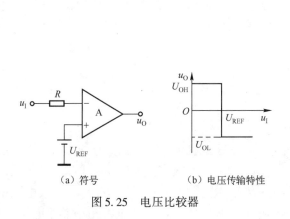

（a）符号　　　　（b）电压传输特性

图 5.25　电压比较器

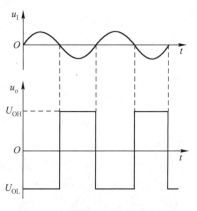

图 5.26　过零比较器波形图

观察图 5.26 可知，过零比较器可以直接用于波形变换。

想一想：如何判定输入电压超过某一电压，或者低于某一电压？利用过零比较器，能否把三角波变成矩形波？

2. 迟滞比较器

限幅比较器，如果输入波形出现干扰，例如在 U_{REF} 附近有一干扰，势必造成电压比较器在本该变换一次的地方，往复地变换多次。为了避免这样的情况，实际电路中一般使用迟滞比较器来代替最简单的电压比较器。

图 5.27 所示电路中 R_1、R_2 为 1kΩ，R_3 为 3.3kΩ，R_4 为 330Ω，稳压管 VD_Z 用 1N4740（$u_Z = 10V$），运放为 MC4558，取比较电压 $U_{REF} = 0V$。

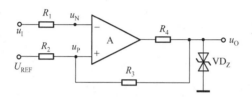

图 5.27 迟滞比较器

电路中通过 R_3 将输出信号引到同相输入端，一方面，这种电路结构形成正反馈，使输出高、低电平相互翻转速度急剧加快（瞬间完成）：

$u_N = u_P$ 时，若 $u_I \uparrow \to u_N \uparrow \to (u_P - u_N) \downarrow \to u_O \downarrow \to u_P \downarrow \to u_O \downarrow\downarrow$ （即快速进入非线性区，$u_O = U_{OL}$）。

可见，正反馈的作用可使电平工作在线性放大区的过渡时间几乎为 0。

另一方面，该电路结构使比较器在输出分别为高、低电平时反馈到同相输入端所产生的比较电压 u_P 起始值不同，即迟滞比较器有两个阀值。由于运放输入电流近似为 0，因此由叠加定理可得：

$$u_P = \frac{R_2 u_O}{R_2 + R_3} + \frac{R_3 U_{REF}}{R_2 + R_3} = \frac{R_3 U_{REF} + R_2 u_O}{R_2 + R_3}$$

设稳压二极管的稳压值为 U_Z，忽略正向导通电压，则比较器的输出高电平 $U_{OH} \approx U_Z$，输出低电平 $U_{OL} \approx -U_Z$。当 $u_O = U_{OH} \approx U_Z$ 时，可得所对应的 u_P 起始值即阀值为：

$$U_{TH} = \frac{R_3 U_{REF} + R_2 U_Z}{R_2 + R_3} = \frac{10}{1 + 3.3} = 2.33 (V)$$

当 $u_O = U_{OL} \approx -U_Z$ 时，可得所对应的 u_P 起始值即另一阀值为：

$$U_{TL} = \frac{R_3 U_{REF} - R_2 U_Z}{R_2 + R_3} = \frac{-10}{1 + 3.3} = -2.33 (V)$$

即此迟滞电压比较器不在输入电压一旦经过 0 点使输出发生变化，而是在输入电压上升的过程中，上升到 2.33V 才发生变化，当输入电压一旦超过 2.33V，即使受到干扰，如输入电压下降为 2V，也不会因为输入电压低于 2.33V 而又一次发生变化，一直要等到输入电压下降到 −2.33V 才又发生变化。即迟滞比较器具有抗干扰的能力，只要干扰小于回差电压（$U_{TH} - U_{TL}$），比较器就不会因干扰而误动作。

迟滞比较器的传输特性如图 5.28 所示，请读者尝试画出对应的输入输出波形。

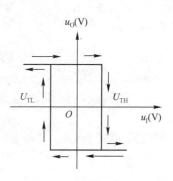

图 5.28　迟滞比较器传输特性

由于迟滞比较器输出高、低电平相互翻转的过程是在瞬间完成的，即具有触发器的特点，因此又称为施密特触发器。

想一想：如果迟滞比较器两个阀值都要为正电压，图 5.26 可更改哪一个参数？

3. 比较器的应用

比较器广泛应用于模拟电压大小的判定，例如，温度报警器、路灯自动控制中的天黑判定电路等等。下面介绍比较器在散热风扇自动控制电路中的应用。

电子线路特别是一些大功率器件或模块在工作时会产生较多热量，使温度升高，一般采用散热片并用风扇来冷却，以保证正常工作。如图 5.29（a）所示是一种简单的温度控制电路，负温度系数（NTC）热敏电阻 R_T 粘贴在散热片上，用来检测功率器件的温度，R_T 的温度特性如图 5.29（b）所示，它的电阻值与温度变化有一一对应关系。参考电压由 R_2 与 R_P 分压决定，调节 R_P 可以改变 U_B 的电压（电位器中心头对地的电压值），U_B 值为比较器设定的阈值电压，称为 U_{TH}。当 5V 电压加在 R_T 及 R_1 电阻上时，在 A 点有一个电压 U_A，当散热片上的温度上升时，热敏电阻 R_T 的阻值下降使 U_A 上升，一旦 $U_A > U_{TH}$，比较器输出低电平，继电器 K 吸合，散热风扇（直流电机）得电工作，使大功率器件降温。

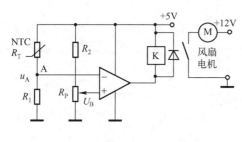

（a）温度控制电路

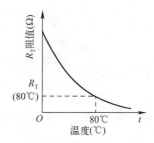

（b）电路中热敏电阻 R_T 的温度特性

图 5.29　简单的温度控制电路

调节 R_P，就可以设定在温度上升到一定度数时应接通散热风扇。把 R_T 更换为光敏电阻，就可以实现路灯自动控制中的天黑判定。

实训5　集成运放的应用

1. 实训目的

（1）认识集成运放芯片，掌握其使用方法。

（2）构成减法电路和电压比较电路，观察实际运放和理想运放的差别。

（3）利用 LM324 制作表决器。

2. 实训器材

（1）0～30V 双路直流稳压电源	1 台
（2）数字万用表	1 块
（3）运放芯片 LM324	2 块
（4）0.1μF 电容	1 个
（5）电阻	若干
（6）小灯泡	1 个

3. 实训内容

（1）电压跟随器。按图 5.30 所示在实验板上接好线路。按表 5.8 中要求测量并计算。

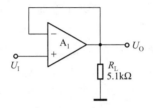

图 5.30　电压跟随器

表 5.8

U_I(V)			−1	−0.5	0	+0.5	1
U_O(V)	$R_L = \infty$	测量值					
		理论值					
	$R_L = 5.1\text{k}\Omega$	测量值					
		理论值					

（2）反相比例放大电路。按图 5.31 所示在实验板上接好线路。按表 5.9 要求测量并计算。

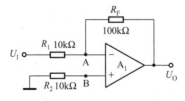

图 5.31　反相比例放大电路

表 5.9

U_I(V)		0.05	0.1	0.5	1	2
U_O(V)	实测值					
	理论值					
	误差值					
U_A(V)						
U_B(V)						

（3）同相比例放大电路。按图5.32所示在实验板上接好线路。按表5.10中要求测量并计算。

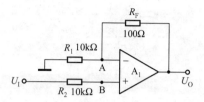

图 5.32　同相比例放大电路

表 5.10

$U_I(V)$		0.05	0.1	0.5	1	2
$U_O(V)$	实测值					
	理论值					
	误差值					
$U_A(V)$						
$U_B(V)$						

（4）反相输入的加法放大电路。按图5.33所示在实验板上接好线路。按表5.11中要求测量并计算。

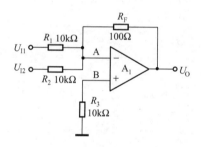

图 5.33　反相输入的加法放大电路

表 5.11

$U_{I1}(V)$		+0.5	-0.5
$U_{I2}(V)$		0.2	0.2
$U_O(V)$	实测值		
	理论值		
$U_A(V)$			
$U_B(V)$			

（5）差分放大电路。按图5.34所示在实验板上接好线路。按表5.12中要求测量并计算。

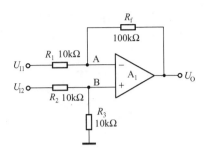

图 5.34 双端输入的加法放大电路

表 5.12

		1	2	0.2
U_{I1} (V)		1	2	0.2
U_{I2} (V)		0.5	1.8	-0.2
U_O (V)	实测值			
	理论值			
U_A (V)				
U_B (V)				

（6）制作表决器——集成运放的综合应用。日常生活中，特别是体育比赛中经常使用到表决器，例如，举重比赛三个裁判中的两个判决通过，则最后结果为通过。表决器大多使用数字电路构成，但同样使用集成运放也可以实现。本实训的目的是制作一个 5 个裁判的表决器，其中三个裁判通过则最终结果为通过。

实训电路如图 5.35 所示。其中，

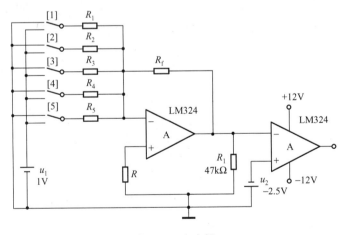

图 5.35 表决器

① $R_1 \sim R_5$ 以及 R_f 取 1kΩ，R 为平衡电阻取 $\frac{1}{6}R_f$，约为 160Ω。它们的阻值可以根据实验室情况按比例适当调整。

② $u_1 = 1V$，$u_2 = -2.5V$，也可以根据实验室情况按比例调整。注意不超过 LM324 的输入电压即可。

实训步骤如下：

① 连接好电路。LM324 的引脚请参考表 5.14，注意电源的连接。

② 按下 1~5 号开关，观察小灯的情况，是否为三个或以上输入的时候小灯亮。

③ 思考：如果我们要改变裁判人数，则电路该做何修改？哪些参数需要改变？把裁判人数增加到 7 个，调试电路达到要求。

4. 实训报告

（1）记录实训内容（1）的各项数据和波形，并归纳出输入电压 U_1 和输出电压 U_0 的关系。

（2）记录实训内容（2）的各项数据，得出结论。

（3）分析图 5.35 的电路功能，主要说出 LM324 的作用。

（4）用 MC558 可否代替 LM324 完成上述实训。

5. 想想做做

图 5.36 所示为一矩形波、三角波和正弦波发生器电路，选择参数，安装电路并说明电路的工作原理。画出 u_{O1}、u_{O2} 和 u_O 的波形，说明该电路有何用处。如果要改变输出信号的频率，可调节的元件是哪个？如果想改变输出信号的幅度，有什么办法？

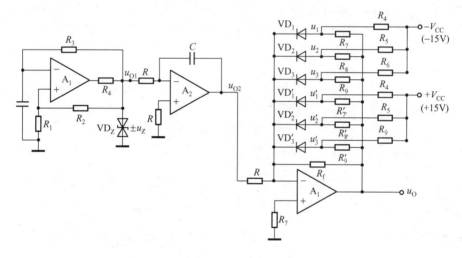

图 5.36　波形发生器

说明：电路中的电容 C 是充电电容，电容的充放电可以形成三角波。

本 章 回 顾

（1）差动放大电路常用于多级放大电路的前置级，是运算放大器的基本电路。差动放大电路能够有效地抑制零点漂移，并进行差模信号放大，对共模信号有很强的抑制能力（可以当做其对共模信号电压放大倍数为 0）。

（2）集成运放由输入级、中间级和输出级构成。理想集成运放具有差模输入电阻 $r_{id} \to \infty$，开环电压增益 $A_{Od} \to \infty$，输出电阻 $r_{Od} = 0$ 等理想的参数；"虚短"和"虚断"两个重要特性，是分析理想集成运放的基础，把常用的运算放大器当做理想运算放大器进行分析，结果与实际情况基本一致。在实际分析中，完全可以把实际运算放大器当做理想运算放大器来分析。

（3）常见的基于理想集成运放的运算电路有：反相输入比例放大电路、同相输入比例放大电路等。利用运算放大器还可以构成比较器。

习　题　5

5.1　假设图 5.37 所示电路中 A 为理想运放，试计算电路的输出电压 u_O 的值。

5.2　假设图 5.38 所示电路中 A 为理想运放，试计算电路的输出电压 u_O 的值。

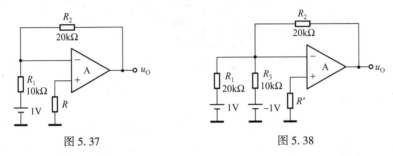

图 5.37　　　　　　　　　　　　图 5.38

5.3　电路如图 5.39 所示，运算放大器的饱和电压为 ±12V，设稳压管的稳定电压为 6V，正向压降为零，当输入电压 $u_I = 1V$ 时，计算输出电压 u_O 值。

5.4　如图 5.40 所示的增益可调的反相比例运算电路中，设 A 为理想运算放大器，$R_P \ll R_2$，试写出：

（1）电路增益 $A_u = u_O/u_I$ 的近似表达式。

（2）电路输入电阻 R_i 的表达式。

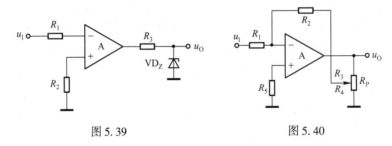

图 5.39　　　　　　　　　　　　图 5.40

5.5　如图 5.41 所示电路是由满足理想化条件的集成运放组成的放大电路，改变 bR_1 时可以调节放大器的增益，试证明该放大器的增益为：$\dfrac{u_O}{u_I - u_I} = a\left(1 + \dfrac{d}{b} + \dfrac{c}{b}\right)$。

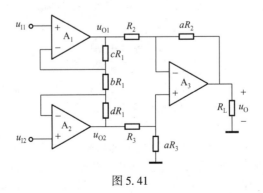

图 5.41

5.6 电路如图 5.42 所示，已知电阻 $R_1 = 20\text{k}\Omega$，$R_2 = 10\text{k}\Omega$，$R_{F1} = 20\text{k}\Omega$，$R_3 = 5\text{k}\Omega$，$R_4 = R_{I2} = 50\text{k}\Omega$，$R_5 = 25\text{k}\Omega$。求：$u_O$ 的表达式。

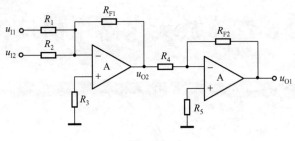

图 5.42

5.7 设计一加法器，要求输入端电阻不小于 $10\text{k}\Omega$，同时实现 $u_O = -3u_{I1} + 5u_{I2}$ 的加法运算。

5.8 画出高通滤波器和带阻滤波器的线路图。

第6章　放大电路中的反馈

学习目标

(1) 掌握反馈的基本概念。

(2) 理解反馈电路的基本类型。

(3) 理解反馈电路的作用。

(4) 能够根据需要，利用反馈电路调整放大电路的参数，如放大倍数等。

在报告会或演唱卡拉 OK 时，如出现从喇叭发出的声音又传回话筒中作为输入信号的现象，喇叭就会出现可怕的啸叫声，如图 6.1 所示。如不马上移开话筒，断开信号传送环路，可能导致话筒或喇叭损坏。这是因为喇叭的声音通过麦克风返送到功放，功放把这一信号进行放大经喇叭输出，放大后的信号又经麦克风返送到功放……，经多次反复放大后的信号幅度很大，就形成啸叫声。这种情况称为自激，具体的工作原理在第 9 章正弦波振荡器中讲述。自激的产生是因为电路中存在把输出信号返送回到输入端，形成回路，这一回路就称为反馈电路，反馈电路应用得好，可以用来稳定电路的工作，也可以产生各种振荡波形信号。自动控制系统得以实现很大程度上就是因为存在反馈电路，如恒温箱电路中的热传感器电路：当检测到恒温箱的温度下降时，就输出一信号反馈到加热系统，使加热系统加大加热功率，当检测到已加热到额定温度时，控制电路自动断开加热，因而可使恒温箱的温度保持恒定。

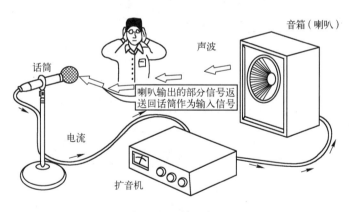

图 6.1　反馈示意图

6.1　反馈

6.1.1　反馈的结构

将放大电路输出端的信号（电压或电流）的一部分或全部回送到输入端，与输入信号叠加,称为反馈,回送的信号称为反馈信号。

从图6.1可知,反馈的构成是存在输出信号反馈回输入信号的环路。从表6.1有关反馈电路的说明可知,如果没有反馈网络(如图6.1所示的音箱返送回话筒这一通路),只有基本放大电路,该电路就是一个开环放大电路。有了反馈网络,该电路为闭环放大电路,图中箭头所表示的是信号传递的方向。为方便分析,这里按理想情况进行分析:即假设输入信号只通过基本放大电路传向输出端,而忽略输入信号经反馈网络传向输出端的直通作用;反馈信号只通过反馈网络传向输入端,而忽略经基本放大电路传向输入端的内部反馈作用。

这里所说的信号一般是指交流信号,通过判断反馈信号与输入信号的相位关系,可以判断正、负反馈,同相是正反馈,反相是负反馈。

表6.1　有关反馈电路的说明

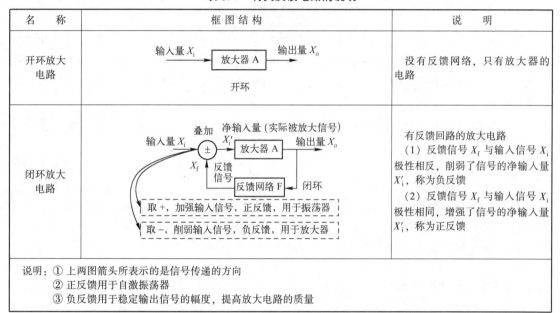

名　　称	框 图 结 构	说　　明
开环放大电路	输入量 X_i → 放大器 A → 输出量 X_o　　开环	没有反馈网络,只有放大器的电路
闭环放大电路	叠加　净输入量(实际被放大信号)　输入量 X_i → ± → X_i' → 放大器 A → 输出量 X_o　X_f 反馈信号　反馈网络 F　闭环　取+,加强输入信号,正反馈,用于振荡器　取-,削弱输入信号,负反馈,用于放大器	有反馈回路的放大电路 (1) 反馈信号 X_f 与输入信号 X_i 极性相反,削弱了信号的净输入量 X_i',称为负反馈 (2) 反馈信号 X_f 与输入信号 X_i 极性相同,增强了信号的净输入量 X_i',称为正反馈
说明:① 上两图箭头所表示的是信号传递的方向 ② 正反馈用于自激振荡器 ③ 负反馈用于稳定输出信号的幅度,提高放大电路的质量		

想一想:有哪些电子设备采用了反馈技术?

6.1.2　反馈的基本关系式

表6.1中 X_i、X_o、X_i' 和 X_f 分别表示放大电路的输入量、输出量、净输入量和反馈量,这些参量可以是电压,也可以是电流。由图6.2可得到负反馈放大电路的基本关系式如下:

基本放大电路放大倍数 A(又称开环增益):　　　$A = \dfrac{X_o}{X_i'}$

反馈网络的反馈系数 F:　　　　　$F = \dfrac{X_f}{X_o}$

由于

$$X_i' = X_i - X_f$$

所以

$$X_o = AX_i' = A\left(X_i - X_f\right) = A\left(X_i - FX_o\right) = AX_i - AFX_o$$

$$X_o + AFX_o = X_o(1 + AF) = AX_i$$

$$X_o = \frac{AX_i}{1 + AF}$$

故反馈放大电路的放大倍数（又称为闭环增益）A_F 为：

$$A_F = \frac{X_o}{X_i} = \frac{A}{1 + AF}$$

上式反映了反馈放大电路的基本关系，也是分析反馈电路的出发点。$(1 + AF)$ 是描述反馈强弱的物理量，称为反馈深度。

6.1.3 反馈类型

反馈可以从不同的角度进行分类。按反馈的正、负极性来划分，可分为正反馈和负反馈；按反馈信号的交、直流成分来划分，可分为交流反馈和直流反馈；根据反馈所采样的信号不同，可以分为电压反馈和电流反馈；按反馈信号与输入回路的关系来划分，可分为并联反馈和串联反馈。

在电路中引入电压负反馈能稳定输出端电压，在电路中引入电流负反馈能稳定输出端电流。

综合考虑反馈网络与输入、输出回路的关系，则负反馈电路可分为如下四种基本类型。

（1）电压串联负反馈。

（2）电流串联负反馈。

（3）电压并联负反馈。

（4）电流并联负反馈。

1. 电压反馈和电流反馈

反馈信号取自输出电压信号，即是电压反馈；反馈信号取自输出电流信号，即是电流反馈。从另一个角度来说，看反馈是对输出电压采样还是对输出电流采样。显然，作为采样对象的输出量一旦消失，则反馈信号也必然消失。由此可以得到下述判断电压反馈还是电流反馈的基本方法。

负载电阻短路法（也称输出短路法）：这种办法是假设将负载电阻 R_L 短路，也就是使输出电压为零。此时若原来是电压反馈，则反馈信号一定随输出电压为零而消失；若电路中仍然有反馈存在，则原来的反馈应该是电流反馈。

（1）电压反馈。图 6.2（a）所示为电压反馈的结构图，反馈元件为 R_f，图 6.2（b）所示为电压反馈的特点示意图，从图中可见，如果输出端对地短路后，反馈信号为 0V，即消失。即把输出端对地短路，则反馈信号为 0。

电压负反馈的作用：可以稳定输出电压，减小输出电阻。

（2）电流反馈。图 6.3（a）所示为电流反馈的结构图，反馈元件为 R_E，图 6.3（b）所示为电流反馈的特点示意图，从图中可知，如果输出端对地短路后，i_E 仍然存在。即把输

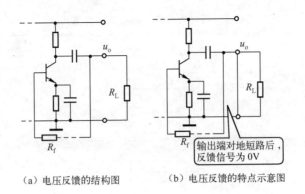

(a) 电压反馈的结构图   (b) 电压反馈的特点示意图

图 6.2   电压反馈的结构和特点示意图

出端对地短路，反馈信号仍将存在。

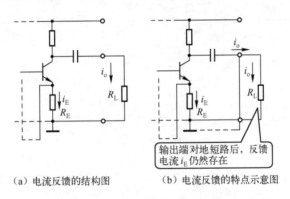

(a) 电流反馈的结构图   (b) 电流反馈的特点示意图

图 6.3   电流反馈的两种形式

电流负反馈的作用：可以稳定输出电流，增大输出电阻。

2. 串联反馈和并联反馈

根据反馈信号在输入端与输入信号比较形式的不同，可以分为串联反馈和并联反馈。

串联反馈：反馈信号与输入信号串联。串联反馈使电路的输入电阻增大。

并联反馈：反馈信号与输入信号并联。并联反馈使电路的输入电阻减小。

想一想：为什么串联反馈使电路的输入电阻增大？为什么并联反馈使电路的输入电阻减小？

3. 交流反馈与直流反馈

交流反馈：反馈只对交流信号起作用。

直流反馈：反馈只对直流信号起作用。

有的反馈只对交流信号起作用；有的反馈只对直流信号起作用；有的反馈对交、直流信号均起作用。若在反馈网络中串接隔直电容，则可以隔断直流，此时反馈只对交流起作用；在起反馈作用的电阻两端并联旁路电容，可以使其只对直流起作用。

四种负反馈电路形式及主要特点见表 6.2。

表 6.2　四种负反馈电路形式及主要特点

名　称	电 路 结 构	说　明
串联负反馈		断开反馈回路，电路不能工作
并联负反馈		断开反馈回路，电路也能工作
电压负反馈		短路输出回路，反馈信号为 0
电流负反馈		短路输出回路，反馈信号仍然存在

6.2　反馈类型的判别

1. 判别反馈类型的依据

反馈的种类不同，对电路所起的作用就有所不同。判别反馈的种类有利于使用反馈网络来提高电路的稳定性，合理选择其输入、输出电阻等。反馈类型的判别依据如下：

（1）找出反馈网络（电阻）。

（2）判定是交流反馈还是直流反馈。

（3）判定是否负反馈。

（4）如果是负反馈，那么是何种类型的负反馈。

下面以三极管放大电路为例，说明判断反馈类型的方法。

（1）电压反馈与电流反馈判别方法：电压反馈一般从后级放大器的集电极采样；电流反馈一般从后级放大器的发射极采样。注意：直流反馈中，输出电压指 U_{CE}、输出电流指 I_E 或 I_C。

（2）并联反馈与串联反馈判别方法：并联反馈的反馈信号接于晶体管基极；串联反馈的反馈信号接于晶体管发射极。

（3）判断负反馈的方法：瞬时极性法。假设输出端信号有一定极性的瞬时变化，依次经过反馈、比较、放大后，再回到输出端，若输出信号与原输出信号的变化极性相反，则为负反馈；反之为正反馈。

如果是电压反馈，则要从输出电压的微小变化开始。如果是电流反馈，则要从输出电流的微小变化开始。判断时在输入端也要反映出反馈信号与输入信号的相位关系。

想一想： 如果是利用场效应管进行放大，以上判断类型的方法是否要进行相应的修改？

2. 反馈电路分析举例

下面通过例题来说明反馈电路的分析方法。

【例6-1】 如图 6.4 所示，判断 R_f 是否为负反馈元件，若是，请判断反馈的组态。

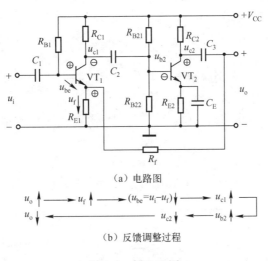

（a）电路图

$$u_o \uparrow \longrightarrow u_f \uparrow \longrightarrow (u_{be}=u_i-u_f) \downarrow \longrightarrow u_{c1} \uparrow$$
$$u_o \downarrow \longleftarrow u_{c2} \longleftarrow u_{b2} \uparrow$$

（b）反馈调整过程

图 6.4 例 6-1 图

解： 此电路从输出端返送回输入端的反馈元件是 R_f，由于 C_3 的隔直作用，电路只对交流信号起作用，为交流反馈。

图 6.4（a）是电路图，根据瞬间极性判断法可知，由于 VT_1 的基极和发射极的瞬间极性都为正极性，输入信号 u_i 呈上升趋势时，反馈回路使得 u_{VT1e} 也上升，从而使 $u_{VT1be} = u_{VT1b}$ $- u_{VT1e}$ 上升的幅度小于 u_i 的上升幅度，所以该电路是负反馈电路。图 6.4（b）所示是反馈调整过程的分析，从分析可知，由于某些原因如输入端信号 u_i 上升，使得输出端信号上升，但反馈会使得输出信号 u_o 趋向于下降，从而基本保证输出信号幅度的稳定。

把输出端对地短路，则无反馈信号回送到输入端，这种反馈为电压反馈。

反馈电压信号接于晶体管发射极与输入信号 u_i 耦合到 VT_1 基极后的信号 u_b 进行比较，所以是串联反馈。

因此，此电路是电压串联交流负反馈，对直流不起作用。

注意：分析中用到了三极管的集电极与基极相位相反这一性质，这里分析的是交流信号，不要与直流信号混淆。分析中用到的电压、电流要在电路中标出，并且注意符号的使用规则。如果反馈对交、直流均起作用，可用总电量表示。

【例6-2】 试判断图 6.5 中所示的 R_f 的反馈是否为负反馈，若是，请判断反馈的组态。

解：该电路的反馈元件是 R_f，由于没有隔直电容，R_f 可传送的信号有直流信号和交流信号，即为交、直流反馈，同时 R_f 还为三极管 VT 提供直流偏置。

从图 6.5（a）所示瞬时极性分析可知，该电路是负反馈电路。

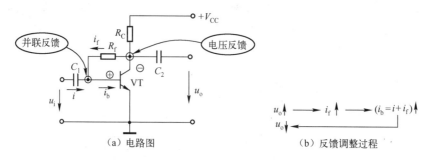

图 6.5 例 6-2 图

如果输出端对地短路，无交流输出，则为电压反馈。

反馈信号加到三极管的基极，为并联反馈。

所以，此电路是电压并联交、直流负反馈。从图 6.5（b）所示可知，该电路可稳定输出电压。

想一想：图 6.5 中的三极管的静态工作点如何提供？能否在反馈回路加隔直电容？

【**例 6-3**】 如图 6.6 所示，试判断 R_f 是否为负反馈元件，若是，请判断反馈的组态。

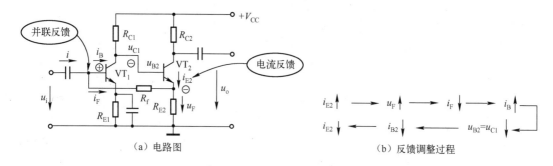

图 6.6 例 6-3 图

解：图 6.6（a）中所示的主要反馈元件 R_f 直接把信号返送回输入端，为交、直流反馈。反馈的反相信号并联叠加到输入端，减弱了输入信号，为并联负反馈电路。

如果输出端对地短路，仍有反馈信号返送回输入端，则为电流反馈。

所以，此电路是电流并联交、直流负反馈。从图 6.6（b）可知，该电路可稳定输出。

想一想：图 6.6 所示电路中的 R_{E1} 是否会起反馈作用？如果会，是哪种类型的反馈？有什么作用？

【**例 6-4**】 判断如图 6.7（a）所示电路中 R_{E1}、R_{E2} 的负反馈作用。

解：图 6.7（a）中主要反馈元件是 R_{E1} 和 R_{E2}，由于 R_{E2} 旁有旁路电容 C_E，则 R_{E2} 只对直流信号起反馈作用，而对交流信号不起作用，而 R_{E1} 对交、直流信号都起反馈作用。从图 6.7（b）、（c）可知，如果输入信号增大，则流过发射极回路的电流会增大，从而发射极电位会上升，使三极管基极和发射极的电压差基本保持不变，从而稳定输出。即 R_{E1} 为电

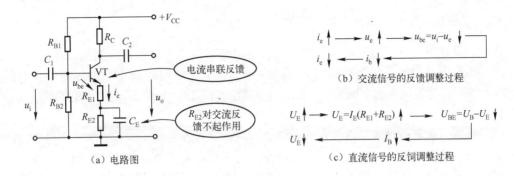

图6.7　例6-4图

流串联交、直流负反馈，R_{E2}为电流串联直流负反馈。

想一想：图6.7（b）中所示的u_e可以看做哪个电阻上的压降？

6.3　负反馈对放大电路的影响和应用

从前面分析可知，负反馈信号与外输入信号叠加在一起，会使实际输入到放大器的信号减弱，使放大后输出信号的幅度比无负反馈信号时输出的要低，即负反馈会使放大电路的放大倍数下降，但由于它对放大电路的性能有改善，故应用十分广泛。

6.3.1　负反馈对放大电路的影响

1. 提高放大倍数的稳定性，扩展通频带

电压负反馈的存在，使输出电压随输入信号的变化比较小；而电流负反馈则使输出电流比较稳定。如果放大电路输入信号基本保持一定，出现电路参数发生变化、电源电压产生波动和负载电阻改变等，由于负反馈的存在，对输出的影响也较小，即提高了放大倍数的稳定性。通常认为其放大倍数的稳定性可提高（$1+AF$）倍。

阻容耦合放大电路中，由于耦合电容和旁路电容的存在，将引起低频段放大倍数下降和产生相位移；由于电路中分布电容和三极管极间电容的存在，将引起高频段放大倍数下降和产生相位移。电路中引入了负反馈，对于任何原因引起的放大倍数下降，负反馈将起到稳定作用。如反馈电路的反馈系数F一定，不随频率的变化而变化，在低频段和高频段由于输出减小，反馈到输入端的信号也减小，于是净输入信号增加，故放大倍数下降减少。

在负反馈的情况下，$|1+AF|$表示的反馈深度越大，负反馈作用越强，则电路的放大倍数下降得越多，而放大倍数的下降将使通频带得到展宽。

2. 减小非线性失真

一个无负反馈的放大电路，即使设置了合适的静态工作点，因存在三极管等非线性元件，也会产生非线性失真。引入负反馈后，这种失真了的信号经反馈网络又送回到输入端，与输入信号反相叠加，可以减小本级放大电路自身产生的非线性失真。

3. 可改变放大电路的输入、输出电阻

在电路设计中，可根据对输入电阻和输出电阻的具体要求，引入适当的负反馈。例如，若希望减小放大器的输出电阻，可引入电压负反馈，输出电阻将减小为开环时输入电阻的 $1/(1+AF)$；若希望提高输入电阻，可引入串联负反馈，输入电阻将增大为开环时输入电阻的 $(1+AF)$ 倍。

综上所述，引入负反馈可以稳定放大倍数，减小非线性失真，展宽通频带，按需要改变输入电阻和输出电阻等。一般来说，反馈越深，效果越显著。但是也并非反馈越深越好，因为性能的改善是以牺牲放大倍数为代价的，反馈越深，放大倍数下降越多。在深度负反馈的条件下，放大倍数仅由一些电阻来决定，几乎与放大电路无关。

6.3.2 负反馈应用

下面以例题的形式分析引入负反馈后，电路功能的改变。

【例 6-5】 以集成运放作为放大电路，引入合适的负反馈，要求画出电路图来分别达到下列目的：

（1）实现电流 – 电压转换电路。

（2）实现电压 – 电流转换电路。

（3）实现输入电阻高的电压放大电路。

（4）实现输入电阻低的电流放大电路。

解： 可实现本题（1）、（2）、（3）、（4）要求的参考电路分别如图 6.8（a）、（b）、（c）、（d）所示。

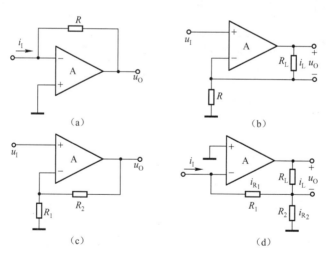

图 6.8　例 6-5 图

图 6.8（a）中，由于运放具有"虚地"的特性，$u_O = -i_1R$，从而实现了电流 – 电压转换。

图 6.8（b）中，由于运放具有"虚短"的特性，$u_1 = u_+ = u_-$，则 $i_L = u_-/R = u_1/R$，从而实现了电压 – 电流转换。此电路如果 u_1 稳定，输出的电流 i_O 也稳定，可充当恒流源使用。

图 6.8（c）中，同相输入端由于没有反馈回路，所以仍保持运放输入阻抗高的特点；

而反相输入端引入负反馈电阻后，根据运放具有"虚短"的特性，$u_1 = u_+ = u_-$，则 $i_{R1} = u_1/R_1$，由于 R_1 和 R_2 串联，$u_0 = i_{R1}(R_1 + R_2) = u_1(R_1 + R_2)/R_1$，因 R_1 和 R_2 是固定的，输出电压只受输入电压的影响，电压稳定性强。

图 6.8（d）中，虽然运放自身输入阻抗近似无穷大，但通过反馈电阻 R_1 和 R_2 接地后，输入电阻改为了 $R_i = R_1 + R_2$，从而降低了输入电阻。且全部电流流入反馈电阻，则有 $i_{R1} = -i_I$，输出电流 $i_L = i_{R1} + i_{R2} = i_{R1} + i_{R1}R_1/R_2$，因 R_1 和 R_2 是固定的，输出端电流只受输入电流的影响，电流稳定性强。

实训 6　负反馈放大器

1. 实训目的

（1）研究负反馈对放大器性能的影响。
（2）掌握负反馈放大器性能的一般测试方法。
（3）进一步熟悉常用仪器仪表的使用方法。

2. 实训仪器与器件

（1）电子工作台　　　1 台
（2）万用表　　　　　1 台
（3）双踪示波器　　　1 台
（4）交流毫伏表　　　1 台

3. 实训原理

负反馈在电子电路中有着非常广泛的应用，其原理是通过降低放大器的放大倍数，从而使得放大器多方面动态参数得以改善，如稳定放大倍数，改善输入、输出电阻，减小非线性失真和展宽通频带等。几乎所有的实用放大器都带有负反馈。

本实训以电压串联负反馈为例，分析负反馈对放大器各项性能指标的影响。

4. 实训内容与步骤

（1）静态工作点的测试。按图 6.9 所示连接电路，接通 12V 电源，调节 R_2，使 $V_{CEO1} = 6V$，调节 R_8，使 $U_{CEO2} = 6V$。

（2）负反馈对放大器性能的影响的测试。测量开环与闭环放大倍数。

① 从放大器的输入端输入 $f = 1kHz$、$u_i = 10mV$ 左右的正弦信号，断开 K_1（不接负载 R_L），用示波器观察输出 u_o 波形，使之不失真，若波形失真可微调 R_8。用交流毫伏表测量输入、输出电压，计算其放大倍数。然后合上 K_2（接入负载电阻 R_L（4.7kΩ）），测量在相同信号输入的情况下的电压放大倍数 A。

② 合上 K_1，接入反馈电阻 R_6，输入信号幅度、频率保持不变，重复步骤①，根据测量结果分别计算不接负载电阻和接负载电阻时的电压放大倍数 A。

③ 将测量和计算结果填入表 6.3 中。

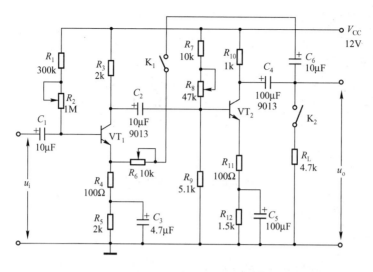

图 6.9　负反馈放大器实训电路图

表 6.3

测试条件	开　　环		闭　　环	
	不接负载	接负载	不接负载	接负载
输入电压（u_i）	10mV			
输出电压（u_o）				
电压放大倍数				

（3）测量负反馈放大器对放大倍数恒定性的影响。在上面实训的基础上，保持输入信号频率、幅值不变，将电源电压从 12V 降至 10V，分别用交流毫伏表测量开环和闭环情况下的输出电压值，分别计算两种状态下放大器放大倍数的相对变化值，并把测量和计算结果填入表 6.4 中。

表 6.4

测试条件	$V_{CC} = 12V$		$V_{CC} = 10V$		$\Delta A / A$
	u_o	$A(A_f)$	u_o	$A(A_f)$	
开环					
闭环					

（4）观察负反馈对放大器非线性失真的影响。不接负反馈电阻，在步骤（2）的基础上，适当加大输入信号幅度，用示波器观察输出波形，使之出现明显失真，然后接入负反馈电阻，观察并记录波形改善情况。

在图 6.9 的基础上将电路改为电流并联负反馈，电路参数自行设计，定性观察负反馈的效果（如电路开环、闭环增益，改善非线性失真等）。记录测量结果。

5. 实训报告与要求

（1）整理实训数据，填写表格，验证 "$1 + AF$" 的数量关系。

（2）根据电路参数计算反馈系数 F，并根据实训数据分析闭环电压放大倍数 A_f 与反馈系数 F 之间的关系，分析误差原因（计算时应测量 R_6 的值，然后根据有关公式进行计算）。

（3）画出自行设计的电流并联负反馈的电路图，标明有关参数，定性观察并记录反馈结果。

6．思考题

（1）根据电路参数，计算电路的开环与闭环电压放大倍数及反馈深度。

（2）总结电压串联负反馈对放大器性能的改善。

7．想一想，做一做

设计一电子助听器，使用时只要对助听器话筒轻轻发声，就会在耳机中听到放大后的洪亮声音，可以满足一些听力受损者的需要。助听器实训电路可参见图 6.10 所示，请读者指出反馈元件，自行分析电路的工作原理。

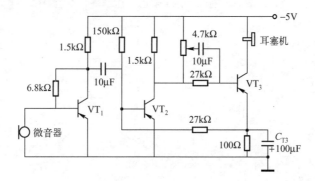

图 6.10 耳聋助听器放大电路

本 章 回 顾

（1）把输出信号返送回输入端的连接方式称为反馈。加强输入信号的称为正反馈，反馈信号是减弱输入信号的称为负反馈。

（2）根据反馈网络和基本放大电路在输入端和输出端串联或并联的接法不同，可以得到四种类型的负反馈放大电路：电压串联负反馈放大电路、电压并联负反馈放大电路、电流串联负反馈放大电路和电流并联负反馈放大电路。

（3）放大电路加入负反馈之后，会使放大器的性能产生一系列变化，主要是：使放大电路的放大倍数下降，通频带增宽；使放大电路内的失真和杂音变小，稳定放大电路的放大倍数；方便地改变放大电路的输入、输出电阻。

习　题　6

一、填空题

6.1　负反馈使放大倍数_____（增大，减小）。

6.2 电压负反馈稳定 _____ ，使输出电阻 _____ ，电流负反馈稳定 _____ ，使输出电阻 _____ （输出电压，输出电流，增大，减小）。

6.3 串联负反馈使输入电阻 _____ ，并联负反馈使输出电阻 _____ （增大，减小）。

6.4 为了分别达到下列要求，应该引入何种类型的反馈？

（1）降低放大电路对信号源索取的电流，应该引入 _____ ；提高放大电路的输入阻抗，减少对信号源的影响，应该引入 _____ 。

（2）要求放大电路的输出电路基本上不受负载电阻变化的影响，应该引入 _____ 。

二、判断题（正确的打 √，错误的打 ×）

6.5 直流负反馈是直接耦合放大电路中的负反馈，交流负反馈是存在于交流通路中的负反馈。（　　）

6.6 交流负反馈不能稳定静态工作点。（　　）

6.7 引入负反馈将使放大电路放大倍数降低，所以不可能产生自激振荡。（　　）

6.8 放大电路中引入正反馈必然引起自激振荡。（　　）

三、综合题

6.9 在图 6.11 所示的各电路中，试判断所引入的反馈是正反馈还是负反馈？是直流反馈还是交流反馈？并指出反馈网络由什么元件组成。分别说明稳定输出电压或输出电流有哪些电路？提高输入电阻及降低输出电阻有哪些电路？

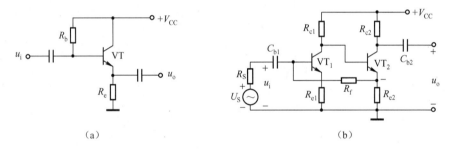

图 6.11

6.10 判断图 6.12 所示各电路中是否引入了反馈？是直流反馈还是交流反馈？是正反馈还是负反馈？设图中所有电容对交流信号均视为短路。

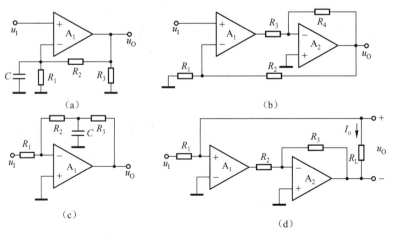

图 6.12

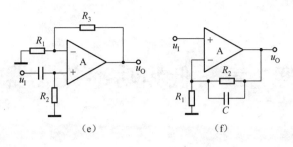

（e）　　　　　　　　（f）

图 6.12（续）

6.11　电路如图 6.13 所示，已知集成运放的开环差模增益和差模输入电阻均近似于无穷大，最大输出电压幅值为 ±14V。电路引入了_____（填入反馈组态）交流负反馈，电路的输入电阻趋近于_____，电压放大倍数 $A_{uf} = \Delta u_O / \Delta u_1 \approx$ _____。设 $u_1 = 1V$，则 $u_O \approx$ _____ V；若 R_1 开路，则 u_O 变为_____ V；若 R_1 短路，则 u_O 变为_____ V；若 R_2 开路，则 u_O 变为_____ V；若 R_2 短路，则 u_O 变为_____ V。

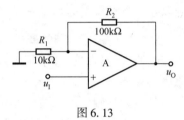

图 6.13

6.12　电路如图 6.14 所示，试问：若以稳压管的稳定电压 U_Z 作为输入电压，则当 R_2 的滑动端位置变化时，输出电压 U_O 的调节范围为多少？

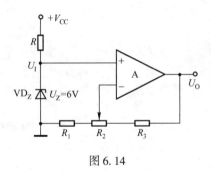

图 6.14

第7章 低频功率放大器

学习目标

（1）理解低频功率放大电路的主要形式。

（2）理解实用的 OTL、OCL 功率放大电路。

（3）掌握集成功率放大器的应用。

（4）为电子设备设计、选用合适的功率放大电路。如为各种音频设备设计功率放大器，为各种自动控制装置的执行设备设计功率放大器，也可以为自己的 MP3 等数码产品自制一个功放，再配上一对音箱，就可以在家里欣赏美妙的音乐了。

在卡拉 OK 厅或电影院里，常常会听到震耳欲聋的音乐声；在音乐厅，可以听到高昂明亮的歌声；而用计算机的多媒体音响播放音乐时，如果想听震撼人心的音乐时，可能觉得由于音量有限，无法实现。究其原因均是不同的场合采用了不同的功率放大器（简称功放），这些功放放大的对象是音频信号，与放大高频信号的放大器相比，通常称它们为低频功率放大器。低频功率放大器的性能指标对音效起着决定性的作用。人们谈论的"发烧友"是指追求完美音响效果的音响爱好者。

7.1 概述

电子系统中，模拟信号经电压放大后，往往要去推动一个实际的负载，如使扬声器发声、继电器动作、仪表指针偏转等。推动一个实际负载需要的功率较大，能输出较大功率的放大器称为功率放大器。图 7.1 所示为功率放大器应用示意图。

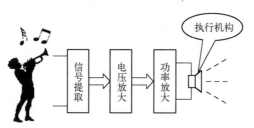

图 7.1 功率放大器的应用示意图

想一想：假设电压放大后能输出足够的电压幅度，是否就可以保证有足够的输出功率？

7.1.1 功率放大电路的要求

功率放大器最重要的是向负载输出足够大的功率。功率 $P = UI = U^2/R$，所以功率放大器不但要向负载提供大的信号电压，而且也要向负载提供大的信号电流。

通常可从表 7.1 所列功率放大器的性能考虑其品质优劣。

表 7.1 功率放大器的性能

名　称	参　数	说　明
最大输出功率 P_{om}（额定输出功率）	$P_o = I_o U_o$（I_o 和 U_o 均为交流有效值）	在正弦信号输入下，输出给负载的信号，其电压和电流的波形不超过规定的非线性失真指标时，负载获取最大功率
效率 η_m	$\eta_m = P_{om}/P_E$	功率放大器的最大输出功率 P_{om} 与电源所提供的功率 P_E 之比称为效率。放大电路输出给负载的功率是由直流电源提供的。直流供电除输出到负载外，剩余的部分消耗了。低效率的功率放大器在大功率输出时，发热问题非常严重，这在元器件选取、工艺设计中要特别考虑
非线性失真		由于器件的非线性失真影响，使信号进入器件的非线性区
安全性		功率放大器的输出管工作在高电压、大电流情况下，工作温度高。因此在电路设计中必须充分考虑功率放大管的安全，如功率放大管的散热问题以及输出管的保护

想一想：因为功率 $P = UI = U^2/R$，对于一个功率放大器，不断减小 R 是否可以不断增加输出功率？

7.1.2　功率放大器工作状态的分类

功率放大器按其晶体管导通时间不同，可分为甲类、乙类、甲乙类、丙类等。一种工作于开关状态的功率放大器——D 类放大器，由于工作效率高，也开始在市场上占有越来越大的份额。

表 7.2 是功放的工作状态示意图及相关说明，表中工作状态处，u_{BE} 和 i_B 的关系图是用来描述三极管输入回路的电压与电流关系的，当出现 $I_B = 0$，说明三极管处于截止状态。

表 7.2　功放的工作状态示意图及相关说明

名　称	工　作　状　态	说　明	应　用
甲类工作状态		当输入信号为正弦波时，三极管在信号的整个周期内均导通放大（即导通角 $\theta = 360°$）。它的效率低，失真小	常用于电压放大，也用于功率放大
乙类工作状态		三极管仅在信号的正半周期或负半周期导通（即导通角 $\theta = 180°$）	功率放大

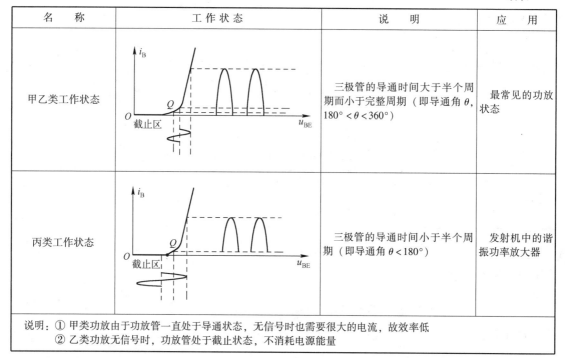

名　　称	工作状态	说　明	应　用
甲乙类工作状态		三极管的导通时间大于半个周期而小于完整周期（即导通角 θ，$180° < \theta < 360°$）	最常见的功放状态
丙类工作状态		三极管的导通时间小于半个周期（即导通角 $\theta < 180°$）	发射机中的谐振功率放大器

说明：① 甲类功放由于功放管一直处于导通状态，无信号时也需要很大的电流，故效率低
　　　② 乙类功放无信号时，功放管处于截止状态，不消耗电源能量

想一想： 除了音响设备以外，能否举一些应用了功放的电子设备实例？

7.2　互补对称功率放大电路

乙类功率放大器和甲乙类功率放大器是利用一只 NPN 型和一只 PNP 型的功率放大管互补对称结合在一起进行工作的。

7.2.1　乙类功率放大器

乙类功率放大器常用的有两种，这两种功放均是采用射极跟随器结构来放大电流的，从而提高了输出功率。

1. 无输出变压器的功率放大器（OTL 电路）

无输出变压器的功率放大器（Output Transfomerless，缩写为 OTL）的结构如图 7.2 所示，此电路采用大的输出电容 C，电容 C 的容量较大，依输出功率的大小在几百微法到几千微法之间。

图 7.2 中所示 VT_1 为 NPN 型管，VT_2 为 PNP 型管，但它们的性能一致、对称，通常配对选用。静态时，前级电路使两管的基极电位为 $V_{CC}/2$，由于 VT_1 和 VT_2 的对称性，发射极电位也为 $V_{CC}/2$，故电容上的电压为 $V_{CC}/2$，极性如图 7.2 所示。

设电容 C 容量足够大，对交流信号可视为短路；三极管 b、e 间的开启电压此处忽略不计；输入电压为正弦波。当 $u_i > 0$ 时，VT_1 导通，电流方向如图 7.2 中实线所示，V_{CC} 通过

$\mathrm{VT_1}$ 和 R_L 对 C 进行充电，$\mathrm{VT_1}$ 和 R_L 组成射极跟随器，$u_o \approx u_i$；当 $u_i < 0$ 时，$\mathrm{VT_2}$ 导通，电流方向如图 7.2 中虚线所示，C 通过 $\mathrm{VT_2}$ 和 R_L 进行放电，$\mathrm{VT_2}$ 和 R_L 组成射极跟随器，$u_o \approx u_i$。可见对于整个输入的正弦波，电路输出电压跟随输入电压变化。由于 $i_{RL} = \beta i_B$，输出电流 i_{RL} 增大了，输出功率就提高了。

2. 无输出电容的功率放大器（OCL 电路）

OTL 电路由于输出电容的存在，开机时电容要充电到 $V_{CC}/2$，因此对负载 R_L 存在冲击。另一方面，由于输出电容的存在会使电路的低频特性变差。为了提高低频响应，就必须加大电容，大容量的电解电容存在电感效应，其输出的高频特性也会受到影响。采用双电源可以去掉这个输出电容，称为无输出电容的功率放大器（Output Capacitorless，缩写为 OCL），其示意原理电路如图 7.3 所示。

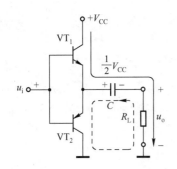
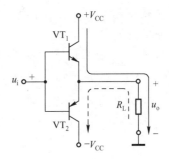

图 7.2　无输出变压器的功率放大器（OTL）原理图　　图 7.3　无输出电容的功率放大器（OCL）原理图

图 7.3 中，$\mathrm{VT_1}$ 和 $\mathrm{VT_2}$ 通常配对选用。静态时，$u_i = 0$，$\mathrm{VT_1}$ 和 $\mathrm{VT_2}$ 均截止，输出电压为零。输入为正弦波，当 $u_i > 0$ 时，$\mathrm{VT_1}$ 导通，$\mathrm{VT_2}$ 截止，正电源供电，电流如图 7.3 中实线所示，由 $\mathrm{VT_1}$ 和 R_L 组成射极跟随器，$u_o \approx u_i$；当 $u_i < 0$ 时，$\mathrm{VT_2}$ 导通，$\mathrm{VT_1}$ 截止，电流如图 7.3 中虚线所示，由 $\mathrm{VT_2}$ 和 R_L 组成射极跟随器，$u_o \approx u_i$。可见对于整个输入的正弦波，电路中 $\mathrm{VT_1}$ 和 $\mathrm{VT_2}$ 交替工作，正、负电源交替供电，输出电压跟随输入电压变化。两只管子的这种交替工作方式称为"互补"工作方式。

3. 桥式推挽功率放大器（BTL 电路）

OCL 电路必须采用双电源供电，采用桥式推挽功率放大器（Balance Transformerless，缩写为 BTL）可以采用单电源供电，且不需变压器或大电容，电路的结构如图 7.4 所示，图中四只管子特性对称，静态时，输入"＋"端和"－"端均为 $V_{CC}/2$，四只管子均处于截止状态，负载上电压为零。

输入为正弦波 u_i，参考方向如图 7.4 中所示"＋"端和"－"端。当 $u_i > 0$ 时，$\mathrm{VT_1}$ 和 $\mathrm{VT_4}$ 管导通放大，$\mathrm{VT_2}$ 和 $\mathrm{VT_3}$ 截止，电流方向如图 7.4 中实线所示，负载 R_L 上获得正半周电压；当 $u_i < 0$ 时，$\mathrm{VT_2}$ 和 $\mathrm{VT_3}$ 导通放大，$\mathrm{VT_1}$ 和 $\mathrm{VT_4}$ 截止，电流方向如图 7.4 中虚线所示，负载 R_L 上获得负半周电压。可见对于整个输入的正弦波，电路中"$\mathrm{VT_1}$ 和 $\mathrm{VT_4}$"和"$\mathrm{VT_2}$ 和 $\mathrm{VT_3}$"交替工作，输出电压跟随输入电压变化。

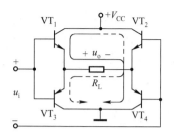

图 7.4 桥式推挽功率放大器原理图

BTL 电路需要四只管子,静态时,输出"+"端与输出"-"端电位必须相等,否则将有直流分量输出,这对于电感性负载(如喇叭)是致命性的。

7.2.2 甲乙类功率放大电路

甲乙类功率放大器中功率放大管的导通时间略长于半个周期,可解决乙类功率放大器存在交越失真的问题。

图 7.3 所示的基本 OCL 电路会产生交越失真。当输入电压小于晶体管 b、e 间的阈值电压 U_{TH} 时,VT$_1$、VT$_2$ 都将不导通,从而出现表 7.3 所示的交越失真现象。实际使用的 OCL 电路,必须为这两个功率放大管设置合适的工作点,典型的电路见表 7.3 中的改进电路。

表 7.3 甲乙类功率放大器典型电路

交越失真的波形	产生的原因	改进的电路	说明
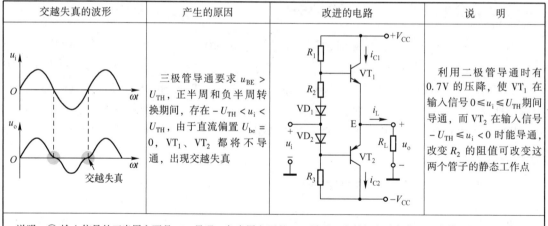	三极管导通要求 $u_{BE} > U_{TH}$,正半周和负半周转换期间,存在 $-U_{TH} < u_i < U_{TH}$,由于直流偏置 $U_{be} = 0$,VT$_1$、VT$_2$ 都将不导通,出现交越失真		利用二极管导通时有 0.7V 的压降,使 VT$_1$ 在输入信号 $0 \leq u_i \leq U_{TH}$ 期间导通,而 VT$_2$ 在输入信号 $-U_{TH} \leq u_i < 0$ 时能导通,改变 R_2 的阻值可改变这两个管子的静态工作点

说明:① 输入信号的正半周主要是 VT$_1$ 导通,负半周主要是 VT$_2$ 导通,发射极驱动负载,两个管的导通时间都比输入信号的半个周期略长,从而解决了交越失真的问题,这种电路工作在甲乙类状态
② 偏置电路 R_2、VD$_1$、VD$_2$ 异常,VT$_1$ 和 VT$_2$ 的集电极静态电流很大,VT$_1$ 和 VT$_2$ 可能因为过热而损坏,因此通常要附加过流、过热保护电路

7.2.3 OCL 电路的输出功率与效率

功率放大器最重要的指标是最大输出功率 P_{om} 及效率 η,为了求解 P_{om},需求出负载上不产生饱和失真时的最大输出电压幅值。

在正弦波的正半周,u_i 从零逐渐增大时,输出电压随之逐渐增大,VT$_1$ 管管压降必然逐

渐减小, 当管压降下降到饱和管压降 U_{CES1} 时, 输出电压达到最大幅值, 其值为 $U_{om} = V_{CC} - U_{CES}$ (U_{CES} 为饱和压降, 设 $U_{CES1} = U_{CES2} = U_{CES}$)。

假设在外接负载 R_L 时, 两个管子均可提供足够的电流, 则最大输出功率为:

$$P_{om} = \frac{U_o^2}{R_L} = \frac{(\frac{V_{CC} - U_{CES}}{\sqrt{2}})^2}{R_L} = \frac{(V_{CC} - U_{CES})^2}{2R_L} \qquad (7-1)$$

此时电源提供的功率为电源电压 V_{CC} 与供电电流之积。设输入为正弦波信号, 基极电流很小可忽略不计, 则供电电流为:

$$i_{CC} = \frac{V_{CC} - U_{CES}}{R_L} \sin\omega t$$

故平均功率为:

$$P_V = \frac{1}{\pi} \int_0^\pi \frac{V_{CC} - U_{CES}}{R_L} \sin\omega t \cdot V_{CC} d\omega t = \frac{1}{\pi} \frac{V_{CC} - U_{CES}}{R_L} V_{CC} \int_0^\pi \sin\omega t \cdot d\omega t$$

$$= \frac{2}{\pi} \frac{(V_{CC} - U_{CES})V_{CC}}{R_L}$$

因此, 转换效率为:

$$\eta = \frac{P_{om}}{P_V} = \frac{\pi}{4} \frac{V_{CC} - U_{CES}}{V_{CC}} \qquad (7-2)$$

忽略饱和压降, 则 $\eta = \frac{\pi}{4} \approx 78.5\%$。应当指出, 这是在最大输出时忽略饱和压降后的转换效率, 实际工作时, 转换效率低于此理想值。

想一想: 单纯提高输入信号幅度, 能否不断提高输出功率? 输入信号过大, 会出现什么问题?

7.2.4 功率放大管的选择

功率放大器中, 功率放大管是决定输出功率的主要因素, 要根据实际情况选择功率放大管的最大管压降、集电极最大电流和最大功耗。为了保证电路可靠工作, 实际上选取功率放大管时比计算所得值要有较大的余量。

1. 最大管压降

从上面分析可知, 采用双管的乙类、甲乙类放大电路, 当其中一个管子饱和时, 另一管子所受的管压降最大。如 VT_1 在 VT_2 饱和时, VT_1 管 c、e 间的管压降最大为 $[V_{CC} - (-V_{CC}) - V_{CES}]$, 忽略 V_{CES}, VT_1 管子要承受的最大管压降 $|U_{CEmax}| = 2V_{CC}$。

2. 集电极最大电流

晶体管的发射极电流等于负载电流, 故集电极电流的最大值为:

$$I_{\text{Cmax}} \approx I_{\text{Emax}} = \frac{V_{\text{CC}} - U_{\text{CES}}}{R_{\text{L}}}$$

3. 最大功耗

在功率放大器中，电源提供的功率，除了转换成输出功率 P_o 外，其余部分主要消耗在功率放大管上，可以认为功率放大管损耗的功率 $P_{\text{T}} = P_{\text{C}} - P_o$。当输入电压很小（此时的输出功率也很小）时，由于集电极电流很小，这时管子的损耗也很小；当输入电压最大（即输出功率最大）时，由于管子的管压降很小，此时管子的损耗也是较小的；可见管耗最大既不是出现在输出功率最小时，也不会出现在输出功率最大时，而是出现在输出电流较大，且管压降也较大时。

计算管子瞬时的管压降、集电极电流，可以得到管子功耗的瞬时值。集电极最大功耗 P_{CM} 通常是管子在一段时间内所能承受的平均功率。通过计算得出损耗的功率 P_{T} 最大为：

$$P_{\text{Tmax}} = P_{\text{CM}} = \frac{V_{\text{CC}}^2}{\pi^2 R_{\text{L}}} = \frac{2}{\pi^2} P_{\text{oM}} \approx 0.2 P_{\text{oM}} \mid_{U_{\text{CES}} = 0}$$

即功放管集电极最大功耗 P_{CM} 为理想 OCL 电路最大输出功率的五分之一。

综上所述，OCL 电路在选用功放管时，必须满足最大管压降 $\mid U_{\text{CEmax}} \mid > 2V_{\text{CC}}$，集电极最大电流 $I_{\text{Cmax}} > \dfrac{V_{\text{CC}}}{R_{\text{L}}}$，集电极最大功耗 $P_{\text{CM}} > 0.2 P_{\text{om}}$；选用时要留有一定的余地，而且需按要求给功放管安装散热片。

【例 7-1】 图 7.3 所示电路的负载为 8Ω，三极管饱和管压降 $\mid U_{\text{CES}} \mid = 2V$，试问：

（1）若负载所需最大功率为 16W，则电源电压至少应取多少伏？

（2）若电源电压取 20V，则三极管的最大集电极电流、最大管压降和集电极最大功耗各为多少？

解： （1）根据

$$P_{\text{om}} = \frac{U_o^2}{R_{\text{L}}} = \frac{\left(\dfrac{V_{\text{CC}} - U_{\text{CES}}}{\sqrt{2}}\right)^2}{R_{\text{L}}} = \frac{(V_{\text{CC}} - U_{\text{CES}})^2}{2 R_{\text{L}}} = \frac{(V_{\text{CC}} - 2)^2}{2 \times 8} = 16(\text{W})$$

可计算出电源电压 $V_{\text{CC}} \geq 18\text{V}$。

（2）最大不失真输出电压的峰值。

$$U_{\text{om}} = V_{\text{CC}} - \mid U_{\text{CES}} \mid = 20 - 2 = 18(\text{V})$$

因而负载电流最大值，即三极管集电极最大电流为：

$$I_{\text{Cmax}} = \frac{U_{\text{om}}}{R_{\text{L}}} = \frac{18}{8} = 2.25(\text{A})$$

最大管压降为：

$$U_{\text{CEmax}} = V_{\text{CC}} - U_{\text{CES}} - (V_{\text{CC}}) = 2V_{\text{CC}} - U_{\text{CES}} = 2 \times 20 - 2 = 38(\text{V})$$

三极管集电极最大功耗为：

$$P_{\text{CM}} = \frac{V_{\text{CC}}^2}{\pi^2 R_{\text{L}}} = \frac{20^2}{\pi^2 \times 8} \approx 5.07(\text{W})$$

7.2.5 功率放大器的安全运行

功率放大器中的功放管工作在高电压、大电流、功耗大的状态，而且直接与输出端相连，是较易损坏的器件。实用电路中，通常附加保护措施，以防止功放管因过压、过流或过功耗而损坏。

为了保护功放管，通常采用在功放管的 c–e 间加过压保护，以免 c–e 间电压过大出现击穿，同时也可以安装限流电阻，限制集电极电流。由于功放管功耗大，为了避免功放管过热烧毁，还要考虑散热的问题。

图7.5是两种类型的散热器的外形及安装图。三极管外壳到散热器的散热效果与选用的材料及其表面积大小、厚薄、颜色及散热片的安装位置、接触面积和压紧程度、是否加绝缘层等因素紧密相关。散热器越厚、面积越大、颜色越深，通风条件越好，则散热越好。如加散热器无法解决问题，则可考虑采用风扇强制风冷、用水冷却等方法散热。

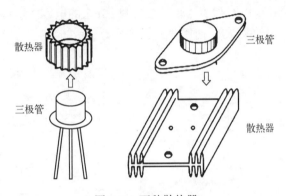

图 7.5 两种散热器

想一想：造成功放管烧毁的原因有哪些？有哪些措施可以保护功率放大管？环境温度较高时对功率放大管的工作有无影响？

7.3 集成功率放大电路

集成电路因成本低，使用方便，现在已广泛使用。集成功率放大器的内部电路与分立元件构成的功率放大器电路结构基本相同，选用时主要考虑要求的输出功率、供电电压等指标。对器件的应用可以通过查阅相关资料获得，在资料中通常有其典型应用电路，选取对应的参数有利于确保电路的工作性能。

目前，利用集成电路工艺已经能够生产出品种繁多的集成功率放大器，基于功率放大电路输出功率大的特点，通常在其内部设计上有一些特殊的要求，如输出级采用复合管、采用更高的直流电源电压、要求外壳装散热片等。

7.3.1 典型的集成功率放大器及应用电路

集成功率放大器有小功率功放和大功率功放，本节介绍两种典型的集成功率放大器：小功率集成功率放大器 LM386 和输出功率较大的 TDA2030。

1. LM386

LM386 是一块常用的低电压小功率集成功率放大器，由美国国家半导体公司生产，它具有电源电压范围广（4～6V）、功耗低（常温下为660mW）、频带宽（300kHz）等优点，输出功率0.3～0.7W，最大可达2W。图7.6是LM386的外形和引脚排列图，其中，引脚2为反相输入端，引脚3为同相输入端，引脚5为输出端，引脚6和4分别为电源和地，引脚1和8为电压增益设定端，使用时在引脚7和地之间接旁路电容，通常取10μF。

图7.7是LM386典型应用连线图。因LM386为OTL电路，所以需要在LM386的输出端接一个大电容，图中外接一个250μF的耦合电容C_1。C_2、R_1组成容性负载，以抵消扬声器音圈电感的部分感性，防止信号突变时，音圈的反电动势击穿输出管。C_4与内部电阻组成电源的去耦滤波电路，此电路改变引脚1和8之间的交流反馈回路电阻R_2，可方便地在外部改变反馈量，从而调节电压放大增益。当引脚1和8开路时，电压增益为26dB，即电压放大倍数为20，如直接在引脚1和8之间并接一只10μF的电容，增益可达46dB。而选用图中$R_2 = 1.2$kΩ时，放大倍数为70，使用时根据需要改变R_2的阻值，可调节放大倍数。

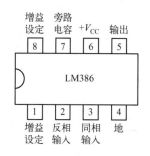

图7.6　LM386的外形和引脚排列图

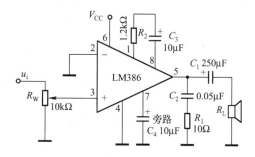

图7.7　LM386典型应用连线图

想一想：图7.7所示电路正常工作时，5脚对地直流电压应为多少？

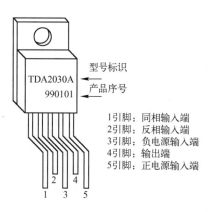

图7.8　TDA2030A的引脚图

2. TDA2030

TDA2030是目前使用比较多的一种集成功率放大器件，与其他功放相比，它的引脚和外围电路都比较少。它的电气性能稳定，并在内部集成了过载和热切断保护电路，能适应长时间连续工作，特别要注意其金属外壳与负电源引脚相连。TDA2030一般用做音频功率放大器，应用于收录机和有源音箱中，也可用于其他电子设备中的功率放大。TDA2030A是TDA2030的改进型，输出功率稍大，TDA2030A的外引脚如图7.8所示。图7.9（a）所示是一个典型TDA2030A构成的OCL电路，图中，IC_1构成同相放大器，放大倍数为$1 + R_3/R_4$。u_i由IN端经C_1隔直耦合后输入到IC_1，经放大后从4脚输出。C_8、R_8构成相位校正网络，以防止功率放大器出现自激振荡。在实际使用中，要注意集成电路本身功耗和最大输出电流的限制。

当电源电压为 ±14V、负载为 8Ω 时，单个 TDA2030A 构成典型的 OCL 电路的输出功率为 11W。TDA2030A 还可以实现采用单电源供电的 OTL 电路，电路结构如图 7.9（b）所示。

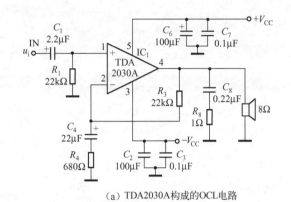

（a）TDA2030A 构成的 OCL 电路

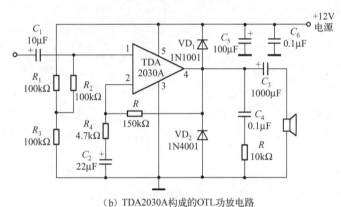

（b）TDA2030A 构成的 OTL 功放电路

图 7.9 TDA2030 构成的功放电路

想一想：TDA2030 能否用做直流功率放大器？LM386 呢？

图 7.10 所示是 TDA2030 构成的双声道 OCL 功放实物图。该电路采用交流双 12～17V 供电，不失真输出功率 2×20W，最大输出功率 2×40W。前级音调采用菲利浦 7732，能实现音量控制，高音、低音调节，适宜多媒体音箱和书架音箱用做功放。

TDA2030 构成 BTL 电路。TDA2030 构成的 BTL 功率放大器由两个 OCL 电路组成，如图 7.11 所示，两个 OCL 反相输出。

图 7.11 中，u_i 由 IN 端经 C_1 隔直耦合后输入到 IC_1，经放大后从 4 脚输出，IC_2 的输入信号由 IC_1 的输出通过 R_7 经 C_5 耦合输入，IC_2 构成放大倍数为 1 的反相放大器，IC_2 的 4 脚输出与 IC_1 的输出相位刚好相反，幅值相同。

若 IC_1 的 4 脚输出连接的负载另一端接地，则电路就是一个典型 TDA2030 构成的 OCL 电路。注意图中 C_8、R_8 构成相位校正网络，以防止功率放大器出现自激振荡。IC_1

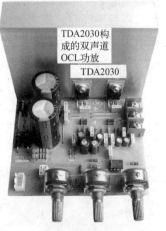

图 7.10 TDA2030 构成的
双声道 OCL 功放

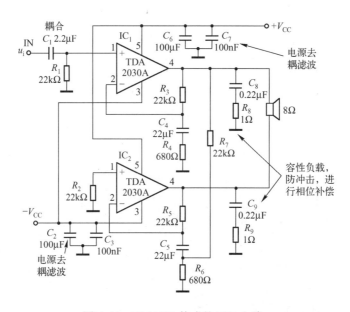

图 7.11 TDA2030 构成的 BTL 电路

构成同相放大器，放大倍数为 $1 + R_3/R_4$，IC_2 构成反相放大器，输入信号为 IC_1 的输出，放大倍数为 R_7/R_5。可见输出电压幅度是单个 OCL 电路输出的 2 倍，即 BTL 功放电路能把单路功率放大的输出功率扩展 4 倍。在实际使用时，要注意集成电路本身功耗和最大输出电流的限制。

7.3.2　集成功率放大电路的主要性能指标

　　集成功率放大电路的主要性能指标有最大输出功率、电源电压范围、电源静态电流、电压增益、通频带、输入阻抗、输入偏转电流、总谐波失真等。下面以 TDA2030A 为例，分析这些性能参数。表 7.4 是 TDA2030A 的极限参数，极限参数为电路在使用时决不能超过的参数。表 7.5 是 TDA2030 的主要参数。由于功率放大器的供电电源允许有一定的波动，因此对于同一负载，当电源电压不同时，最大输出功率的数值将不同；当然，对于同一电源电压，当负载不同时，最大输出功率的数值也将不同。若查阅出了电源的静态电流和负载电流最大值，即可求出电源的功耗，从而得到转换效率。

表 7.4　TDA2030A 极限参数

参数	电源电压 V_{CC}	输出峰值电流	允许功耗 P_D
极限值	±22V	3.5A	20W

表 7.5　TDA2030 主要参数（温度为 25℃）

参 数 名 称	符　号	测 试 条 件	最小值	典型值	最大值
静态电流（mA）	I_{CQ}	$V_{CC} = ±10V$，$R_L = 4\Omega$		50	80
电源电压（V）	V_{CC}		±10		±22
电压增益（dB）	G_{VO}	开环		80	
	G_{VC}	闭环	25.5	26	26.5

参 数 名 称	符　　号	测 试 条 件	最小值	典型值	最大值
输出功率（W）	P_o	$f = 40\text{Hz} \sim 15\text{kHz}$	15	18	
谐波失真（%）	THD	$P_o = 0.14\text{W}$			0.08

7.4　D 类功率放大器

因效率高，使功率管工作于开关状态的 D 类功率放大器不断得到普及。D 类放大器先将音频信号转换成脉宽变化的脉冲波的形式输出，再由脉冲放大器放大输出，然后通过低通滤波电路还原成音频信号。由于脉冲放大器工作在开关状态，电路本身的损耗只限于三极管导通时的饱和压降引起的损耗和元件开关的损耗，故 D 类功率放大器的效率可以做得很高。

D 类功率放大器的典型组成方框图如图 7.12 所示，它由调制器、开关输出电路、低通滤波器组成。其工作的关键是调制器，调制器把模拟信号转换为对应的脉冲宽度调制信号 PWM 信号，其实现原理如图图 7.13（a）所示，图（b）是模拟信号为正弦波时对应的 PWM 波形。从图中可见，PWM 波形是利用不同的矩形波脉冲宽度来代表模拟信号的幅度。PWM 只需要高低两种电平，通过开关电路就可以实现驱动输出，所以 D 类功率放大器是利用开关电路的功率来驱动喇叭的。图 7.14 所示是桥式开关输出和由 LC 构成的低损耗低通滤波器以及与扬声器连接的电路形式。

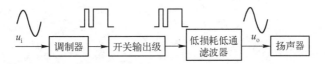

图 7.12　D 类功率放大器的典型组成方框图

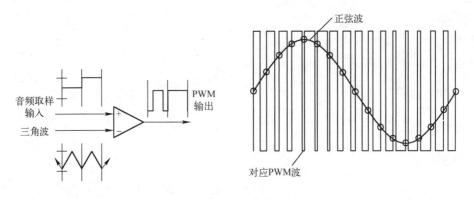

图 7.13　调制器工作原理

综上所述，可知单管功率放大器只能应用于小功率输出的场合；变压器耦合乙类推挽电路、OTL、OCL 和 BTL 电路中晶体管均工作在甲乙类状态，它们各有优缺点，使用时应根据需要合理选择；而 D 类功率放大器输出管工作于开关状态，是效率最高的功率放大器。目前集成功率放大器多为 OTL 和 OCL，BTL 电路通常由两个集成电路的 OCL 构成。

想一想：哪些功率放大电路需要采用双电源供电？哪些采用单电源供电？

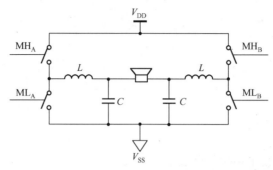

图7.14 桥式开关输出和低通滤波器及与扬声器连接的电路形式

实训7 集成功率放大器的安装与测试

1. 实训目的

(1) 掌握集成功率放大器外围电路元件参数的选择和集成功率放大器的使用方法。

(2) 掌握功率放大电路的调整和指标测试。

(3) 认识 OTL 功率放大电路的工作特点。

2. 实训仪器

双踪示波器	1 台
函数发生器	1 台
晶体管毫伏表	1 台
数字万用表	1 台
直流稳压电源	1 台
LM386	1 块
扬声器	1 只
电阻、电容	若干

3. 实训原理

实训电路参照图7.7 所示,工作原理参阅7.3.1 节的有关内容。

4. 实训内容

(1) 按图7.7 所示安装实训电路,负载 $R_L = 8\Omega$,检查无误后,接入直流稳压电源 $V_{CC} = +6V$,进行测试。

(2) 用万用表测量 LM386 各引脚对地的直流电压,检查输出端电压是否符合正常要求,将测量结果填入表7.6 中。

表7.6 LM386 各引脚的直流电压

管脚号	1	2	3	4	7	6	7	8
电压值								

（3）测量最大不失真功率 P_{om}。在放大器的输入端接入频率为 400Hz 的正弦信号，u_i 置最小；在放大器的输出端接上示波器和晶体管毫伏表，逐渐加大 u_i，使示波器显示出最大不失真波形，用示波器测出输出电压幅值 U_{om}，则最大不失真功率为：$P_{om} = \dfrac{U_{om}^2}{2R_L}$。

用毫伏表测量出最大输出电压 U_o，则最大不失真功率为：$P_{om} = \dfrac{U_o^2}{R_L}$。

（4）测量功率放大器的效率 η。用万用表的直流电流挡测量直流稳压电源的输出电流 I。

稳压电源的输出功率：$$P_E = I \times U_S$$

功率放大器的效率：$$\eta = \dfrac{P_{om}}{P_E}$$

（5）测量电压增益。在输入端输入频率为 1000Hz、$U_i = 7\text{mV}$ 的正弦信号，用示波器观察输出波形是否失真，在不失真的情况下，用毫伏表测量输出电压 U_o。电压增益 $A_u = \dfrac{U_o}{U_i}$。

7. 实训报告要求

（1）画出实训电路图，标明元件值，说明各元件的作用。
（2）记录测试数据并说明是否正常。

6. 想想做做

设计一套便携式扩音系统，要求采用电池供电、重量轻、尽可能高效率、输出功率尽可能大。

本 章 回 顾

（1）功率放大器用于推动一个需要较大功率的负载。功率放大器的性能主要从最大输出功率、效率、非线形失真、安全、频率响应、信噪比等方面来衡量。

（2）单管甲类功率放大器只能应用于小功率输出的场合；OTL、OCL 中的晶体管均工作在乙类状态，它们各有优缺点。OTL 采用单电源供电，但有输出电容；OCL 采用双电源供电，无输出电容。

（3）功率放大器安全工作的关键是保证功率放大管的安全，主要措施是防止功放管过压、过流或过功耗，功放管要有良好的散热。

（4）集成功率放大器的内部电路与分立元件构成的功率放大器电路结构基本相同，选用时主要考虑输出功率、供电电压等指标。

习 题 7

一、填空题

7.1 无交越失真的 OTL 电路和 OCL 电路均工作在＿＿＿＿＿＿状态。

7.2 对功率放大器所关心的主要性能参数是＿＿＿＿＿和 ＿＿＿＿＿＿。

二、选择题

7.3 功率放大电路的最大输出功率是在输入电压为正弦波时，输出基本不失真情况下，负载上可能获得的最大_____。

    A. 交流功率   B. 直流功率   C. 平均功率

7.4 功率放大电路的转换效率是指_____。

    A. 输出功率与晶体管所消耗的功率之比

    B. 最大输出功率与电源提供的平均功率之比

    C. 晶体管所消耗的功率与电源提供的平均功率之比

三、判断题（正确的打√，错误的打×）

7.5 功率放大电路的最大输出功率是指在基本不失真情况下，负载上可能获得的最大交流功率。（   ）

7.6 当 OCL 电路的最大输出功率为 1W 时，功放管的集电极最大功耗应大于 1W。（   ）

7.7 功率放大电路与电压放大电路、电流放大电路的共同点是_____。

    A. 都使输出电压大于输入电压

    B. 都使输出电流大于输入电流

    C. 都使输出功率大于信号源提供的输入功率

7.8 功率放大电路与电压放大电路的区别是_____。

    A. 前者比后者电源电压高

    B. 前者比后者电压放大倍数数值大

    C. 前者比后者效率高

    D. 在电源电压相同的情况下，前者比后者的最大不失真输出电压大

四、综合题

7.9 如何区分晶体管工作在甲类、乙类还是甲乙类？画出在三种工作状态下的静态工作点及与之相应的工作波形示意图。

7.10 什么是交越失真？如何克服？

7.11 对于 OCL 放大电路，输入信号为正弦波，问在什么情况下，电路的输出出现饱和失真及截止失真？在什么情况下出现交越失真？

7.12 单电源互补对称电路如图 7.15 所示，说明电路各元件的作用。

7.13 图 7.16 所示为某收音机的输出电路。

（1）说明电路采用功率放大器的类型。

（2）分别简述 C_2、C_3、R_4、R_5 的作用。

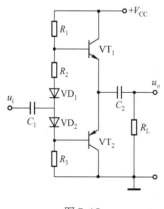

图 7.15

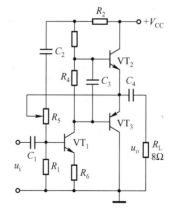

图 7.16

第8章 直流稳压电源

学习目标

（1）了解三端集成稳压器件的种类、主要参数、典型应用电路，能识别其引脚。

（2）能识读集成稳压电源的电路图。

（3）了解开关式稳压电源的框图及稳压原理。

（4）了解开关式稳压电源的主要优点，列举其在电子产品中的典型应用。

（5）会安装与调试直流稳压电源。

（6）学习后能做的事：为电子设备设计合适的稳压电源，如为电视机设计电源，电视机的电源要求：220V 交流输入，输出 5V、12V、105V 等直流稳压电压，输出电压的实际值与预定值的误差小于 1%。

我国电网提供的是 220V、50Hz 的正弦交流电，而电子整机设备一般都需要一组（或几组）比较稳定的直流电源，这就需要把电网提供的正弦交流电转换成稳定的直流电，直流稳压电源就是实现这种转换的电子设备。

8.1 稳压电路工作原理及性能指标

单相小功率直流稳压电源是常用的小型电子设备，它的电路结构框图如图 8.1 所示，主要包括变压、整流、滤波和稳压 4 个基本部分，各部分的功能是：变压的作用是变换电网电压，由电源变压器实现；整流的作用是把交流电压变换为直流脉动电压，由二极管实现；滤波的作用是滤掉整流输出电压中的谐波成分，变为较平滑的直流电压，由电容或电感实现；稳压的作用是稳定输出电压，使其基本不受电网电压变化或负载波动的影响。

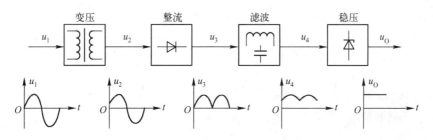

图 8.1 直流稳压电源的组成

前面我们已经掌握了利用整流滤波电路把220V的交流信号转换成直流信号的方法，这一章重点学习稳压电路的设计，在以下电路分析中，通常假设已得到稳压所需要输入的直流电源。

8.1.1　稳压原理

整流滤波后能得到比较平滑的直流电，但是这种直流电与一般电子设备对直流电源的要求还有相当的差距，主要存在两方面的问题：第一，当负载电流变化时，由于整流滤波电路存在内阻，输出直流电压将随之发生变化；第二，当电网电压波动时，整流后的电压会发生变化，输出电压也会发生变化。为了能提供稳定的直流电源，需要在整流滤波电路的后面加上稳压电路。稳压电路的功能，就是当输入信号及负载变化导致输出直流电压趋向变化时，稳压电路的电压趋向反向变化，两者抵消，从而保证负载两端的电压恒定。

稳压原理示意图参见图8.2所示，从图中可知，负载电阻上的电压 $U_{RL} = E - U_Z$，当负载电阻值或直流电压源发生变化时，在没有稳压电路存在的情况下，U_{RL} 必然发生变化，而增加稳压电路后，利用稳压电路的调节作用，可以抵消前者引起的变化，从而保证 U_{RL} 稳定。如当 $E = 12V$ 时，假设 $U_{RL} = 8V$，此时 $U_Z = 4V$；当 $E = 15V$ 时，要求 U_{RL} 仍然为8V，此时只要使 $U_Z = 7V$ 即可。

图8.3所示为稳压电源的等效电路，对于负载来说，总是希望稳压电源的输出电压 U_O 完全恒定，但实际上稳压电源与电池一样存在内阻 r_0；另外，220V交流市电经整流、滤波和稳压后得到的直流电源 E_0 也存在纹波，这些参数由具体的稳压电源参数决定。一般情况下，近似认为稳压电源的内阻 r_0 为0，E_0 恒定且没有纹波。

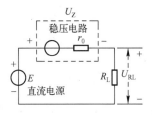

图8.2　稳压原理示意图

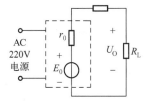

图8.3　稳压电源等效电路

想一想：（1）如图8.2所示，如果要稳定输出电压，输入的直流电压 E 的变化范围是否有限制？

（2）理想的电压源内阻为多少？

（3）稳压电路的存在，对电源利用率有何影响？

8.1.2　稳压电路的主要性能指标

衡量稳压电路性能的主要指标为电压调整率 k_U 和等效内阻 r_0。

1. 电压调整率 k_U

电压调整率 k_U 的定义是：负载电阻 R_L 不变，当电网电压波动 ±10% 时，稳压电路相对

变化量 ΔU_{O} 与输出电压的额定值 U_{O} 之比，即

$$k_{\mathrm{U}} = \left| \frac{\Delta U_{\mathrm{O}}}{U_{\mathrm{O}}} \right| \times 100\% \qquad (8-1)$$

一般要求 $k_{\mathrm{U}} = (0.1 \sim 1)\%$。

2. 等效内阻 r_{o}

稳压电源等效内阻 r_{o} 就是它的输出电阻 r_{o}。它是指：在经过整流滤波后输入到稳压电路的直流电压 U_{I} 不变的情况下，由负载电流变化所引起的输出电压变化量 ΔU_{O} 与电流变化量 ΔI_{O} 之比，即

$$r_{\mathrm{o}} = \left| \frac{\Delta U_{\mathrm{O}}}{\Delta I_{\mathrm{O}}} \right| \qquad (8-2)$$

由于稳压电路的 ΔU_{O} 越小越好，所以 r_{o} 也是越小越好。从图 8.3 也可分析得出，r_{o} 越小，输出端电压越容易稳定。

稳压电路的类型很多，常用的稳压电路有硅稳压管稳压电路、串联型稳压电路、集成稳压电路以及开关型稳压电路等。

想一想：理想的电压源内阻为多少？

8.2 硅稳压管稳压电路

从第 2 章中已知，利用稳压管反向击穿时其两端电压基本不变这一特性，将稳压管和负载并联，然后利用限流电阻将稳压管中的电流控制在合适的范围内，则负载电压就能在一定程度上得到稳定。图 8.4 所示为硅稳压管稳压电路的原理图。

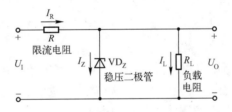

图 8.4 硅稳压管稳压电路原理图

1. 工作原理

如图 8.4 所示，稳压二极管 $\mathrm{VD_Z}$ 与负载电阻 R_{L} 并联，为了保证稳压管工作在反向击穿区，稳压管与负载反向并联。市电经降压和整流滤波后的直流电压作为稳压电路的输入电压 U_{I}，通过电阻 R 串联入稳压电路中，R 称为限流电阻或调整电阻，其作用是：当电网电压波动或负载电流变化时，可通过调节电阻 R 上的压降来保证输出电压的基本恒定，同时限制流过稳压管的电流不会超过最大限制值。

分析依据：当稳压二极管处于反向击穿状态时，其两端电压略微变化，电流将发生快速变化，电压上升时，流过稳压管的电流变大，电压下降时，流过稳压管的电流变小，从而使负载电阻 R_{L} 上流过的电流 I_{L} 基本保持不变。

（1）负载电阻保持不变，而电网电压发生波动时。当电网电压升高时，则有：

$$U_I \uparrow \rightarrow U_0 \uparrow \rightarrow I_Z \uparrow \rightarrow (I_Z R + I_L R = U_R) \uparrow \rightarrow (U_I - U_R = U_0) \text{基本保持不变}$$

（2）电网电压保持不变，而负载电流发生变化时。假设负载电流增大，则有：

$$I_L \uparrow \rightarrow (I_L + I_Z = I_R) \uparrow \rightarrow (I_R \cdot R = U_R) \uparrow \rightarrow (U_I - U_R = U_0) \downarrow \rightarrow I_Z \downarrow$$

$$\rightarrow (I_L + I_Z = I_R) \text{基本不变} \rightarrow (U_I - U_R = U_0) \text{基本不变}$$

即稳压管电流 I_Z 的自动调节作用，使电路输出电压 U_0 基本保持不变。

2. 电路参数计算

下面通过分析硅稳压二极管电路的设计过程，说明参数的估算方法。

【例8-1】 设计硅稳压二极管并联型稳压电源，其内阻 r_0 要求小于 20Ω。要求输出电压 U_0 为 12V，电压调整率小于 1%，负载电流的变化范围为 $0 \sim 6\text{mA}$。

解： ① 确定输入电压 U_I，一般取

$$U_I = (1.5 \sim 3) U_0 \tag{8-3}$$

则
$$U_I = (1.5 \sim 3) U_0 = (1.5 \sim 3) \times 12 = 18 \sim 36(\text{V})$$

选取 $U_I = 30\text{V}$。

② 决定稳压管型号。选用稳压管型号主要依据的参数是稳压管的稳压电压值 U_Z，稳压管最大稳压工作电流 I_{Zmax} 和稳压管的动态电阻 r_Z。通常取：

$$U_Z = U_0 \tag{8-4}$$

$$I_{Zmax} = (1.5 \sim 3) I_{Lmax} \tag{8-5}$$

由于硅稳压管稳压电路的输出电阻 $r_0 = r_Z // R \approx r_Z$，因此对选用的稳压管，其 r_Z 应小于所要求的 r_0。

本题中，$U_Z = U_0 = 12\text{V}$。

$$I_{Zmax} = (1.5 \sim 3) \times 6 = 9 \sim 18(\text{mA})$$

可选择稳压二极管 2CW67，其参数为 $U_Z = 12\text{V}$，$I_{Zmax} = 20\text{mA}$，$r_Z \leq 18\Omega$。

③ 确定限流电阻 R。稳压电路的关键是保证稳压管中的电流在最小稳定工作电流 I_{Zmin} 和最大稳定工作电流 I_{Zmax} 之间。而当 U_I 最大和 I_L 最小时，流过稳压管的电流最大，此时要求限流电阻不能太小，否则稳压管中的电流会超过最大值 I_{Zmax}；当 U_I 最小和 I_L 最大时，流过稳压管的电流最小，此时要求限流电阻不能太大，否则稳压管中的电流会低于最小值 I_{Zmin}。

根据以上分析，限流电阻 R 的取值应满足下式：

$$\frac{U_{Imax} - U_0}{I_{Zmax} + I_{Lmin}} \leq R \leq \frac{U_{Imin} - U_0}{I_{Zmin} + I_{Lmax}} \tag{8-6}$$

考虑电网电压波动，通常 $U_{Imax} = 1.1 U_I$，$U_{Imin} = 0.9 U_I$。I_{Lmin} 可取为零，即负载开路时，I_Z 达最大值，而一般小功率管选取 I_{Zmin} 为 5mA 左右。

当电网电压波动 $\pm 10\%$ 时，

$$U_{Imax} = 1.1 U_I = 1.1 \times 30 = 33(\text{V})$$

$$U_{Imin} = 0.9 U_I = 0.9 \times 30 = 27(\text{V})$$

根据式

$$\frac{U_{\text{Imax}} - U_0}{I_{\text{Zmax}} + I_{\text{Lmin}}} \leqslant R \leqslant \frac{U_{\text{Imin}} - U_0}{I_{\text{zmin}} + I_{\text{Lmax}}}$$

得

$$\frac{33 - 12}{20} \leqslant R \leqslant \frac{27 - 12}{6 + 5} (\text{取} \ I_{\text{Lmin}} = 0\text{mA}, I_{\text{zmin}} = 5\text{mA})$$

即

$$1.05\text{k}\Omega < R < 1.36\text{k}\Omega$$

电阻取标称值 $R = 1.2\text{k}\Omega$。

④ 验证电压调整率 k_u 和内阻 r_0。当电网电压波动 $\pm 10\%$ 时，输入电压的变化量 $\Delta U_I = 30 \times 20\% = 6\text{V}$，根据式（8-1）得

$$k_u = \left| \frac{\Delta U_0}{U_0} \right| \times 100\% = \frac{r_Z}{R + r_Z} \times \frac{\Delta U_I}{U_0} \times 100\%$$

$$\approx \frac{r_Z}{R} \times \frac{\Delta U_I}{U_0} = \frac{18}{1.2 \times 10^3} \times \frac{6}{12} \times 100\% = 0.75\% < 1\%$$

所以，电压调整率 k_u 达到了要求，且稳压电源的内阻 $r_0 \approx r_Z = 18\Omega < 20\Omega$，满足要求。

硅稳压管稳压电路的优点是结构简单，制作容易，有一定的稳压效果。但它是通过硅稳压管中的电流变化调节限流电阻上的压降来补偿输出电压的变化，以使输出电压稳定的。由于稳压管的电流变化范围小，所以输出电压的稳定程度不高。再者，由于稳压管并联在负载上，其输出电压 $U_0 \approx U_Z$，也就是输出电压不可调节。所以这种稳压电源只适用于负载电流较小、负载所需电压固定、对稳定精度要求不高的场合，如用于一些偏置电路的供电电路。当负载电流比较大或输出电压需要调节时，则需要采用其他稳压电路。

8.3　线性串联稳压电路

8.3.1　线性串联型稳压电源的结构框图

线性串联型稳压电源的工作原理可用图 8.5 来说明。显然，$U_0 = U_I - U_R$，当 U_I 增加时，R 受控制而增加，使 U_R 增加，从而在一定程度上抵消了 U_I 增加对输出电压的影响。若负载电流 I_L 增加，R 受控制而减小，使 U_R 减小，从而在一定程度上抵消了因 I_L 增加，使 U_I 减小对输出电压减小的影响。在实际电路中，可变电阻 R 是用一个三极管来替代的。线性串联型稳压电源组成框图如图 8.6 所示，从图可见，线性串联型稳压电源由电源变压器、整流电路、滤波电路和稳压电路等部分构成。

交流 220V 经过变压器降压，二极管整流及电容滤波后，输出的直流电压一般比稳压值输出高 20%～40%，此电压将随交流电源电压的波动以及负载的变化而变化。为保证负载 R_L 两端的电压保持不变，必须加上稳压电路。

稳压电路由取样电路、基准电压、比较放大、调整管等单元组成，如图 8.7 所示，调整管 VT_1 与负载 R_L 串联，所以该电路称为串联型稳压电源，因为电路中调整管工作在放大状

态，又称为线性串联稳压电源。由 R_1、R_2、R_P 构成的取样电路将输出变化的电压分压送至比较放大管 VT_2，与稳压二极管 VD 两端的基准电压进行比较，取其误差电压，经放大以后控制调整管 VT_1，使调整管 VT_1 上的压降按照误差电压而变化。

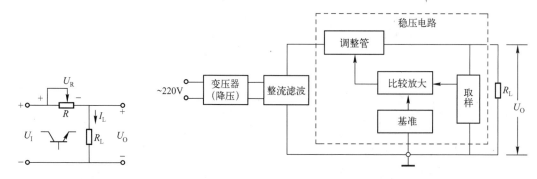

图 8.5　线性串联型稳压　　　　　　　　图 8.6　线性串联型稳压电源组成框图
　　　　电源示意图

由于 $U_O = U_I - U_{CE1}$，当电源电压 U_I 或负载 R_L 的阻值在一定范围内变化时，改变调整管 VT_1 集电极和发射极之间的压降 U_{CE1}，使之随交流电源电压和负载的变动而自动调整，使直流输出电压保持稳定。

图 8.7 中，VT_1 为调整管，VT_2 为比较放大管，R_1，R_P，R_2 为电压取样电路。正常工作时，VT_1、VT_2 均处于放大状态，VT_2 的射极经稳压二极管 VD 接地，因而 VT_2 发射极电位 U_{E2} 保持基准不变。R_3 为稳压二极管限流电阻，使稳压二极管的电流选择在合适的工作点上，产生基准电压。

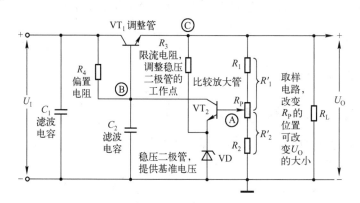

图 8.7　线性串联稳压电路原理图

VT_2 基极接取样点 A，所以 VT_2 的输入电压为取样电压与基准电压之差，称为误差电压，很明显误差电压的大小主要由输出电压大小决定。R_4 为 VT_2 集电极电阻，与 VT_1 基极相连。

当负载电流或电源电压变动而引起输出电压 U_O 升高时，电路有如下的变化过程：

$U_O \uparrow \rightarrow U_A \uparrow \rightarrow (U_A - U_{E2} = U_{BE2}) \uparrow \rightarrow I_{B2} \uparrow \rightarrow (\beta I_{B2} = I_{C2}) \uparrow \rightarrow U_{B1} \downarrow \rightarrow I_{B1} \downarrow \rightarrow (\beta I_{B1} = I_{C1})$
$\downarrow \rightarrow U_{CE1} \uparrow \rightarrow (U_I - U_{CE1} = U_O) \downarrow$，从而使 U_O 保持恒定。

如果 U_0 降低，上述过程相反，最后使输出电压 U_0 保持恒定。

该电路的输出 $U_0 = U_I - U_{CE1}$，由于 U_{CE1} 的变化范围可以较大，调整（补偿）作用明显大于稳压管稳压电路中的限流电阻，但由于 U_{CE1} 始终有一定的电压值，而 $U_0 = U_I - U_{CE1}$，从而 U_0 将小于 U_I。而且 U_{CE1} 太大，稳压电路的损耗将增大，电路效率会有所降低；U_{CE1} 太小，电路的稳压性能将有所下降。通常规定，为保证调整管 VT_1 工作在放大状态，调整管 VT_1 的集射间电压 U_{VT1CE} 必须大于等于 2V。现在推出的一些高效稳压线性调整电源，调整管的压降可小于 2V。

想一想：（1）如果 VT_1，VT_2 中有一个三极管不是处于放大状态，电路是否还能起稳压调整作用？

（2）如何判定线性串联稳压电源基本工作正常？

8.3.2 输出电压的大小和调节方法

在图 8.7 所示的电路中，若电阻 R_1，R_2 阻值不是太大，VT_1 基极电流的影响可忽略，可调电位器 R_P 分成上下两部分，分别称为 $R_{P上}$ 和 $R_{P下}$。设 $R_1' = R_1 + R_{P上}$，$R_2' = R_2 + R_{P下}$，则有

$$U_{B2} = U_0 \times \frac{R_{2'}}{R_{1'} + R_{2'}} \approx U_Z + U_{BE2} \tag{8-7}$$

令取样电阻的分压比为 $R_2'/(R_1' + R_2') = n$，且 $U_{BE1} << U_Z$，式（8-7）可以改写成：

$$U_0 \approx U_Z \times \frac{R_1' + R_2'}{R_2'} = \frac{U_Z}{n} \tag{8-8}$$

由式（8-8）可见，改变分压比就可实现输出电压的调节，图 8.7 中所示的 U_0 的调节范围为：

$$U_{Omax} \approx \frac{R_1 + R_2 + R_P}{R_2} \times U_Z \tag{8-9}$$

$$U_{Omin} \approx \frac{R_1 + R_2 + R_P}{R_2 + R_P} \times U_Z \tag{8-10}$$

【例 8-2】 在图 8.7 中，若 U_I 的波动范围为 10%，$R_1 = R_2 = 200\Omega$，输出电压 U_0 的变化范围为 5~20V，试求：

① 所选用稳压二极管的稳压值 U_Z 和 R_P 的取值各为多少？

② 为使稳压电路正常工作，U_I 的值至少应取多少？

解：① 输出电压与电阻和稳压二极管稳压值的关系为：

$$\frac{R_1 + R_2 + R_P}{R_2 + R_P} \times U_Z \leq U_0 \leq \frac{R_1 + R_2 + R_P}{R_2} \times U_Z$$

将 $U_{Omin} = 5V$、$U_{Omax} = 20V$、$R_1 = R_2 = 200\Omega$ 代入上式，解二元方程可得：

$$R_P = 600\Omega, \quad U_Z = 4V$$

② 从电路工作情况可知，在输入电压最低且输出电压最高时调整管压降最小，且其最小压降要大于等于 2V 时，电路处于正常放大状态，所以有

$$U_{Imin} = U_{Omax} + 2 = 20 + 2 = 22(V)$$

通常 $U_{\text{Imin}} = 0.9U_{\text{I}} = 22\text{V}$，计算得：$U_{\text{I}} = 24.7\text{V}$。考虑到输入电源电压的波动，故选取 U_{I} 大于等于 25V。

想一想：能否根据例 8-2 的要求给图 8.7 中元件标上相应的参数？

8.4　集成稳压电源

由于电子技术的发展，电源电路也实现了集成化。集成稳压器的内部结构是由调整器件、误差放大器、基准电压、比较取样等几个主要部分组成的，通常还增加了各种保护电路。集成稳压电源具有体积小、重量轻、抗干扰能力强、生产规模大、使用经济等特点，越来越多地为大量电子设备所使用。

目前已有的线性集成稳压器可分为三端稳压器和多端稳压器，其中三端稳压器只有输入端、输出端和公共引出端，不需要外接元件，并且本身有限流、过压和过流保护电路，只有三个引脚，使用方便，安全可靠。三端集成稳压器分为输出电压固定和输出电压可调两种形式。

8.4.1　三端固定输出电压集成稳压器

图 8.8 所示为三端集成稳压器 LM79M09 型号的意义，从图可知，LM79M09 是美国国家半导体公司生产的，输出电压 $U_{\text{O}} = -9\text{V}$，$I_{\text{OM}} = 0.5\text{A}$ 的三端集成稳压器。该系列的型号最后两个数字表示输出电压值的大小。

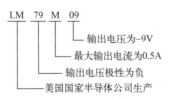

图 8.8　三端集成稳压器 LM79M09 型号的意义

国产三端固定式集成稳压器输出电压有 5V、8V、9V、12V、15V、18V、24V 等七种，最大输出电流值用字母表示，字母与最大输出电流对应关系见表 8-1，前面的字母通常表示生产的公司，用 W 表示国产。如 W7805 就是国产三端固定式集成稳压器，U_{O} 为 +5V，I_{OM} 为 1.5A。

表 8.1　集成稳压器字母与最大输出电流对应表

字母	L	N	M	无字母	T	H	P
最大输出电流（A）	0.1	0.3	0.5	1.5	3	5	10

三端固定输出电压集成稳压器有输出正电压的 7800 系列和输出负电压的 7900 系列。图 8.9 所示为 W7800 和 W7900 系列集成稳压器的外形及管脚排列，其中，图 8.9（a）是输出电流较小的 W7×L×× 系列的稳压器，其外形与普通的三极管相同；图 8.9（b）、（c）是塑料封装的三端稳压电源，通常带有散热基板，散热基板与中间引脚相连，W7800 系列

的散热基板是接地端，W7900 系列的散热基板可能接负电压；图 8.9 （d） 中金属封装的 W7900 系列的外壳接负压输入端，不允许接地，否则将导致电源短路。

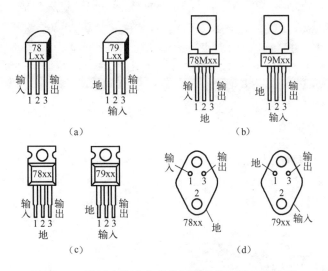

图 8.9　三端固定输出集成稳压器的外形及管脚排列

三端集成稳压器的三个引脚分别接输入、输出和公共端，不同公司的封装和不同系列的引脚有所不同，使用时必须注意。本教材分析时，对于 W7800 系列，统一认为 1 脚是输入端，2 脚是地输出端，3 脚是输出端。对于 W7900 系列，统一认为 1 脚是地，2 脚是输入端，3 脚是输出端。

1. W7800 系列集成稳压器的基本应用电路

图 8.10 所示为 W7800 系列集成稳压器的基本应用电路。由于输出电压决定于集成稳压器，该电路的稳压器采用了 W7808，则输出电压 U_O 为 8V，最大输出电流为 1.5A。图中，U_I 是整流滤波以后的未经稳压的输入电压，U_O 是稳压电源的输出电压。C_1 选用 0.33μF 左右的电容器，作用是改善高频滤波特性。C_2 容量为 0.1μF，作用是改变瞬态响应，C_2 值越大，稳压输出电压纹波越小，若 C_2 容量过大，一旦出现 W7808 输入端断开，C_2 释放的能量可能会损坏 W7800，可加上图 8.10 中所示虚线所连二极管 VD，给 C_2 提供泄放通路，保护稳压器。

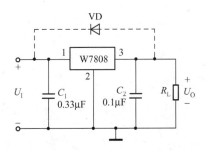

图 8.10　W7800 系列集成稳压器的基本应用电路

从图 8.10 中可知，U_I 与 U_O 的电压差将由三端稳压器 W7800 来承担，为了使三端稳压电源内部调整管正常工作于放大状态，通常在集成块手册中会对输入端和输出端之间的电压差进行规定，$U_I - U_O$ 最小必须大于 2V，但也不能太大，以免烧毁集成电路。如 W7808 两者之间允许差值范围是 3 ~ 13V，典型值为 5 V。

想一想：W7800 系列能否构成负压输出的电路？若能，电路结构应如何改动？

图 8.11 所示是三端稳压电源实物图。此电路为了保证滤波效果，稳压前后都采用了双电容滤波，使得输出电压更为平滑。

2. 提高输出电压的电路

实际工作中的直流稳压电源，如果超过集成稳压器的输出电压数值时，可外接一些元件提高输出电压，图 8.12 所示电路能使输出电压高于固定电压，图中的 U_{XX} 为 W7800 系列稳压器的固定输出电压数值，显然有：

$$U_O = U_{XX} + U_Z$$

图 8.11　三端稳压电源实物图

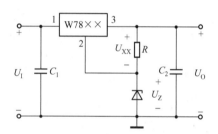

图 8.12　提高输出电压的电路

如采用的稳压器为 5V，稳压二极管的稳压值为 3.6V，则输出电压为 8.6V。

3. 输出正、负电压的电路

W7900 系列芯片是一种输出负电压的固定式三端稳压器。W7900 与 W7800 相配合，可得到正、负输出的稳压电路，图 8.13 所示为采用 W7812 和 W7912 三端稳压器各一块组成的具有同时输出 +12V、－12V 电压的稳压电路。

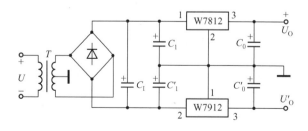

图 8.13　正、负输出稳压电路

4. 三端固定输出稳压电源的参数及设计

【例8-3】 用220V、50Hz市电供电，试设计一固定输出集成稳压电源，其性能指标为：$U_O = 12V$，$I_{Omax} = 800mA$。

解：选用稳压电源电路结构如图8.14所示。

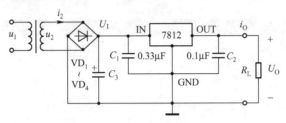

图8.14 例8-3 稳压电源电路

① 选集成稳压器。由于输出电压为12V，输出电流最大值大于0.5A，小于1.5A，可选对象基本确认为三端固定式稳压器LM7812。查手册可知其输出电压 $U_O = 11.5 \sim 12.5V$，$I_{Omax} = 1.5A$，最小输入电压 $U_{Imin} = 14V$，最大输入电压 $U_{Imax} = 35V$，均能满足电路要求。

② 选择电源变压器。LM7812的输入电压范围为 $14V < U_I < 35V$，取 $U_I = 18V$。本电路采用桥式整流电容滤波电路，电源变压器二次侧电压有效值为：

$$U_2 \geqslant \frac{U_1}{1.2} = 15(V)$$

$$I_2 > I_{Omax} = 0.8(A)$$

变压器二次侧伏安容量 $P_2 \geqslant U_2 I_2 = 15W$。考虑变压器效率要有一定的富裕量，选输出功率为20W、二次侧电压、电流有效值为18V/1A的变压器。

③ 选择整流二极管及滤波电容。采用桥式整流，则每个二极管流过的平均电流为：

$$I_D = 1/2 I_{Omax} = 1/2 \times 0.8 = 0.4(A)$$

整流二极管承受的反向峰值电压为：

$$U_{DM} = \sqrt{2}\ U_2 = 1.41 \times 18 = 25.4(V)$$

查阅器件手册，考虑安全系数留有富裕量，且避免其中一个二极管烧毁时，对其他二极管造成影响，所选二极管的 U_{RM} 最好大于两倍的 U_{DM}。整流二极管 $VD_1 \sim VD_4$ 选 2CZ55C，该二极管的极限值参数为：$U_{RM} \geqslant 100V$，$I_{Dmax} = 1A$，能满足要求。

电源滤波电容的选择根据对输出信号纹波大小要求而定，通常可选用 $1000\mu F/50V$ 或 $2200\mu F/50V$ 的电解电容。

④ 估算 LM7812 功耗。

$$P = (U_1 - U_O) I_{Omax} = (18 - 12) \times 0.8 = 4.8(W)$$

为使 LM7812 的结温不超过规定值125℃，必须按手册规定安装散热片。

8.4.2 三端可调输出电压集成稳压器

三端固定输出电压集成稳压器主要用于固定输出电压的稳压电源，虽然通过外接电路的变化可以构成多种形式的稳压电源和其他电路，但性能指标有所降低。采用三端可调输出电压集成稳压器就比较方便，且稳压精度高，输出纹波小。

三端可调集成稳压器分为三端可调正电压集成稳压器和三端可调负电压集成稳压器。

三端可调集成稳压器产品分类见表8.2。

表8.2 三端可调集成稳压器分类

类 型	产品系列或型号	最大输出电流 I_{OM}（A）	输出电压 U_O（V）
正电压输出	LM117L/217L/317L	0.1	1.25～37
	LM117M/217M/317M	0.5	1.25～37
	LM117/217/317	1.5	1.25～37
	LM150/250/350	3	1.25～33
	LM138/238/338	5	1.25～32
	LM198/398	10	1.25～15
负电压输出	LM137L/237L/337L	0.1	−1.25～−37
	LM137M/237M/337M	0.5	−1.25～−37
	LM137/237/337	1.5	−1.25～−37

三端可调集成稳压器引脚排列如图8.15所示，除输入、输出端外，另一端称为调整端。

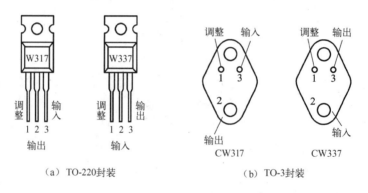

（a）TO-220封装   （b）TO-3封装

图8.15 三端可调集成稳压器引脚排列图

1. 基本应用电路及输出电压估算

三端可调集成稳压器W317的应用电路如图8.16所示，输出电压 $U_O = 1.25～37$V 连续可调，最大输出电流 $I_{OM} = 1.5$ A，最小输出电流 $I_{Omin} \geqslant 5$mA。

W317输出端和调整端之间的电压 U_{REF} 是非常稳定的电压，其值为1.25V。调整端电流 $I_{ADJ} = 50$ μA，可忽略不计。

$$U_O = 1.25 \times \left(1 + \frac{R_2}{R_1} \right)$$

2. 选取外接元器件

为保证负载开路时，$I_{Omin} \geqslant 5$mA，$R_1 = U_{Omin}/5$ mA $= 240\Omega$，$U_{OM} = 37$V，R_2 为调节电阻。为获得最高输出电压37V，代入 U_O 的计算式可求得 R_2 为7.18kΩ 左右，取6.8kΩ。

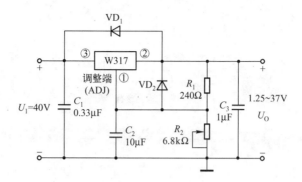

图 8.16　三端可调集成稳压 W317 应用电路

C_2是为了减小 R_2两端纹波电压而设置的，一般取 $10\mu F$。C_3是为了防止输出端负载呈感性时可能出现的阻尼振荡，取 $1\mu F$。C_1为输入端滤波电容，可抵消电路的电感效应和滤除输入线窜入的干扰脉冲，取 $0.33\mu F$。VD_1、VD_2是保护二极管，可选整流二极管 2CZ52。

3. U_I选取

$U_I - U_O \geqslant 3V$，当 $U_O = U_{OM} = 37V$ 时，$U_I = 40V$。

8.4.3　集成稳压器的主要参数

集成稳压器的主要参数有输出电压范围、最大输入电压、输入与输出最小电压差、电压调整率、最大输出电流等。集成稳压器 CW7805、CW138、CW317 主要参数见表 8.3。

表 8.3　CW7805、CW138、CW317 主要参数

参 数 名 称	符 号	CW7805	CW138	CW317
输出电压范围（V）	U_O	固定 +5	$1.25 \sim 32$	$1.25 \sim 37$
输入与输出最小电压差（V）	$U_I - U_O$	$2 \sim 3$	2.5	2.5
最大输入电压（V）	U_{Imax}	35	40	40
电压调整率（%/V）	k_u	$0.1 \sim 0.2$	0.01	0.01
最大输出电流（A）	I_{OM}	1.5	5	1.5

8.4.4　集成稳压器的应用实例

三端集成稳压器可实现多种形式的应用电路，如恒流源电路等。图 8.17 所示是简单的限流限压电池充电电路。

该电路利用三端可调稳压器 CW317 组成限流限压充电电路，最大输出电流约等于 $0.7V/R_4$，输出电压决定于电阻 R_2，充电电压 $U_O = 1.25 \times (1 + R_2'/R_1) - I_充 R_4$，其中 R_2' 是 R_2 与 VT 综合作用后的等效电阻，略小于 R_2，计算时可采用 R_2 值。由于三极管 VT 的基极电流很小，R_3 上的压降也很较小，所以 $I_充 \times R_4 \approx 0.7V$，最大充电电流：$I_充 = 0.7V/R_4$。

代入图 8.17 中的参数，以 R_2 取代 R_2'，可计算出充电电压 $U_O = 1.25 \times \left(1 + \dfrac{1.1 \times 10^3}{240}\right) -$

$0.7V = 8.28V$，充电电流为 $I_充 = \dfrac{0.7}{10} = 0.07$（A）。

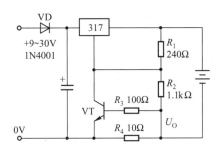

图 8.17　简单的限流限压电池充电电路

8.5　开关式稳压电源

前面介绍的集成稳压器属于线性稳压电路,这是因为调整电路工作在放大区。当负载电流较大时,调整管的集电极损耗相当大,电源效率较低,一般为 20% ~ 40%,通常要配备较大的散热装置,而且要求输入电压的变化范围不能太大,否则将无法实现稳压输出。采用开关式稳压电路能克服上述缺点。开关式稳压电路的调整管工作在开关状态,即调整管工作在饱和导通和截止两种状态。

1. 开关式稳压电源的工作原理

图 8.18 是开关式稳压电源的组成框图。开关式稳压电源是把 50Hz、220V 交流信号经整流、滤波后转换成 280V 左右的直流电压振荡电路产生脉冲信号,脉冲信号控制开关管的导通和截止,使得脉冲变压器的初级线圈中产生交变的电流,脉冲变压器的次级得到一高频的脉冲信号,经整流滤波后输出直流信号到负载。

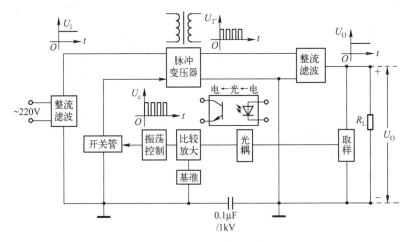

图 8.18　开关式稳压电源的组成框图

同时,从电压输出端取样,取样结果经光耦耦合到比较放大电路,与基准电压相比较,输出比较误差值去控制振荡电路,实现对开关管通断时间的控制。这一过程形成一个反馈的回路。

有些开关电源在高频脉冲变压器中用一组线圈取样,然后整流滤波,与基准电压比较,这种开关电源不用光耦耦合取样信号。

开关电源的核心部分是"开关管"和"脉冲变压器"组成的开关式直流 – 直流变换器,

它把直流电压 U_I（一般由输入市电经整流、滤波后获得）经开关管后变为有一定占空比的脉冲电压 u'_T，然后经整流滤波后得到输出的电压 U_0。所谓占空比，是在一个通断周期 T 内，脉冲持续的时间 T_{on} 与周期 T 的比值，通常用 q 表示：

$$q = \frac{T_{on}}{T} \tag{8-11}$$

2. 换能电路的基本原理

图 8.19（a）所示为开关型稳压电路的换能电路基本原理电路图，图中 VT 是调整管，又称为开关管，其工作状态受基极输入矩形脉冲 u_B 的控制；L 是储能电感，C 是滤波电容，LC 一起构成滤波电路，VD 是续流二极管，R_L 为电源负载的总等效电阻。

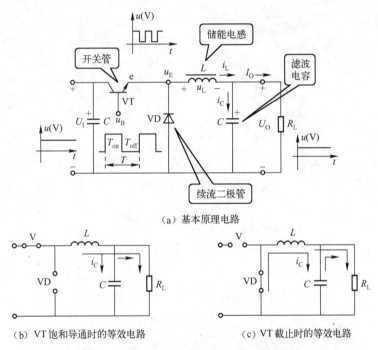

（a）基本原理电路

（b）VT 饱和导通时的等效电路　　（c）VT 截止时的等效电路

图 8.19　换能电路的基本原理图及等效电路

当 u_B 为高电平时，VT 饱和导通，发射极电位 $u_E = U_I - U_{CES} \approx U_I$，VD 因承受反压而截止，等效电路如图 8.19（b）所示，电流如图中标注；电感 L 存储能量，电容 C 充电，同时也向负载提供了能量，负载上的输出电压 u_0 设为 U_0。

当 u_B 为低电平时，VT 截止，$u_E = -U_{VD} \approx 0$，此时虽然发射极电流为零，但是 L 释放能量，其感应电动势使 VD 导通，等效电路如图 8.19（c）所示；与此同时，C 放电，负载电流方向不变，负载的输出电压 u_0 仍可基本保持为 U_0。

$$U_0 = \frac{T_{on}}{T}(U_I - U_{CES}) + \frac{T_{off}}{T}(-U_D) \approx \frac{T_{on}}{T}U_I$$

可以写成：

$$U_0 \approx qU_I \tag{8-12}$$

即改变占空比 q，就可改变输出电压的大小。

开关电源的"取样"、"比较放大"、"基准"电路与串联线性稳压电路相似。

8.6 线性稳压电源和开关式稳压电源电路实例

图 8.20 是线性稳压电源实物图。该电源是 DVD 机的供电电源。首先把 ~220V 的信号采用变压器降压输出，然后经二极管整流滤波，在整流二极管两端并联了一瓷片电容，作用是缓冲保护，吸收谐波，消除浪涌电流，以免损坏整流二极管，对二极管起到保护的作用。整流后的滤波电容采用了大小容量两电容并联的方式进行滤波，大电容对低频信号滤波效果好，但大电容的分布电感比较大，高频特性不好，所以并联高频特性好的小电容来实现高频滤波。后级的稳压电路主要采用三端稳压块进行稳压。

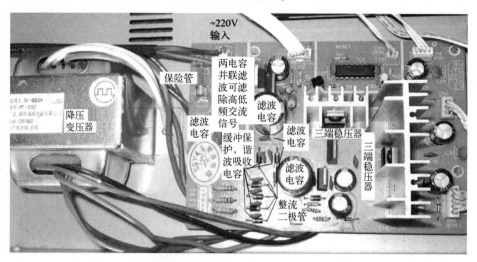

图 8.20　线性稳压电源实物图

想一想：尝试一下画出图 8.20 所示稳压电源的电原理图，然后分析其工作原理。

图 8.21 是开关式稳压电源实物电路，图 8.22 是其原理图，该电路选自 TCL1475 电视机

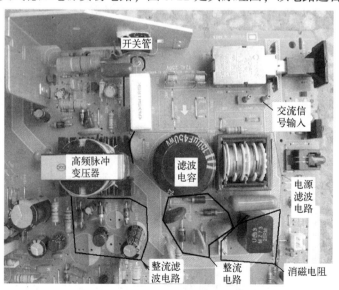

图 8.21　开关式稳压电源实物电路

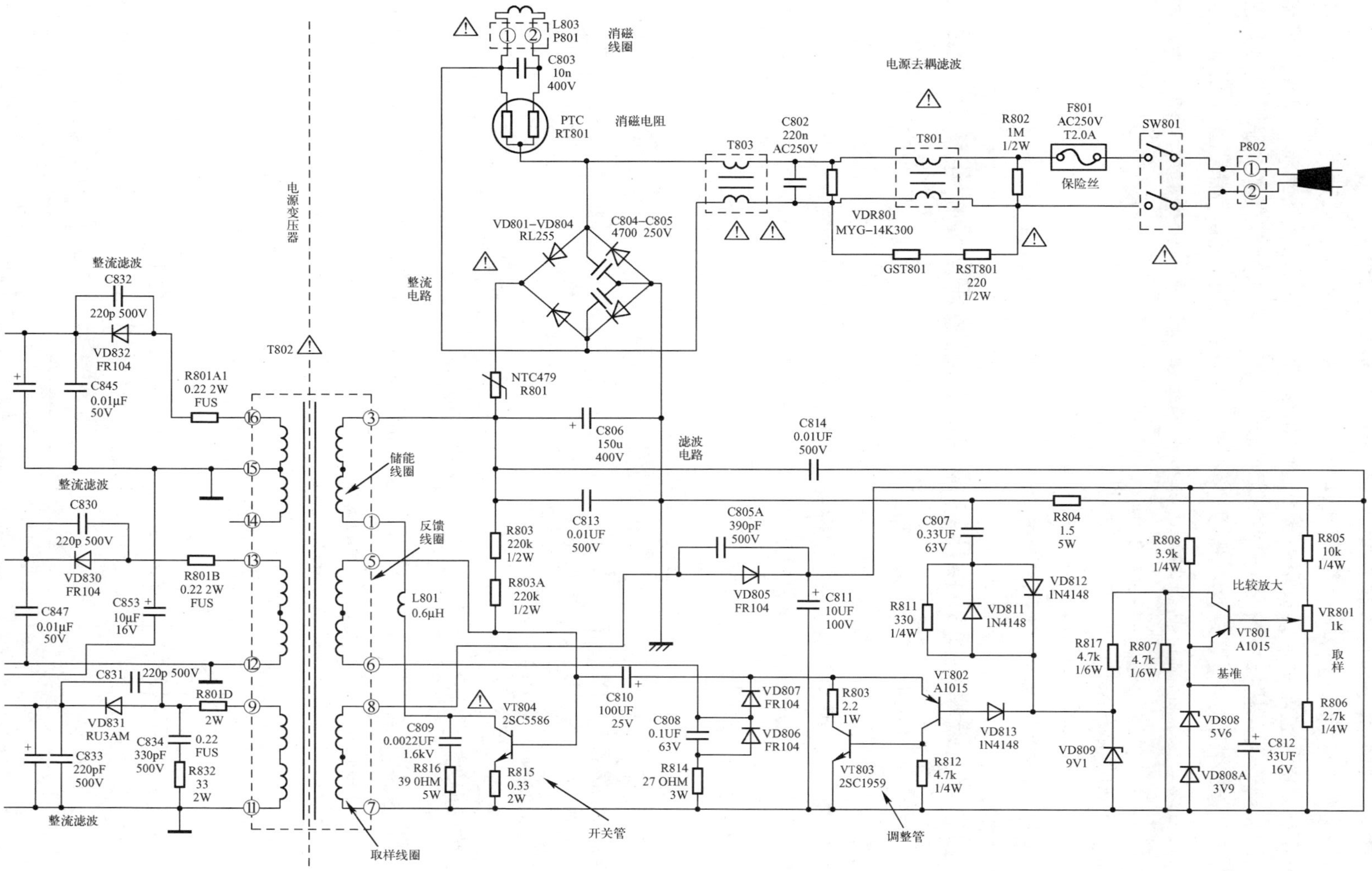

图 8.22 TCL1475 电视机开关电源原理图

电路，该机的整机电路图可在网络上下载。插入电源线后就把～220V的交流市电引入，经开关和保险管后进行由电感和电容构成的电源滤波电路，然后经4只二极管构成的桥式整流电路整流后经滤波电容输出约240～280V左右的直流电压，该电压经电阻限流后加到开关管基极，结合开关管周边元件一起产生振荡形成高频脉冲波。该脉冲波由于频率较高，达上万赫兹，所以必须选用开关变压器。脉冲信号经变压器耦合到后级后再经二极管整流和电容滤波，就可输出稳定的直流电压供后级电路使用。图中的消磁电阻是一种热敏电阻，主要用于对显像管的消磁，有关消磁电路的知识请参阅电视机原理的相关教材。

想一想：开关稳压电源电路中为什么有体积很大的电容，而电源变压器的体积又比较小？如果取消电源滤波电路，对电路将带来什么样的影响？

实训8　三端集成可调稳压器构成的直流稳压电源的组装与调试

1. 实训目的

（1）掌握直流稳压电源组成，掌握桥式整流电容滤波输出电压和输入电压的关系。
（2）了解集成稳压器的性能和特点，熟悉三端集成可调稳压器的使用方法。

2. 实训仪器

双踪示波器	VP－5220D 或 GOS－822B	1台
函数发生器	EE－1841B1 或 FGl817	1台
晶体管毫伏表	DA－18	1台
数字万用表	DT－890	1台
直流稳压电源	JWY－30	1台

3. 实训原理

连接图8.23所示的电路。该电路中，T_r 为电源变压器，D_x 为桥式整流电路，C_1 为滤波电容，C_2、C_3 可进一步提高输出电压的稳定性，R_L 为负载电阻。二极管 VD_1、VD_2 给电容 C_2、C_3 提供放电通路，以防输入端瞬时掉电时，LM317 输出端受反向冲击电压作用，造成损坏。

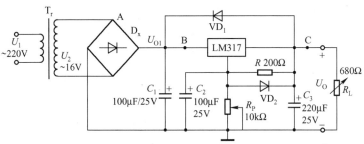

图8.23　可调三端直流稳压电源电路

LM317 是一种正电压可调三端集成稳压器，输出电压为：

$$U_O = 1.25 \times \left(1 + \frac{R_P}{R}\right)$$

调整电位器 R_P，可以方便地调整输出电压。

4. 实训内容

（1）检查实训线路连接是否正确，输出电压 U_O 是否正常。

（2）测量稳压电源输出电压范围。

① 万用表分别测量 T_r 次级电压 U_2、整流滤波输出电压 U_{O1}，并记入表 8.4 中。

② 调节 R_P，测量输出电压 U_O 的变化范围，记入表 8.4 中。

表 8.4　输出电压 U_O 的可调范围

U_I	U_2	U_{O1}	U_{Omax}	U_{Omin}
220V				

（3）用示波器观察 A、B、C 各点电压波形，画在表 8.5 中。

表 8.5　整流稳压电路各点电压波形

	A 点（交流）	B 点（电容滤波）	C 点（直流）
各点电压波形			

（4）测量稳压器的输出内阻 R_0。

① 保持输入交流电压 220V 不变，三次改变负载电阻 R_L 的阻值。

② 用一个万用表测量输出电流 I_0 的变化，将数据记录在表 8.6。

③ 用另一个万用表测量输出电压 U_0 的变化，将数据记录在表 8.6。

④ 计算输出内阻 R_0。

表 8.6　测量稳压器的输出内阻 R_0

I_0（mA）				输出内阻 R_0
U_0（V）				

（5）测量纹波电压。用示波器 Y 轴交流输入端口，分别测量 U_{O1}、U_0 纹波电压的大小和波形，记录结果。

5. 实训报告要求

（1）画出三端可调输出集成稳压器电路图。

（2）整理实训数据，包括输出电压的调节范围，各点的波形（与理论学习的波形相比较），输出内阻 R_0、U_{O1}、U_0 纹波电压的大小和波形。

（3）如果无输出电压或输出电压不可调，试说明其原因及解决办法。

（4）若输出电压 U_0 纹波较大，可能是电路中的哪个元件出现故障？如何进行检修？

（5）实训电路中，集成稳压器中的调整管工作于什么状态？调整管的最大电压差是多少？可否靠不断增大 R_p 数值来不断提高电路的输出电压？

8. 想想做做

制作图 8.24 所示可输出 +12V、−12V 直流电压的电源，该电源可以给功率放大器供电，计算选用变压器的相关参数，选用整流二极管的型号，计算及选用滤波电容的容量和耐压值。想一想，如果输出单组电流值最大为 1.5A，选用器件时要做哪些调整？

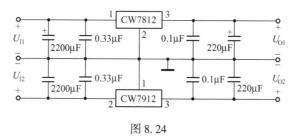

图 8.24

本 章 回 顾

（1）稳压管稳压电路结构简单、输出电流小、输出电压不可调、稳压性能差，主要适用于负载电流较小，且电压变化范围不大的场合。

（2）三端集成稳压器因其使用简单、体积小、可靠性高等优点而得到广泛应用。它分为固定式电压输出和可调式电压输出、正电压输出和负电压输出。其中 W78×× 系列为固定式正电压输出；W79×× 系列为固定式负电压输出；W×17 系列为可调式正电压输出，W×37 系列为可调式负电压输出。

（3）开关电源由于工作效率高、输出电压稳定性强等特点，适用于大功率且负载固定、输出阻抗电压调节范围不大的场合。

习 题 8

8.1 用一个万用表去测量一个接在电路工作中的稳压管 2CW18 的电压，读数只有 0.7V 左右，这是什么原因？怎样使读数正常？

8.2 试设计一个集成数字电路系统使用的、输出为 +5V 的直流稳压电源系统，要求采用三端式固定输出的集成稳压器，负载最大电流为 400mA。

8.3 图 8.25 中画出了三个直流稳压电源电路，输出电压和输出电流的数值如图所示，试分析各电路是否有错误？如有错误，请加以改正。

8.4 电路如图 8.26 所示，请合理连线，构成输出电压为 5V 的直流电源。

8.5 试说明开关稳压电路通常由哪几个部分组成，并简述各部分的作用。

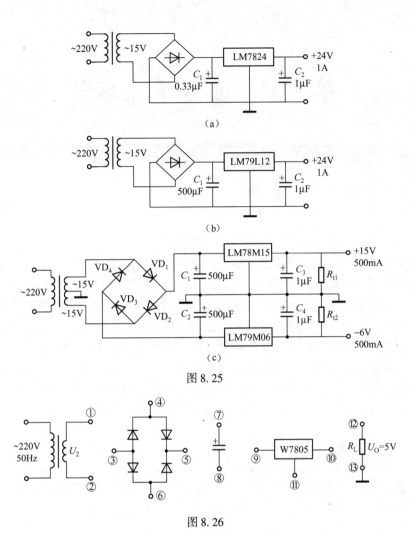

图 8.25

图 8.26

第9章 正弦波振荡器

学习目标

（1）正弦波振荡器常用的电路类型。

（2）正弦波振荡电路的设计。

（3）能够设计振荡电路，输出额定频率的正弦波。

在科学研究、工业生产、医学、通信、自控和广播技术等领域里，常常需要某一频率的正弦波作为信号源。例如，在实验室，人们常用正弦波作为信号源，测量放大器的放大倍数，观察波形的失真情况；在工业生产和医疗仪器中，利用超声波可以探测金属内的缺陷、人体内器官的病变，利用高频信号可以进行感应加热；在通信和广播中更离不开正弦波，如收音机、电视机、手机里一定要有正弦波振荡器才能工作。正弦波应用非常广泛，只是应用场合不同，对正弦波的频率、功率等的要求不同而已。正弦波产生电路又称为正弦波振荡器，振荡器的集成电路构成的形式广泛用于电子玩具、发声设备及石英电子钟等。此处主要介绍分立元件构成的振荡器，集成电路构成的振荡器的工作原理与它相同。

9.1 正弦波振荡器的基本知识

正弦波振荡器：一种不需外加信号，就能够输出正弦信号的自激振荡电路。

图 9.1 所示是一个实际的正弦波振荡器电路，图中标出了各元器件的作用。

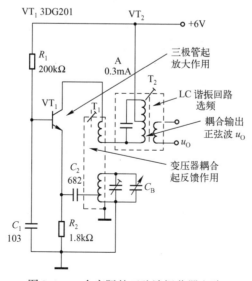

图 9.1 一个实际的正弦波振荡器电路

正弦波振荡器所产生的信号是某一特定频率的信号，电路中必须有选频元件，利用在不同频率的输入信号下呈现不同电抗的电感 L 或电容 C 可以实现频率的选定。

根据选频网络所采用的元件不同，正弦波振荡器又分为 LC 振荡电路、RC 振荡电路和石英晶体振荡器。RC 振荡电路一般用来产生数赫兹到数百千赫兹的低频信号，用于低频电子设备中；LC 振荡电路主要用来产生数百千赫兹以上的高频信号，多用于高频电子电路和设备中；石英晶体振荡器产生频率稳定的高频信号，多用于时基电路和测量电路中。

1. LC 并联谐振回路

LC 回路如图 9.2 所示。只有信号频率为低频与高频中间的某一个数值（频率 $f = f_0$）时，$\omega_0 L = \dfrac{1}{\omega_0 C}$，网络呈电阻性且总的阻抗值最大，为 $Z = L/rC$，其中 r 是谐振回路的损耗电阻，频率 f_0 即是 LC 并联网络的谐振频率。

$$f_0 = \frac{1}{2\pi \sqrt{LC}} \tag{9-1}$$

2. 自激振荡电路的结构

自激振荡器的结构如图 9.3 所示，由放大器、选频网络、稳幅电路和反馈电路构成，作用如下：

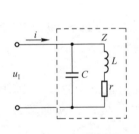

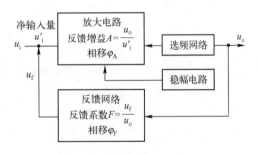

图 9.2　LC 并联电路　　　　　图 9.3　自激振荡器方框图

（1）放大电路：具有信号放大作用，通过电源供给振荡电路所需的能量。

（2）反馈网络：形成正反馈。

（3）选频网络：选择满足振荡条件的某一个频率，形成单一频率的正弦波振荡。

（4）稳幅电路：使振幅稳定，改善波形。

自激振荡器是一种没有外界输入信号的电路。在振荡电路接通电源时，会激起电压和电流的变化，在振荡回路中产生微小的不规则的噪声或扰动信号，它包含了各种频率的谐波分量，这时与选频网络谐振频率相同的信号将在选频网络建立较大的电压幅度，利用正反馈回路把这一信号反馈送到放大器输入端，使输入端的信号增大，然后把增大后的输入信号再进行放大选频，然后又反馈、放大……多次重复后，电路把 $f \neq f_0$ 的信号输出量衰减为零，而仅放大输出 $f = f_0$ 的正弦波。上述过程称为起振过程。自激振荡器能够振荡的相位条件是：

$$\varphi = \varphi_A + \varphi_F = 2n\pi \quad (n = 0, 1, 2, 3, \cdots) \tag{9-2}$$

式中，φ 为总相移；

　　φ_A 为放大器的相移；

　　φ_F 为反馈电路的相移。

式（9-2）说明反馈回路必须是正反馈。

由于振荡时，输出信号的幅度必须不断地上升，所以有$|AF|>1$，称为起振的幅度条件，其中 A 是放大器的电压增益，F 是反馈电路的反馈系数。

同时，由于信号的幅度不可能无穷无尽地增大，信号放大到一定时，放大电路进入非线性区，稳幅电路使放大器的放大倍数 A 下降，最终与反馈系数 F 的乘积 $|AF|=1$，从而使信号的输出幅度稳定不再上升增长，电路进入正常振荡工作状态。$|AF|=1$ 称为幅度平衡条件。

3. 正弦波振荡电路的判断

对于一个振荡电路，首先要判断它是否符合振荡的相位条件，然后再考虑其幅度条件。

判断能否产生正弦波振荡的步骤如下：

（1）检查电路的基本组成，一般应包含放大电路、反馈网络、选频网络和稳幅电路等。

（2）检查放大电路是否工作在放大状态。

（3）检查电路是否满足振荡产生的条件。一般情况下，幅度平衡条件容易满足，重点检查是否满足相位起振条件。

判断电路是否满足相位条件采用瞬时极性法，沿着放大和反馈环路判断反馈的性质。如果是正反馈则满足相位条件，否则不满足相位条件。具体判断步骤如下：

① 断开反馈支路与放大电路输入端的连接点。

② 在断点处的放大电路输入端加信号 u_i，并设其极性为正（对地），然后按照先放大支路，后反馈支路的顺序，逐次推断电路有关各点的电位极性，从而确定 u_i 和 u_f 的相位关系。

③ 如果 u_i 和 u_f 在某一频率下同相，电路满足相位起振条件；否则，不满足相位起振条件。

【例9-1】　根据相位条件判断图9.4（a）所示电路能否产生自激振荡。

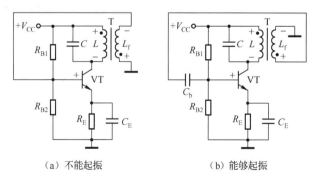

（a）不能起振　　　　　　　　　　（b）能够起振

图9.4　自激振荡的判别

解： ① 在图9.4（a）中，VT基极偏置电阻 R_{B2} 被反馈线圈 L_f 短路接地，使VT处于截止状态，不能进行放大，所以电路不能产生自激振荡。图中线圈中所标的"·"表示同名端，同名端是指两组线圈的端子在同一瞬间极性相同。

② 相位条件：采用瞬时极性法，设VT基极电位为"正"，根据共射电路的倒相作用，可知集电极电位为"负"，于是 L 同名端为"正"，根据同名端的定义得知，L_f 同名端也为"正"，则反馈电压极性为"负"。显然电路不能自激振荡。

如果把图9.4（a）改成图9.4（b），因隔直电容 C_b 避免了 R_{B2} 被反馈线圈 L_f 短路，同时反馈电压极性为"正"，电路满足振幅平衡和相位平衡条件，所以电路能产生自激振荡。

9.2 LC 振荡器

LC振荡器可分为变压器耦合式振荡器和三点式振荡器。

9.2.1 变压器耦合式 LC 振荡器

变压器耦合式LC振荡器的特点是：用变压器耦合方式把反馈信号送到输入端。常用的有共发射极变压器耦合LC振荡器。

1. 电路结构

图9.5（a）所示是常见的变压器耦合LC振荡器的电路结构。图中VT为振荡放大管，电阻 R_1、R_2、R_3 组成分压式稳定工作点偏置电路，C_1、C_2 为旁路电容，LC 并联回路为选频振荡回路，L_{3-4} 为反馈线圈，L_{9-8} 为振荡信号输出端，电位器 R_p 和电容 C_1 组成反馈量控制电路。

2. 工作原理

交流通路如图9.5（b）所示。设VT基极瞬间电压极性为正，则集电极极性应为负，根据同名端的定义，基极所接反馈线圈极性上为负，下为正，与原信号极性相同，为正反馈，满足相位条件。选择合适的参数，使电路具有足够大的放大倍数，电路就能振荡。调节 R_p 可改变输出幅度。

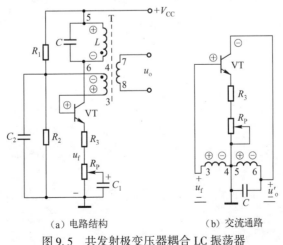

（a）电路结构　　　　　　（b）交流通路

图9.5　共发射极变压器耦合 LC 振荡器

变压器耦合振荡电路的振荡频率为：

$$f_0 = \frac{1}{2\pi\sqrt{LC}}$$

调节 L、C，可改变振荡频率。

想一想：图 9.4（a）与图 9.5（a）有什么异同？

【例 9-2】 调试图 9.4（a）所示电路时，如果出现下列现象，请予以解释。

① 对调反馈线圈的两个接头后就能起振。

② 调 R_1、R_2 或 R_3 阻值后就能起振。

③ 改用 β 较大的晶体管后就能起振。

④ 适当增加反馈线圈的匝数后就能起振。

⑤ 适当增大 L 值或减小 C 值后就能起振。

⑥ 调整 R_1、R_2 或 R_3 的阻值后可使波形变好。

⑦ 减小负载电阻时，输出波形产生失真，有时甚至不能起振。

解：① 对调反馈线圈的两个接头后就能起振，说明原电路中反馈线圈极性接反了，形成了负反馈而不能起振。

② 调节 R_1、R_2 或 R_3 阻值可改变电路的静态工作点。调节 R_1、R_2 或 R_3 阻值后就能起振，说明原电路的工作点偏低，电压放大倍数偏小；而调整工作点后电压放大倍数提高，满足 $|AF| > 1$，故能起振。

③ 原电路中的 β 太小，使电压放大倍数不满足自激振荡的幅度条件。改用 β 较大的晶体管可使电压放大倍数提高，易于起振。

④ 原电路中的反馈强度不够（反馈系数 F 太小），不能起振。增加反馈线圈的匝数可增大反馈值，使电路易于起振。

⑤ 适当增大 L 值或减小 C 值，可使谐振阻抗 $Z_0 = \dfrac{L}{rC}$ 增大，从而增大电路的电压放大倍数，使电路易于起振。

⑥ 调整 R_1、R_2 或 R_3 的阻值可使静态工作点合适，放大器工作在靠近线性区时稳定振荡，所以波形变好。

⑦ 负载 R_L 过小，折算到变压器原边的等效阻抗下降，晶体管的交流负载线变陡，容易产生截止失真，故波形不好；同时使输出电压下降，电压放大倍数减小，故有时不能起振。

3. 万用表测量 LC 振荡电路是否起振

要判断电路是否起振，最好的方法是用示波器测量输出端是否有振荡信号。也可以通过检测放大管在静态和动态时管子的基射极之间的电压 u_{BE} 来判断电路是否起振。方法如下：

（1）先用一根导线将振荡电路的线圈两端短路，使振荡器停振，测出此时的 u_{BE} 应在 $0.6 \sim 0.9\mathrm{V}$ 之间。

（2）将导线拆除，再测出此时的 u_{BE}，如振荡器起振，测得的 u_{BE} 应比没起振时的 u_{BE} 小许多。

将上述两种情况下测得的 u_{BE} 进行比较，即可确定该电路是否起振。常用该方法判断收

音机的振荡电路是否起振

9.2.2　三点式 LC 振荡电路

三点式 LC 振荡电路的特点：LC 振荡电路三个端点与晶体管三个电极相连，这种电路的连接必须满足"射同基反"的原则，即发射极所接元件同为感性或同为容性，而基极所接元件必须一为感性一为容性，才能形成正反馈，产生振荡。当发射极所接元件同为容性时，称为电容三点式振荡器，当发射极所接元件同为感性时，称为电感三点式振荡器。

元件为容性可以仅由电容构成，也可以由电感和电容一起构成，只要容抗值大于感抗值，即整体呈现容性。根据这一思路，可形成不同结构的三点式 LC 振荡器。

1. 电感三点式 LC 振荡器

电感三点式 LC 振荡器电路如图 9.6（a）所示，通常 C_1 和 C_E 的容量较大，对交流信号可看做短路，根据直流电源对交流信号可看做短路的原则，画出交流通路如图 9.6（b）所示。

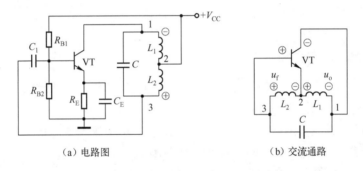

（a）电路图　　　　　　　　（b）交流通路

图 9.6　电感三点式 LC 振荡器

相位条件：当线圈 1 端电位为" − "时，3 端电位为" + "，此时 2 端电位高于 1 端而低于 3 端，即 u_f 与 u_o 反相，经倒相放大后，形成正反馈，满足相位条件。

振幅条件：适当选择 L_2 和 L_1 的比值，使 $A_u F > 1$，满足振幅条件，电路就能振荡。

反馈电压 u_f 取自 L_2 两端，改变线圈抽头位置，可调节振荡器的输出幅度。L_2 越大，反馈越强，振荡输出越大，但波形容易失真；反之，L_2 越小，反馈越小，不易起振。

电路振荡频率为：

$$f = \frac{1}{2\pi \sqrt{LC}} = \frac{1}{2\pi \sqrt{(L_1 + L_2 + 2M)C}} \tag{9-3}$$

式中，M 是 L_1 与 L_2 之间的互感系数。

2. 电感三点式 LC 振荡器的电路特点

（1）由于线圈 L_1 和 L_2 之间耦合很紧，因此容易起振。改变电感抽头的位置，可以获得满意的正弦波输出，且振荡幅度较大。根据经验，通常可以选择反馈线圈 L_2 的匝数为整个线圈匝数的 1/8 ~ 1/4。

（2）调节频率方便。采用可变电容，可获得较宽的频率调节范围。该电路的工作频率一般可达几十千赫至几十兆赫。

（3）由于电感反馈支路对高次谐波呈现较大的阻抗，所以输出波形中含有高次谐波的成分较多，波形较差，且频率稳定度也不高，通常这种电路用于对频率稳定度和波形要求不高的电子设备中。

3. 电容三点式 LC 振荡器

电容三点式 LC 振荡器电路如图 9.7（a）所示，交流通路如图 9.7（b）所示。

相位条件：当线圈 1 端电位为 "–" 时，3 端电位为 "+"，此电压经 C_1、C_2 分压后，使 2 端电位高于 1 端而低于 3 端，即 u_f 与 u_o 反相，经 VT 倒相放大后，使 1 端获 "+" 电位，形成正反馈，满足相位条件。

振幅条件：适当选择 C_1、C_2 的数值，使电路具有足够大的放大倍数，电路可产生振荡。

电路振荡频率为：

$$f_0 \approx \frac{1}{2\pi\sqrt{LC'}} \tag{9-4}$$

其中，

$$C' = \frac{C_1 C_2}{C_1 + C_2}$$

4. 电容三点式 LC 振荡电路的特点

（1）由于反馈电压取自电容 C_2 上的电压，电容对于高次谐波阻抗很小，反馈电压中的谐波分量很小，所以输出波形较好。

（2）因为电容器 C_1，C_2 的电容值可以选得较小，并将放大管的极间电容也计算到 C_1，C_2 中去，因此振荡频率较高，一般可以达到 100MHz 以上。

（3）调节 C_1 或 C_2 可以改变振荡频率，但同时会影响起振条件，因此这种电路适用于产生固定频率的振荡。如果要改变频率，可在 L 两端并联一个可变电容。

想一想：三点式 LC 振荡器的直流工作点如何设置为好？可以用哪几种方法来检测电路是否起振？说明检测依据。查阅资料，寻找一实用的 LC 振荡电路，尝试给图 9.6，图 9.7 中的元件标上适当的参数，并计算振荡频率，测算其振荡信号的幅度。

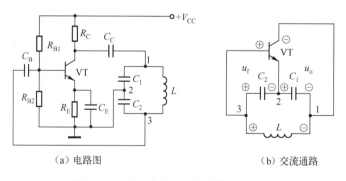

(a) 电路图   (b) 交流通路

图 9.7　电容三点式 LC 振荡器电原理图

【例 9-3】 试判断图 9.8（a）所示电路是否有可能产生振荡。若不能产生振荡，请指出电路中的错误，并画出一种正确的电路，写出电路振荡频率表达式，计算电路的振荡频率。

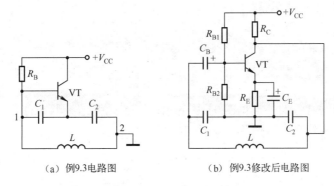

（a）例9.3电路图 　　　　　　　（b）例9.3修改后电路图

图 9.8　例 9.3 电路图

解：① 图 9.8（a）所示电路中的选频网络由电容 C_1、C_2 和电感 L 组成。电路存在的问题是：晶体管 VT 是放大元件，但直流偏置不合适；电容 C_1 两端电压可作为反馈信号，但放大电路的输出信号（晶体管集电极信号）没有传递到选频网络。所以该电路不可能产生振荡。

② 修改后的电路见图 9.8（b）所示，通常 C_E 和 C_b 的容量比较大，对交流可看做短路，则其相位满足"射同基反"的原则，在各元件参数合适的情况下，电路可产生振荡。参与选频的元件是 L、C_1 和 C_2，振荡频率由读者自行写出。

想一想：在制作无线电发射机时，通常需要正弦波振荡器产生一载波信号，你认为这一正弦波振荡器采用哪一种类型较好？说明理由。

图 9.9 是一调频（FM）发射机的电路图，在 INPUT + 端输入音频信号，此电路可以发射出调频信号，该信号可由调频收音机接收。调频原理此处不介绍。这一电路的中心是一正弦波振荡器，请读者试根据参数计算此电路的振荡频率。其中的 L_1 可用直径 0.6mm 左右的铜线自行绕制 4 圈半到 5 圈，当收音机无法收到这一发射机的信号时，可通过调整 L_1 线圈的圈数与松紧程度及 C_1 的容量来使收音机接收到信号，试分析是什么原因。

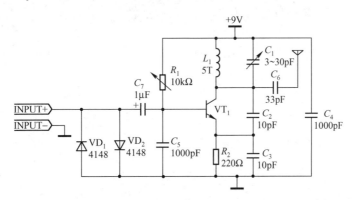

图 9.9　调频发射机电路图

想一想：（1）如何用万用表判断图 9.9 所示电路能否起振？

（2）如果不能起振应如何检修？

9.3 石英晶体振荡器

在需要频率有较高稳定性的正弦波时通常会采用石英晶体振荡器。

9.3.1 石英晶体的基本特性及其等效电路

石英晶体谐振器常见的外形见图9.10所示。石英晶体谐振器简称晶振。电视机中需要某些固定频率的振荡信号，一般均采用晶振。

图9.10 石英晶体谐振器实物图

1. 电路符号和等效电路

石英晶体的精度高而稳定，采用石英晶体谐振器组成振荡电路，可获得很高的频率稳定度。

晶体谐振器的图形符号如图9.11（a）所示，它可等效成图9.11（b）所示电路，其电抗－频率特性见图9.11（c），当外加交变电压的频率等于晶体串联谐振频率f_s时，回路发生串联谐振；当外加交变电压的频率等于晶体并联谐振频率f_p时，回路发生并联谐振。产生谐振时的振荡频率称为晶体谐振器的振荡频率。

f_s和f_p两个频率非常接近，晶振上所标的频率值对应就是f_s的频率。图9.11（c）为石英晶体谐振器的电抗－频率特性，在f_s和f_p之间呈感性，在此区域之外呈容性。

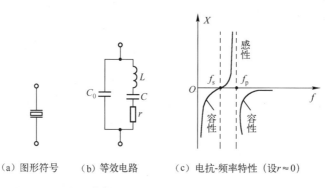

（a）图形符号　　（b）等效电路　　（c）电抗-频率特性（设$r \approx 0$）

图9.11 石英晶体谐振器的图形符号、等效电路及电抗特性

石英晶体振荡电路的形式是多种多样的，但其基本电路只有两类，即并联晶体振荡电路和串联晶体振荡电路。在并联晶体振荡电路中，石英晶体工作在f_s与f_p之间，利用晶体作

为一个电感来组成振荡电路；而在串联晶体振荡电路中，石英晶体工作在串联谐振频率 f_s 处，利用阻抗最小的特性来组成振荡电路。

2. 有源晶体振荡器

只有两个引脚的晶振又称为无源晶振，需要外加放大电路等才能产生振荡信号。有源晶体振荡器也称有源晶振，它是一个完整的振荡器，即里面除了石英晶体外，还有晶体管和阻容元件，只要加上电源，就可以直接输出振荡信号。有源晶振的管脚数有多种，图 9.12 所示给出了 4 只引脚的有源晶振的管脚排列。

（a）有源晶振实物图

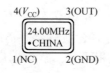
（b）4引脚有源晶振引脚图

（c）使用了有源晶振的电路

图 9.12　有源晶体振荡器

9.3.2　石英晶体振荡电路

1. 并联型晶体振荡电路

并联型晶体振荡电路如图 9.13（a）所示，振荡回路由 C_1、C_2 和晶体组成，其中，晶体起电感 L 的作用，振荡频率基本上取决于晶体的固有频率 f_s，所以这种电路的频率稳定度高。

2. 串联型晶体振荡电路

串联型晶体振荡电路如图 9.14 所示，晶体与电阻 R 串联构成正反馈电路，当振荡频率等于晶体的固有频率 f_s 时，晶体阻抗最小，且为纯电阻，电路满足自激振荡条件而振荡，其振荡频率为 $f_0 = f_s$。调节电阻 R 可获得良好的正弦波输出。

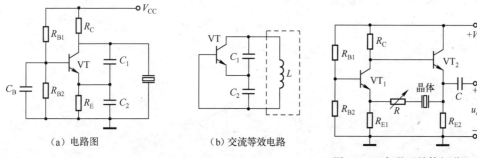

（a）电路图　　　　（b）交流等效电路

图 9.13　并联型晶体振荡电路

图 9.14　串联型晶体振荡电路

想一想：（1）石英晶体工作在什么情况下等效为电感？什么情况下等效为电阻？为什么石英晶体不工作在等效电容的状态？

（2）石英钟的振荡电路要求有稳定的固定频率信号输出，可考虑采用哪一种元件来实现选频？

9.4 RC 正弦波振荡电路

当振荡电路要求振荡频率较低时，要求的电感量和电容量太大，用 LC 振荡电路不方便实现，这时通常采用 RC 正弦波振荡器。

9.4.1 RC 网络的频率响应

RC 串并联网络电路如图 9.15 所示。RC 串联臂的阻抗用 Z_1 表示，RC 并联臂的阻抗用 Z_2 表示。由于电路有电容存在，所以会对不同的频率呈现不同的阻抗，即有选频作用。当输入频率 f 与其谐振频率 f_0 相同时，输出电压 u_o 幅度最大，即具有频率选定作用。

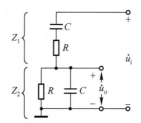

图 9.15　RC 串并联网络电路

谐振频率 f_0 为：

$$f_0 = \frac{1}{2\pi RC}$$

当输入信号的频率 $f = f_0$，即谐振时，输入信号与输入信号之间的相移 $\varphi_F = 0°$，且输出电压与输入电压之间的比值 F 的绝对值为：

$$|F| = \left|\frac{u_o}{u_i}\right| = \frac{1}{3}$$

9.4.2 RC 桥式正弦波振荡电路

RC 桥式正弦波振荡器的电路如图 9.16 所示，由 RC 串并联网络充当正反馈网络，另外还增加了 R_1 和 R_2 负反馈网络。

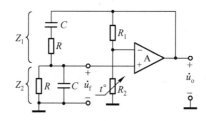

图 9.16　RC 桥式振荡器电路

由 R 和 C 并联回路反馈回运算放大器同相端的反馈系数为:

$$|F| = \frac{1}{3}$$

为满足振荡的幅度条件 $|AF| \geqslant 1$,所以 $A \geqslant 3$。加入 $R_1 R_2$ 支路,构成串联电压负反馈,要求:

$$A = 1 + \frac{R_1}{R_2} \geqslant 3$$

只要满足了幅度条件,该振荡器就可以产生振荡,振荡频率为:

$$f_0 = \frac{1}{2\pi RC}$$

图 9.16 所示 RC 振荡电路的稳幅作用是靠热敏电阻 R_2 实现的,R_2 是正温度系数热敏电阻,当输出电压升高,R_2 上所加的电压升高,即温度升高,R_2 的阻值增加,负反馈增强,输出幅度下降,从而实现稳幅。

【例 9-4】 图 9.17 (a) 所示电路是没有画完整的正弦波振荡器,请完成以下各项:
① 各节点的连接。
② 选择电阻 R_2 的阻值。
③ 计算电路的振荡频率。

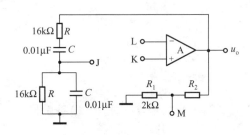

图 9.17 例 9-4 电路图

解: ① 当 $f = f_0$ 时,RC 串并联选频网络的相移为零,为了满足相位条件,放大器的相移也应为零,所以连接点 J 应与 K 相连接;为了减少非线性失真,放大电路引入负反馈,连接点 J 应与 M 相连接。

② 为了满足电路自行起振的条件,由于正反馈网络(选频网络)的反馈系数等于 1/3($f = f_0$ 时),所以电路放大倍数应大于等于 3,即 $R_2 \geqslant 2R_1 \geqslant 4k\Omega$,故 R_2 应选择大于 $4k\Omega$ 的电阻。

③ 电路的振荡频率为:

$$f_0 = \frac{1}{2\pi RC} = \frac{1}{2\pi \times 16 \times 10^3 \times 0.01 \times 10^{-6}} \approx 995 \,(Hz)$$

想一想: 图 9.18 所示是一种移相式 RC 振荡器电路,在幅度方面只要满足了 $|A| = \frac{R_2}{R_1}$ $\geqslant 29$,就可产生频率为 $f_0 = \frac{1}{2\pi \sqrt{6} RC}$ 的正弦波,试分析其工作原理。(提示:当信号流经电容和电阻构成的回路时,会产生相移,每一节 RC 电路的相移在 $90°$ 以内。)

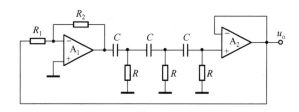

图 9.18　移相式 RC 振荡器电路

实训 9　变压器反馈式 LC 正弦波振荡器及选频放大器

1. 实训目的

（1）掌握变压器反馈式 LC 振荡器的调整和测试方法。
（2）研究电路参数对变压器反馈式 LC 正弦波振荡器起振条件及输出波形的影响。

2. 实训设备与器件

（1）+12V 直流电源　　　　　　　　1 台
（2）双踪示波器　　　　　　　　　　1 台
（3）交流毫伏表　　　　　　　　　　1 台
（4）直流电压表　　　　　　　　　　1 台
（5）频率计　　　　　　　　　　　　1 台
（6）振荡线圈　　　　　　　　　　　1 个
（7）晶体三极管 3DG6（或 9011），3DG12（或 9013）各 1 只
（8）电阻器、电容器　　　　　　　　若干

3. 实训原理

图 9.19 所示为变压器反馈式 LC 正弦波振荡器的实训电路，其中晶体三极管 VT_1 组成共射放大电路，变压器 Tr 的原绕组 L_1（振荡线圈）与电容 C 组成调谐回路，它既作为放大器的负载，又起选频作用，副绕组 L_2 为反馈线圈，L_3 为输出线圈。

该电路是靠变压器原、副绕组同名端的正确连接（如图 9.19 中所示），来满足自激振荡的相位条件，即满足正反馈条件。在实际调试中可以通过把振荡线圈 L_1 或反馈线圈 L_2 的首、末端对调，来改变反馈的极性。

振荡器的输出端增加一级射极跟随器，用以提高电路的带负载能力。

4. 实训内容

按图 9.19 连接实训电路。电位器 R_P 置最大位置，振荡电路的输出端接示波器。

（1）静态工作点的调整。

① 接通 V_{CC} = +12 电源，调节电位器 R_P，使输出端得到不失真的正弦波形，如不起振，可对调 L_2 的首、末端位置，使之起振。

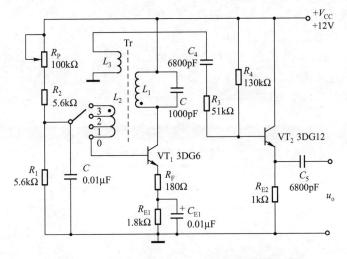

图9.19　变压器反馈式LC正弦波振荡器实训电路

测量两管的静态工作点及正弦波的有效值 U_o ，记入表9.1。

② 把 R_P 调小，观察输出波形的变化，测量有关数据，记入表9.1。

③ 调大 R_P ，使振荡波形刚刚消失，测量有关数据，记入表9.1。

表9.1　实训表1

R_P 位置	三极管名称	U_B （V）	U_E （V）	U_C （V）	I_C （mA）	U_o （V）	u_o 波形
R_P 滑臂居中	VT_1						
	VT_2						
R_P 小	VT_1						
	VT_2						
R_P 大	VT_1						
	VT_2						

根据表9.1中三组数据，分析静态工作点对电路起振、输出波形幅度和失真的影响。

（2）观察反馈量大小对输出波形的影响。置反馈线圈 L_2 于"0"（无反馈）、"1"（反馈量不足）、"2"（反馈量合适）、"3"（反馈量过强）时测量相应的输出电压波形，记入表9.2。

表9.2　实训表2

L_2 位置	"0"	"1"	"2"	"3"
u_o 波形				

（3）验证相位条件。对调线圈 L_2 的首、末端位置，观察停振现象。

恢复 L_2 的正反馈接法，对调 L_1 的首、末端位置，观察停振现象。

（4）测量振荡频率。调节 R_P 使电路正常起振，同时用示波器和频率计测量以下两种情况的振荡频率 f_0，记入表 9.3。

① 谐振回路电容 $C = 1000\text{pF}$。

② $C = 100\text{pF}$。

表 9.3　实训表 3

C（pF）	1000	100
f_0（kHz）		

5. 实训总结

（1）把结果填入相关表格。

（2）总结电路参数对变压器反馈式 LC 正弦波振荡器起振条件及输出波形的影响。

6. 想一想，做一做

设计一门控声音报警系统，当有人推开关闭的房门进入房间时，即发出报警声。

本 章 回 顾

（1）正弦波振荡电路按选频网络不同，可分为 LC 振荡电路、晶体振荡电路和 RC 振荡电路。它们由放大电路、正反馈电路、选频电路和稳幅电路组成。

（2）电路产生自激振荡必须同时满足相位条件和振幅条件。具体判别的关键为：电路必须是一个具有正反馈的正常放大电路。相位条件必须满足：$\varphi = \varphi_A + \varphi_F = 2n\pi(n = 0,1,2,3,\cdots)$；起振幅度条件为：$|AF| > 1$；平衡幅度条件为：$|AF| = 1$。

（3）正弦波振荡器实质上是具有正反馈的放大器，LC 振荡器常用于高频振荡，石英晶体振荡器的频率稳定度很高。LC 振荡器有变压器耦合式和三点式，LC 振荡器都用 LC 谐振回路作为选频网络，振荡频率较高，近似为 $f_0 = \dfrac{1}{2\pi\sqrt{LC}}$。

（4）RC 振荡器主要用于正弦波振荡频率较低的场合。振荡频率为 $f_0 = \dfrac{1}{2\pi RC}$，起振条件为 $A > 3$。

习 题 9

9.1　正弦波振荡电路产生自激振荡的条件是什么？

9.2　一般正弦波振荡电路由哪几个功能模块组成？

9.3　你知道哪几种类型的正弦波振荡电路？它们各有什么特点？

9.4　电路如图 9.20 所示，图中各个电路都只画出了交流通路，试从相位平衡的观点，说明其中哪些电路有可能产生自激振荡？若不可能产生振荡，请加以改正。

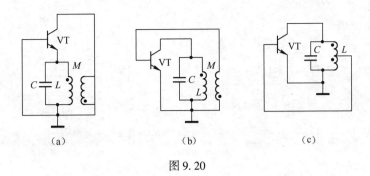

图 9.20

9.5 在图 9.21 所示的三个振荡电路中，C_B、C_C、C_E 的电容量足够大，对于交流来说可视为短路，试问图中哪些电路有可能产生自激振荡？若不可能产生振荡，请加以改正并写出振荡频率 f_0 的表达式。

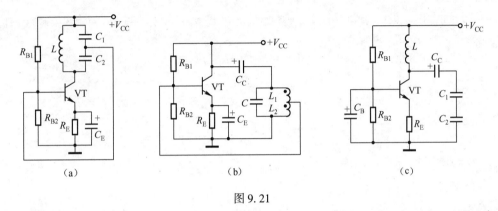

图 9.21

9.6 某收音机的本振电路如图 9.22 所示，试标明该电路振荡线圈中两个绕组的同名端，并估算振荡频率的可调范围。

9.7 某通用示波器中的时间标准振荡电路如图 9.23 所示，图中 L_1 是高频扼流线圈，C_3 和 C_4 是去耦电容，试估算该电路的振荡频率。

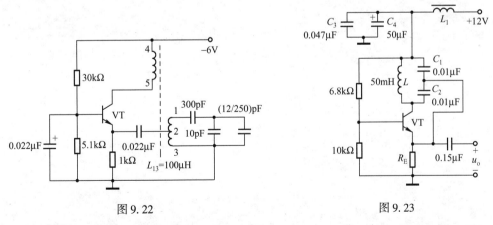

图 9.22   图 9.23

9.8 某同学用石英晶体组成的两个振荡电路如图 9.24 所示，电路中的 C_B 为旁路电容，C_C 为隔直耦合电容，L_1 为高频扼流圈。试求：

(1) 画出这两个电路的交流通路。

(2) 根据相位平衡条件判别它们是否有可能产生振荡？

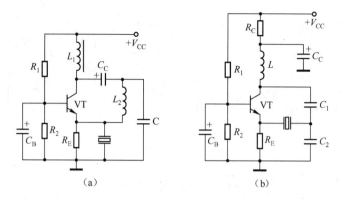

图 9.24

（3）如有可能产生振荡，指出它们是何种类型的晶体振荡电路？晶体在振荡电路中起了哪种元件的作用？如不能产生振荡，请加以改正。

9.9　RC 正弦波发生器电路如图 9.25 所示，请估算振荡频率 f_0。

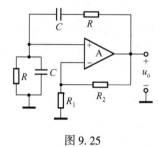

图 9.25

第 10 章　晶闸管及其应用

学习目标

（1）掌握晶闸管的三个电极的作用以及测试方法。

（2）了解晶闸管的控制原理。

（3）理解晶闸管整流电路的工作原理。

（4）了解晶闸管的应用电路。

（5）学习后能做的事情：能够利用晶闸管实现弱电对强电的控制，如自行设计家用调光灯或电机调速电路。

　　二极管和三极管常在弱电（工程常用概念，相对应的概念为"强电"。强电通常指动力能源，电压高、电流大；弱电用于信息传递与处理系统）电路中充当开关使用，在强电控制中，常采用晶闸管实现开关控制，晶闸管常用于整流、无触点开关以快速接通或切断电路，还用于实现将直流电转变成交流电或将一种频率的交流电转变成另一种频率的交流电。

　　晶闸管有三个电极，其作用相当于是一个带控制端的"开关管"。单向晶闸管与普通二极管相似，其导通的前提是阳极 A 的电压要大于阴极 C 的电压，但晶闸管 A、C 间要导通还要求另一控制极 G 有触发电流（电流不需很大，通常在 200μA 左右，不同型号的晶闸管有差异）。与普通硅整流二极管相比，单向晶闸管多了一个控制端。

10.1　单向晶闸管

　　常用的晶闸管可分为单向晶闸管、双向晶闸管、光控晶闸管、可关断晶闸管、快速晶闸管等等。晶闸管的外形与三极管相似。

10.1.1　单向晶闸管的结构与符号

　　掌握单向晶闸管的工作特点是掌握晶闸管应用的基础。单向晶闸管由四层半导体材料组成，有三个 PN 结，对外有三个电极，如图 10.1（a）所示。第一层 P 型半导体引出的电极叫阳极 A，第三层 P 型半导体引出的电极叫控制极 G，第四层 N 型半导体引出的电极叫阴极 C。

　　单向晶闸管的电路符号如图 10.1（d）所示。从符号看，它和二极管一样是一种单方向导电的器件，其不同之处是多了一个控制极 G。G 极控制单向晶闸管的导通。晶闸管是可受外部控制的开关，而二极管纯粹由其两端的电压控制。

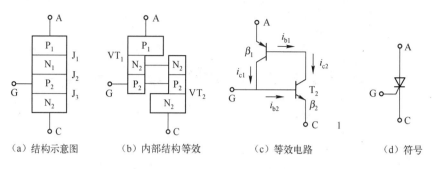

（a）结构示意图　　　（b）内部结构等效　　　（c）等效电路　　　（d）符号

图 10.1　单向晶闸管的结构

10.1.2　单向晶闸管的工作特点

晶闸管是 PNPN 四层三端结构元件，共有三个 PN 结，分析原理时，可以把它看做由一个 PNP 管和一个 NPN 管所组成，其内部结构等效如图 10.1（b）所示。

当阳极 A 与阴极 C 之间加上正向电压时，VT_1 和 VT_2 管的集电结均处于反向偏置状态，此时如果从控制极 G 输入一个正向触发信号，使 VT_2 产生基极流 i_{b2}，经 VT_2 放大，其集电极电流 $i_{c2} = \beta_2 i_{b2}$。因为 VT_2 的集电极直接与 VT_1 的基极相连，所以 $i_{b1} = i_{c2}$，电流 i_{c2} 再经 VT_1 放大，于是 VT_1 的集电极电流 $i_{c1} = \beta_1 i_{b1} = \beta_1 \beta_2 i_{b2}$，这个电流又流回到 VT_2 的基极，形成正反馈，使 i_{b2} 不断增大，如此正向反馈循环的结果，两个管子的电流剧增，两个三极管饱和，此时称为晶闸管饱和导通。单向晶闸管 A、C 极之间压降约为 1V。

由于 VT_1 和 VT_2 所构成的正反馈作用，所以一旦晶闸管导通后，即使控制极 G 的电流消失了，晶闸管仍然能够维持导通状态，由于触发信号只起触发作用，没有关断功能。只有关断 A、C 间的电流，晶闸管才能关断，进入截止状态。

10.1.3　晶闸管的工作状态

与三极管相比，晶闸管只工作于导通、截止两种状态，而且导通状态只需要有效的触发信号触发后，晶闸管就可以维持导通。导通后即使去掉触发信号，只要晶闸管的阳极电流不小于其维持电流就将维持导通。导通控制过程见图 10.2 所示，晶闸管导通后，当其阳极电位低于阴极电位或阳极电流小于维持电流时，可使晶闸管重新关闭。

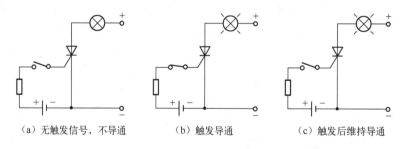

（a）无触发信号，不导通　　　（b）触发导通　　　（c）触发后维持导通

图 10.2　晶闸管的导通控制

在满足一定的外部条件下，晶闸管将维持导通，或从截止到导通转换，或退出导通到关断转换，具体条件见表 10.1。

表 10.1　晶闸管导通和关断条件

状　　态	条　　件	说　　明
从截止到导通	（1）阳极电位高于阴极电位 （2）控制极有足够的正向电压和电流	两者缺一不可
维持导通	（1）阳极电位高于阴极电位 （2）阳极电流大于维持电流	两者缺一不可
从导通到截止	阳极电位低于阴极电位或阳极电流小于维持电流	任一条件即可

普通晶闸管的导通与截止状态相当于开关的闭合和断开状态，用它可以制成无触点电子开关。

10.1.4　晶闸管的外形

晶闸管应用广泛，种类繁多。小功率晶闸管的外形同三极管，见图10.3的（1）、（2）、（3）、（4）所示；大功率的晶闸管采用螺栓型封装，如图 10.3 之（5）、（7）所示，也有采用平板式封装的，如图10.3之（8）所示；图 10.3 之（6）所示是晶闸管模块，内包含有三个晶闸管。

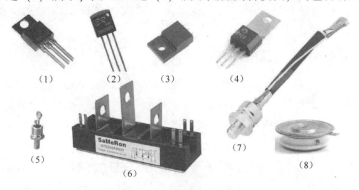

图 10.3　常用晶闸管的外形

10.1.5　晶闸管的参数

晶闸管主要参数有额定通态平均电流 I_F 和反向重复峰值电压 U_{RRM}、触发电流 I_G、维持电流 I_H。

这里以常用的单向晶闸管 MCR100 为例介绍主要参数。如图 10.4 所示是采用 TO92 封装的 MCR100 的外形图及引脚排列。表 10.2 给出了 MCR100 的主要参数

MCR100 主要用于漏电保护器、负离子发生器、臭氧发生器、点火器、彩灯控制器、固态继电器、吸尘器、电动工具等电动机调速控制等。

（1）额定通态平均电流 I_F：在环境温度小于 40℃ 和标准散热条件下，允许连续通过晶闸管阳极的工频（50 赫兹）正弦半波电流的平均值。

（2）反向重复峰值电压 U_{RRM}：在控制极开路情况下，允许重复作用在晶闸管两端的最大反向峰值电压。使用时，不能超过手册给出的这个参数值。

（3）触发电流 I_G：在规定的环境温度下，当阳极 A 与阴极 C 间电压为 6V 时使晶闸管从关断状态转为导通状态所需要的最小控制极电流。

（4）维持电流 I_H：指规定的环境温度下，控制极 C 断开后，晶闸管从较大的通态电流降至刚好能维持其导通时所必须的阳极最小电流。阳极电流等于维持电流时是晶闸管导通状态与关断状态的分界点。

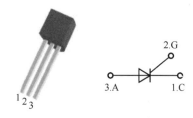

图 10.4 MCR100 的外形及引脚排列

表 10.2 MCR100 的主要参数

符 号	参 数	数 值
I_F	额定通态平均电流	0.8A
U_{RRM}	反向重复峰值电压	400V
I_G	触发电流	200μA
I_H	维持电流	5mA

10.1.6 晶闸管的测试

1. 单向晶闸管的引脚判定

单向晶闸管的三个电极的判别可以用指针式万用表欧姆挡 R×100 挡位来测量。如图 10.1 所示，晶闸管 G、C 之间是一个 PN 结，相当于一个二极管，G 相当于二极管的阳极，C 相当于二极管的阴极，按照测试二极管的方法，找出三个电极中的两个电极，测两极间的正、反向电阻，当所测电阻值为小时，万用表黑表笔接的是控制极 G，红表笔接的是阴极 C，剩下的一个就是阳极 A 了。

2. 用模拟万用表测量单向晶闸管的触发特性

（1）万用表置于 R×10 挡，红表笔接单向晶闸管阴极 C，黑表笔接阳极 A，此时万用表指针显示电阻值应接近无穷大，如图 10.5（a）所示。

（2）用黑表笔在不断开阳极的同时接触控制极 G，万用表指针向右偏转到低阻值，表明晶闸管能触发导通，如图 10.5（b）所示。

（3）在不断开阳极 A 的情况下，断开黑表笔与控制极 G 的接触，万用表指针应保持在原来的低阻值上，表明晶闸管撤去控制信号后仍将保持导通状态。

注意：这种方法并不适用于大功率的晶闸管，这是因为，大功率晶闸管一方面需要的触发电流较大，另一方面导通后的维持电流也较大。

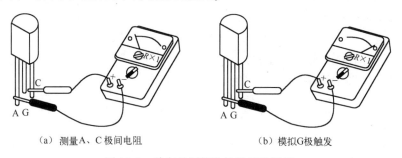

（a）测量 A、C 极间电阻　　　　　　　　（b）模拟 G 极触发

图 10.5 单向晶闸管的触发特性测量

3. 模拟单向晶闸管工作状态进行测量

测量单向晶闸管，可按图 10.6 所示搭一个简单电路，先接通单向晶闸管的阳级 A 和阴极 C，控制极 G 不接，此时：

（1）若指示灯亮，则表明被测晶闸管是坏的。

（2）若指示灯不亮，再按下开关 K 接通控制极 G，然后断开，如果灯泡持续发亮，则说明被测晶闸管是好的；如果按下开关 K 接通控制极 G 后，指示灯不亮，说明被测晶闸管是坏的。

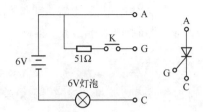

图 10.6　模拟工作状态测量单向晶闸管

10.1.7　单向晶闸管整流电路

单向晶闸管整流电路是把整流电路中的二极管换成晶闸管，从而实现通过改变触发脉冲的触发时间而改变整流电路输出电压的高低，实现可控调压。

1. 单向半波晶闸管整流电路

电阻性负载的单向半波晶闸管整流电路和波形如图 10.7 所示。设 $u_2 = \sqrt{2}_2\sin\omega t$，在 u_2 正半周时的任一时刻，只在晶闸管 VT 的控制端加上触发信号 u_g，晶闸管即可导通，而晶闸管一旦导通，控制极就失去控制作用，在触发后的 u_2 正半周的其余时间，晶闸管都将处于导通状态，导通后管压降忽略不计，则 u_2 电压通过晶闸管全部加到负载 R 上输出。

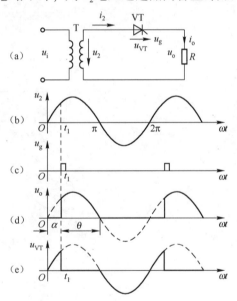

图 10.7　单向半波晶闸管整流电路和波形

在电源电压 u_2 负半周，晶闸管 VT 上的电压左负右正，晶闸管承受反向电压而截止，负载电阻 R 上输出电压为零。在以后各周期中，若输出脉冲出现的时间与第一个周期相对应的时间相同，则重复以上过程，其工作波形见图 10.7 的（b）、（c）、（d）、（e）所示。波形图中，实线表示实际的工作电压。从图中可知，ωt_1 的位置不同，R 上有电流流过时间就不同。从 0 到 ωt_1 的电角度为 α，称为控制角，从 ωt_1 到 π 的电角度为 θ，称为导通角。α 越小，即导通角 θ 越大，输出的电流和电压越大。输出电压有效值为：

$$U_{o(av)} \approx 0.45 \times \frac{1 + \cos\alpha}{2}$$

从以上分析可知，只要改变触发脉冲的触发时刻，即控制 α 的大小，就可实现可控调压，如果将 R 换成照明灯泡，就可以控制照明的亮度，如对一些舞台灯光的控制。

2. 单向桥式晶闸管整流电路

电阻性负载的单向桥式晶闸管整流电路和波形如图 10.8 所示。在 u_2 正半周时的任一时刻，只在晶闸管 VT$_1$ 的控制端加上触发信号 u_g，晶闸管 VT$_1$ 和 VD$_2$ 导通，而晶闸管一旦导通，控制极就失去控制作用，在触发后 u_2 正半周的其余时间，VT$_1$ 和 VD$_2$ 都将处于导通状态，至 $\omega t = \pi$ 处，因电源电压为零，晶闸管自行关断。在 VT$_1$ 和 VD$_2$ 导通状态期间，VT$_2$ 和 VD$_1$ 受反压截止。

在电源电压 u_2 负半周，晶闸管 VT$_2$ 的控制端如有触发信号 u_g，VT$_2$ 和 VD$_1$ 导通，直至触发后的 u_2 负半周的其余时间，至 $\omega t = 2\pi$ 处，因电源电压为零，晶闸管自行关断。

其工作波形如图 10.8（b）~（f）所示，从图中可知控制角 α 的大小，决定了输出电流和电压的大小。

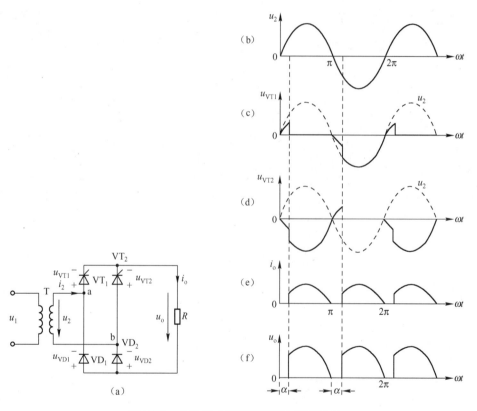

图 10.8　单向桥式晶闸管整流电路及波形

10.2　特殊晶闸管及其应用

晶闸管是常用的开关器件，而且常用于大电流、高电压的功放电路中。除了单向晶闸管外，还使用双向晶闸管、可关断晶闸管、逆导晶闸管、光控晶闸管和快速晶闸管等特殊晶闸管，有时还把多个晶闸管做在一个模块上，构成晶闸管模块。

10.2.1 双向晶闸管

双向晶闸管是在单向晶闸管的基础上发展起来的，顾名思义，它具有双向导电特性。从外形上看双向晶闸管和单向晶闸管很相似，同样有三个电极，只是在这三个电极中，除了控制极 G 的名称相同外，其余两个电极的名称不再叫做阳极和阴极，而统称为主电极，用 T_1、T_2 表示。它的外形也分为螺栓型、平板型、塑封型和金属封装型等。双向晶闸管的结构、等效电路和符号见图 10.9 所示。

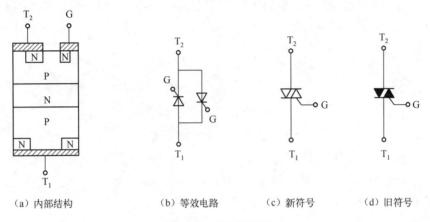

（a）内部结构　　　（b）等效电路　　　（c）新符号　　　（d）旧符号

图 10.9　双向晶闸管

双向晶闸管最主要的特性是，不论 T_1 接正、T_2 接负，还是 T_1 接负、T_2 接正，都可以通过控制极脉冲触发导通，而且控制极的触发脉冲可以是正向电压，也可以是反向电压，如图 10.10 所示。图 10.10 中，只要触发脉冲满足触发所需的触发电流，晶闸管即可触发导通，此时 T_1、T_2 间呈低阻状态。晶闸管导通时，主电极 T_1、T_2 间压降约为 1V 左右。

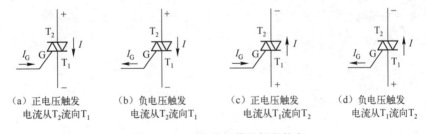

（a）正电压触发　　（b）负电压触发　　（c）正电压触发　　（d）负电压触发
　　电流从T_2流向T_1　　电流从T_2流向T_1　　电流从T_1流向T_2　　电流从T_1流向T_2

图 10.10　双向晶闸管的触发状态

双向晶闸管一旦导通，即使失去触发电压，也能继续维持导通状态。当主电极 T_1、T_2 电流减小至维持电流以下或 T_1、T_2 间电压改变极性，且无触发电压时，双向晶闸管阻断，只有重新施加触发电压，才能再次导通。

双向晶闸管广泛用于调节交流电压、交流开关、温度控制、灯具调光、电机调速和换向等。

10.2.2 快速晶闸管

普通晶闸管不能在较高的频率下工作，因为器件的导通或关断需要一定时间，另一方面，在阳极电压上升速度太快时，会使元件误导通；在阳极电流上升速度太快时，可能会烧毁元件。当晶闸管在电路中可能处于电压变化速率太快、电流变化速率太快时，应选用快速晶闸管。

快速晶闸管是在制造工艺和结构上采取了一些改进措施，能适应于高频应用的晶闸管。

快速晶闸管的生产和应用进展很快，目前已有了电流几百安培、耐压1千余伏、关断时间仅为20微妙的大功率快速晶闸管，同时还做出了最高工作频率可达几十千赫兹供高频逆变用的晶闸管，它们广泛应用于大功率直流开关、大功率中频感应加热电源、超声波电源、激光电源、雷达调制器及直流电动车辆调速等领域。

10.2.3 逆导晶闸管

逆导晶闸管是在普通晶闸管上反向并联一只二极管而制成，并联的二极管和普通晶闸管做在同一个硅片上，它的内部构成电路和符号如图10.11所示，其特点是能反向导通大电流。

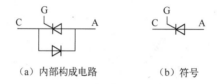

（a）内部构成电路　　　（b）符号

图 10.11　逆导晶闸管的等效电路与符号

由于逆导晶闸管的阳极和阴极接入反向并联的二极管，可对电感负载关断时产生的大电流、高电压进行快速释放。目前已经生产出耐压达到1500～2500V、正向电流达400A、吸收电流达150A、关断时间小于30μs的逆导晶闸管。

逆导晶闸管用于城市电车和地铁机车的车速控制。

10.2.4 可关断晶闸管

普通晶闸管一旦导通后，控制极就失去了作用，不能控制晶闸管的关断。可关断晶闸管（缩写"GTO"）是一种利用在控制极加正控制脉冲可触发导通，在控制极加负控制脉冲可关断的晶闸管，用负控制极脉冲可关断阳极电流。

用一只可关断晶闸管就可做成直流无触点开关或斩波器。可关断晶闸管的内部结构、符号如图10.12所示。

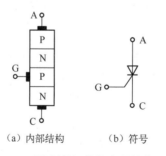

（a）内部结构　　　（b）符号

图 10.12　可关断晶闸管的内部结构及符号

可关断晶闸管也具有单向导电特性，即当其阳极A、阴极C两端为正向电压，在控制极G上加正的触发电压时，晶闸管将导通，导通方向为A→C。

若在控制板G上加一个适当的负电压，则能使导通的晶闸管关断（普通晶闸管在依靠控制极正电压触发之后，撤掉触发电压也能维持导通，只有切断电源使正向电流低于维持电流或加上反向电压，才能使其关断）。

10.2.5 晶闸管模块

晶闸管模块是将两只以上参数一致的普通晶闸管串联在一起构成的，其常见的外形及内部结构如图 10.13 所示。

晶闸管模块具有体积小、重量轻、散热好、安装方便等优点，被广泛应用于电动机调速、无触点开关、交流调压、低压逆变、高压控制、整流、稳压等电子电路中。

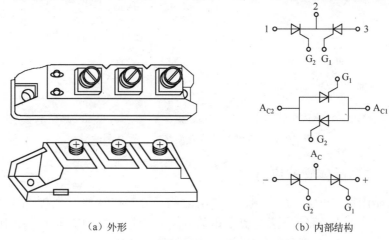

　　（a）外形　　　　　　　　　　　　　　（b）内部结构

图 10.13　晶闸管模块常见的外形及内部结构

10.3　单结晶体管

单结晶体管常用于产生晶闸管的触发脉冲。

10.3.1　单结晶体管的工作特点

单结晶体管又叫双基极二极管，是由一个 PN 结和三个电极构成的半导体器件。在一块 N 型硅片两端，制作两个电极，分别称为第一基极 B_1 和第二基极 B_2；硅片的另一侧靠近 B_2 处制作了一个 PN 结，相当于一只二极管，在 P 区引出的电极称为发射极 E。单结晶体管的内部结构、符号及等效电路如图 10.14 所示。

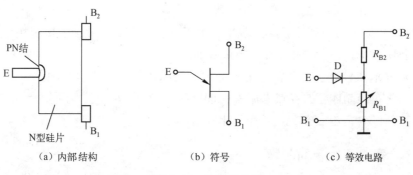

　　（a）内部结构　　　　　　　（b）符号　　　　　　　（c）等效电路

图 10.14　单结晶体管

单结晶体管在一定条件下具有负阻特性，即当发射极电流增加到一定值时，发射极电压反而减小。如图 10.14（c）中所示，R_{B1} 用可变电阻表示说明单结晶体管的负电阻特性。单结晶体管的典型伏安特性如图 10.15（a）所示。

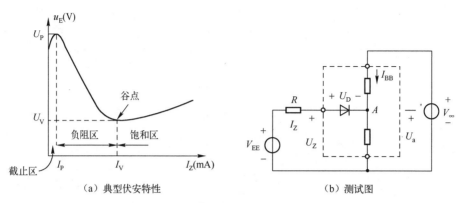

（a）典型伏安特性　　　　　　　　（b）测试图

图 10.15　单结晶体管典型伏安特性及测试图

10.3.2　单结晶体管的应用

利用单结晶体管的负阻特性和 RC 充放电电路，可制作脉冲振荡器。图 10.16（a）所示是由单结晶体管组成的张弛振荡电路，可从电阻 R_1 上取出脉冲电压 u_g，图中的 R_1 和 R_2 的作用是获得输出脉冲电压，同时可以减少单结晶体管的功耗。

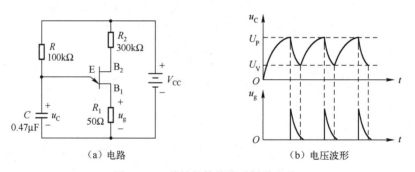

（a）电路　　　　　　　　　　（b）电压波形

图 10.16　单结晶体管张弛振荡电路

设在接通电源之前，图 10.16（a）中电容 C 上的电压 u_C 为零，接通电源 V_{CC} 后，V_{CC} 经 R 向电容器 C 充电，使其端电压按指数曲线升高，电容器 C 上的电压 u_C 就加在单结晶体管的发射极 E 和第一基极 B_1 之间，当 u_C 等于单结晶体管的峰点电压 U_P 时，单结晶体管导通，电阻 R_{B1} 急剧减小（约 20Ω），电容器通过 R_1 放电，由于电阻 R_1 取得较小，放电很快，放电电流在 R_1 上形成一个脉冲电压 u_g，如图 10.16（b）所示。

由于电阻 R 取得较大，当电容电压下降到单结晶体管的谷点电压时，电源经过电阻 R 供给的电流小于单结晶体管的谷点电流 I_V，即此时 u_C 小于 U_V 时，于是单结晶体管再次截止，电源又重新经 R 向电容 C 充电，重复上述过程。

10.3.3　单结晶体管的参数

常用的国产单结晶体管有 BT31、BT32、BT33、BT35 等型号。单结晶体管的主要参数

有基极间电阻 R_{BB} 和分压比 η，R_{BB} 是射极开路时 B_2、B_1 间的直流电阻，约 $2 \sim 10k\Omega$。分压比 η 是指 R_{B2} 与 R_{B1} 的电阻比值，其大小由管内工艺结构决定，一般为 $0.3 \sim 0.8$。表 10.3 是常用型号的单结晶体管的参数。

表 10.3　常用型号的单结晶体管的参数

型　号	分压比	基极间电阻	E 与 B_1 间反向电流	饱和压降	峰点电流	谷点电流	谷点电压	调制电流	总耗散功率
	η	R_{BB}	I_{EBIO}	U_{EBI}	I_P	I_V	U_V	I_{B2}	P_t
		（kΩ）	（μA）	（V）	（μA）	（mA）	（V）	（mA）	（mW）
BT33A	0.30 ~ 0.55	3 ~ 6	≤1	≤5	≤2	≥1.5	≤3.5	8 ~ 40	400
BT33B		5 ~ 12							
BT33C	0.45 ~ 0.75	3 ~ 6							
BT33D		5 ~ 12							
BT33E	0.65 ~ 0.90	3 ~ 6							
BT33F		5 ~ 12							

10.3.4　单结晶体管的测试

判断单结晶体管发射极 E 的方法是：把万用表置于 R×100 挡或 R×1k 挡，黑表笔接假设的发射极，红表笔接另外两极，当出现两次测量电阻值均为低电阻时，黑表笔接的就是单结晶体管的发射极。

单结晶体管 B_1 和 B_2 的判断方法是：把万用表置于 R×100 挡或 R×1k 挡，用黑表笔接发射极，红表笔分别接另外两极，两次测量中，电阻大的一次，红表笔接的就是 B_1 极。

应当说明的是，上述判别 B_1、B_2 的方法，不一定对所有的单结晶体管都适用，有个别管子的 E-B_1 间的正向电阻值较小。不过准确地判断哪极是 B_1，哪极是 B_2 在实际使用中并不特别重要，即使 B_1、B_2 在使用中颠倒了，也不会使管子损坏，只影响输出脉冲的幅度（单结晶体管多用于脉冲发生器），当发现输出的脉冲幅度偏小时，只要将原来的 B_1、B_2 对调过来就可以了。

10.4　晶闸管的应用

晶闸管是一种能控制大电流通断的功率半导体器件，主要用来调节负载电流大小及电压高低，具有耐压高、容量大、体积小的特点，在电力电子技术中得到广泛应用。这里以家用调光灯电路为例介绍单向晶闸管的应用。图 10.17 所示是家用调光灯电路图，图 10.18 所示是组装好的实物电路板。

图 10.18 中，VT、R_2、R_3、R_4、R_P、C 组成单结晶体管振荡器。接通电源前，电容 C 上电压为零，接通电源后，电容 C 经由 R_4、R_P 充电，电容的电压逐渐升高，当达到单结晶体管 VT 的峰点电压时，e-b_1 间导通，电容上电压经 e-b_1 向电阻 R_3 放电，当电容 C 上的电压降到谷点电压时，单结晶体管恢复阻断状态。此后电容又重新充电，重复上述过程，结果在电容 C 上形成锯齿状电压，在 R_3 上则形成脉冲电压，此脉冲电压作为晶闸管 VT 的触发信号。在

$VD_1 \sim VD_4$ 桥式整流输出的每一个半波时间内，振荡器产生的第一个脉冲为有效触发信号。调节 R_p 的阻值，可改变触发脉冲的时延，控制晶闸管 VS 的导通角，从而调节灯泡亮度。

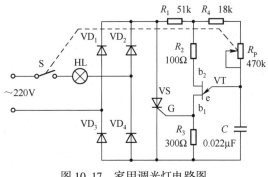

图 10.17　家用调光灯电路图　　　　　图 10.18　组装好的家用调光灯电路板实物

实训10　家用调光灯电路安装

1. 实训目的

（1）学习使用单向晶闸管和单结晶体管。
（2）提高电子电路的组装能力。
（3）提高安全用电的水平。

2. 实训器材

（1）家用调光灯电路套件　　　　　　1套
（2）隔离变压器　　　　　　　　　　1台
（3）自耦调压变压器　　　　　　　　1台
（4）示波器　　　　　　　　　　　　1台

3. 实训内容

参照图 10.17 家用调光灯电路图，完成如图 10.18 所示的组装好的实物电路板。
（1）识别并检测元器件。家用调光灯电路套件元件清单见表 10.4。

表 10.4　家用调光灯电路套件元件清单

序号	符号	元件名称规格	电气符号	实物图	安装要求	注意事项
1	$VD_1 \sim VD_4$	IN4007 二极管			水平安装，紧贴电路板剪脚留头 1mm	极性
2	VS	晶闸管 MCR100-8			立式安装	管脚判别

序号	符号	元件名称规格	电气符号	实物图	安装要求	注意事项
3	VT	BT33 单结晶体管	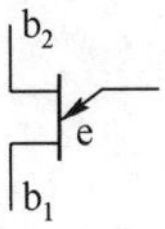 (符号图 b₂ e b₁)		立式安装	管脚判别
4	R_1	51kΩ 金属膜电阻	 (电阻符号)		水平安装	注意阻值大小
5	R_2	100Ω 金属膜电阻				
6	R_3	300Ω 金属膜电阻				
7	R_4	18kΩ 金属膜电阻				
8	R_P	470kΩ 带开关电位器	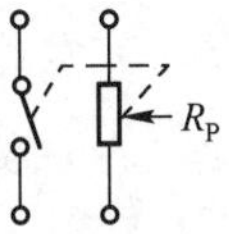 (电位器符号 R_P)		立式安装，电位器底部离电路板 3±1mm	
9	C	63V/0.022μF 涤纶电容	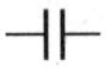 (电容符号)			
10	HL	220V/15W 白炽灯	 (灯符号)	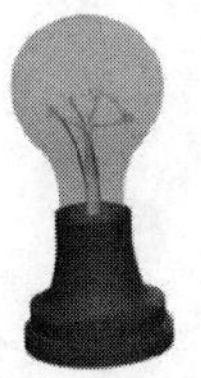		

（2）器件测试。学习测试单向晶闸管，识别引脚排列。参照 10.1.6 节内容测试单结晶体管，识别引脚排列。单结晶体管与单向晶闸管的外形及管脚的常见排列见图 10.19 所示。

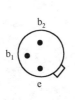

（a）单结晶体管外形及管脚　　　　（b）单向晶闸管外形及管脚

图 10.19　单结晶体管与单向晶闸管的常见外形及管脚排列

（3）实验电路板安装。参照电路原理图和实物图组装电路，特别注意有极性的元件（二极管、单结晶体管、单向晶闸管）的引脚方向。

安装完成后先自查电路板。首先检查元件有没有装错，其次检查焊接质量，特别是不能出现焊锡"搭接"等短路现象。

接上灯泡，接通开关 S，测试电源输入端的电阻，应大于 $500k\Omega$；断开开关 S，电阻应为无穷大。

同学之间进行互查。互查完后由老师检查。

（4）通电调试。通电前，将 R_p 置中间位置。由于本实训电路涉及市电，实训电路的电压超过安全电压，因此在调试、测量过程中一定要规范操作，注意安全，防止触电。实训时的供电必须通过隔离变压器，务必使实训电路与市电隔离。

① 按图 10.20 连接调压及隔离电路，把自耦变压器调至最小，连接市电，调节自耦变压器，检查输出电压是否正常，且可以调节。断开市电。

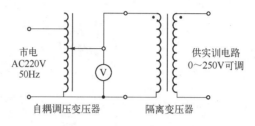

图 10.20 调压及隔离电路

② 调光电路通过插头与隔离后的电源连接。接通市电，缓慢调节电源输出电压至 30V 左右，观察电路有无出现异常现象（即不出现焦味、冒烟等）。若出现异常情况，则应立刻断开电源。

③ 电源输出电压调至 60V 左右，调节 R_p，观察能否调节灯泡的亮度。若不能，请检查电路。

④ 电路可以工作，则再将输出电压调至 220V。调节 R_p，观察调光电路能否正常工作。

（5）测试。经上述检查电路可以正常工作后，调节 R_p 使灯泡的亮度适中。调节电源输出电压至 30V 左右，按表 10.5 标注的测试点测试各点间的电压波形，并判断电路是否正常。观察晶闸管阳极 A 对阴极 C 间电压波形，计算灯泡上的电压值。

表 10.5　电路工作波形

测 量 点	电路电压实测波形	参考电路电压波形	判断电路是否正常
变压器次级		U_i 正弦波形	
单结晶体管 e 极与 b_1 极间电压		U_e 锯齿波形	

测　量　点	电路电压实测波形	参考电路电压波形	判断电路是否正常
晶闸管控制极 G 对地间电压		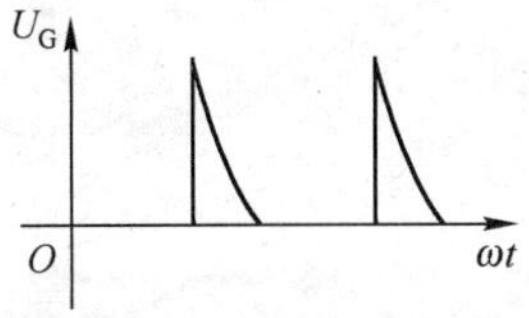	
晶闸管阳极 A 对阴极 C 间电压		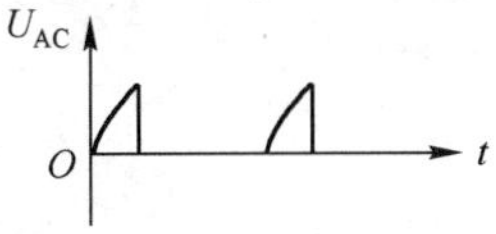	

4. 实训报告要求

(1) 画出实训电路图，说明电路中单结晶体管、晶闸管的作用。

(2) 记录实训步骤。

(3) 本实训要使用市电供电，说明应如何保障安全？

(4) 记录相关测试点波形，并简要说明波形特点。

5. 想想做做

请查找资料，利用双向晶闸管实现调光电路。

本 章 回 顾

(1) 单向晶闸管有三个电极，导通的前提是阳极 A 的电压要大于阴极 C 的电压，同时还要求控制极 G 有触发电流（电流不需很大）。晶闸管一旦导通，控制极就失去控制作用。若要使已导通的晶闸管关断，只能利用外加电压和外电路的作用使流过晶闸管的电流降低到接近于零的某一数值以下。

(2) 晶闸管用于整流电路可实现通过改变触发脉冲的触发时间而改变整流电路输出电压的高低，实现可控调压。

(3) 晶闸管除了单向晶闸管外，还有双向晶闸管、可关断晶闸管、逆导晶闸管、光控晶闸管和快速晶闸管等特殊晶闸管，有时还把多个晶闸管做在一块模块上，构成晶闸管模块。

习　题　10

10.1　晶闸管有几个 PN 结？

10.2　画出单向晶闸管的符号，说明如何用万用表判断晶闸管的各引脚？

10.3　说明晶闸管导通和关断的条件。

10.4　常用单结晶体管产生什么信号？

10.5　画出单结晶体管的符号，如何用万用表判断单结晶体管发射极 E？

10.6　把一个晶闸管与灯泡串联，加上交流电压 u，如图 10.21 所示，问：

(1) 开关 S 闭合前灯泡亮不亮？

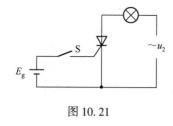

图 10.21

（2）开关 S 闭合后（即将直流电压 E_c 接入电路）灯泡亮不亮？

（3）开关 S 闭合一段时间后再打开，灯泡亮不亮？原因是什么？

第 11 章 功率放大器的安装与调试

学习目标

(1) 电子电路的安装技术与工艺。
(2) 提高阅读电路图、电路板图的能力。
(3) 学习手工焊接与装配工艺。
(4) 熟练使用运算放大器。
(5) 培养调试与故障检修的能力。

前面我们已经学习了有关晶体管、放大电路、信号的运算与处理电路、正弦波振荡器和直流稳压电源的知识，利用这些知识，我们可以制作一些电子小产品，在电子小产品的制作过程中，培养大家对电子器件使用的基本技能，利用这些单元电路可以构筑具有强大功能的电子电路。本章以包含了模拟电子技术主要内容的功率放大器为例，说明电子产品的设计和制作过程。

11.1 电子产品组装技术

电子产品的质量依赖从产品设计到产品合格出厂的各个环节来保障。合理的设计、精湛的生产工艺，是制造可靠的、高质量的电子产品的根本保证。

电子产品组装的相关技术主要有元器件的检验技术、印制电路板布线技术及制造工艺、焊接技术及电子连接技术、整机装配工艺、调试与检验技术等等。其中焊接技术包括手工焊接技术、浸焊、波峰焊、表面安装技术（SMT），每一种技术都有相应的技术规范。检验技术包括型式试验、例行试验、验收试验。型式试验是指对某种按设计文件制造的产品，根据标准规定所进行的、判断该产品的结构性能是否符合标准要求的一种全面（即全项目）评价试验。例行试验则是在国家标准或行业标准的规定下，进行的出厂试验、现场进行的交接试验，以及运行中定期进行的试验，包括环境试验和寿命试验。例行试验通常在检验合格的整机产品中随机抽取，以如实反映产品质量。验收试验是对元器件、原材料、半成品、成品进行的一种检验工作，包括借助某些手段测定产品质量特性，并与国标、企业标准或双方制定的技术协议等公认的质量标准进行比较，然后做出产品合格与否的判定。

11.2 功率放大器的电路原理

某立体声功率放大器整机电路框图如图 11.1 所示，图中左、右两个通道由前置放大、音调电路、功率放大电路三部分组成，这两个通道是完全相同的电路。整机电路如图 11.2 所示，各部分的主要元器件如方框内所示。由于采用集成电路，电路简洁。

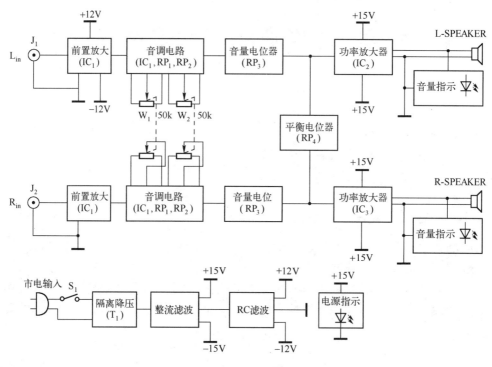

图 11.1　功率放大器整机电路框图

前置放大电路对线路输入的信号进行电压放大；音调电路调节音频信号的高音频段或低音频段的相对增益，可以根据个人或环境需要对相应频段的信号进行提升或衰减；功率放大电路对信号进行功率放大，使音频信号达到所要求的输出功率。

想一想：如果输入信号的幅度太小，造成即使音量电位器调至最大，功率输出还是不足的现象，应该调整电路的哪一部分？哪个元件？

11.2.1　电源电路

图 11.2 所示某功率放大器整机电路采用双电源供电。

输入的 ~220V，50Hz 市电经变压器 T_1 降压和隔离后，输出双 12V 的交流电源，整流电路对两组电源分别整流。对于每一组电源（+12V 电源或 –12V 电源），都是全波整流电路，如图 11.3 所示。C_{16}、C_{17} 为滤波电容，其容量要足够大，以保证低频输出时能提供足够的功率。变压器的容量大小以及滤波电容 C_{16}、C_{17} 容量的大小，决定了功率放大器在大输出功率时，低频分量的输出大小。整流滤波后电压为直流双 15V。

前置放大及音调电路的电压放大采用集成运算放大器 IC_1，型号为 TL084，采用双电源供电。为了保证电源的波纹不串扰到音频信号，TL084 的供电电源经 R_{23}、C_{18}、R_{24}、C_{19} 等构成 RC 滤波电路，如图 11.4 所示，这样可以使电源的波纹更小，降低因电源波纹引起的噪声。由于滤波电阻的降压原因，输出电压会有所降低，带负载正常工作时，约为 12V 左右。

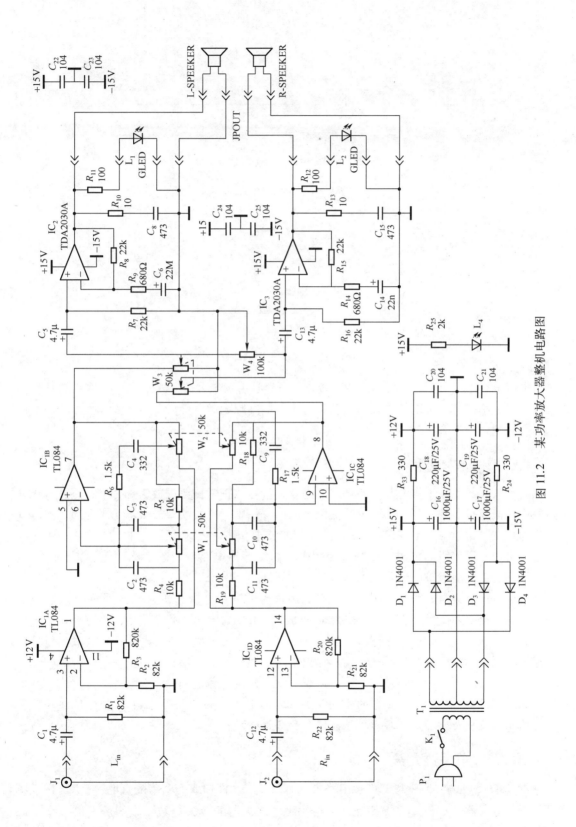

图 11.2 某功率放大器整机电路图

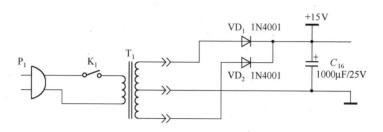

图 11.3　单组电源电路采用全波整流

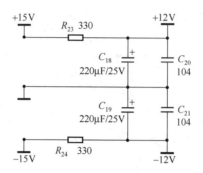

图 11.4　RC 电源滤波

电解电容 C_{18}、C_{19} 的高频滤波特性较差，电路还并接有小电容 C_{20}、C_{21}，采用高频特性较好的涤纶小电容，可以使电源滤波器具有更好的高频滤波特性。

想一想：如果希望 IC_1 得到更高的电源质量，可以采用什么电路？

11.2.2　信号流程

功率放大器正常工作的基本条件之一是音频信号能正常按要求放大和传输，因此分析电路的信号流程是非常重要的。若信号流程中间断开，则会造成功率放大器出现无声的故障现象。在检查电路时，可以在信号流程某处注入信号进行检查。必须注意的是，在中间级注入信号时必须断开前级的输出，否则，轻则由于前级输出电路的内阻太小而无法正常输入信号，重则会造成前级输出电路或输入信号源损坏。

左、右声道的电路完全相同，这里以 L 声道为例进行分析。如图 11.2 所示，从插座 J_1 输入的信号经 C_1 隔直后，经 IC_{1A} 构成的前置放大、IC_{1B} 构成的音调电路后，输出至音量电位器 W_3，经平衡电位器 W_4，由隔直电容 C_5 耦合至 IC_2 构成的功率放大电路，功放输出经输出插座至喇叭，同时通过发光二极管指示输出电压的大小。

根据信号流程，利用信号注入法可以很方便地判定故障范围。

想一想：如果从音量电位器的中间抽头注入信号时有输出，而在输入插座 J_1 注入信号时无输出，应该是哪部分电路出现了故障？应如何检修？

11.2.3　前置放大器

如图 11.5 所示，L 声道的前置电路由 IC_{1A} 及外围元件构成，C_1 为隔直电容，IC_{1A} 构成典型的同相放大器，R_2、R_3 构成负反馈网络，决定放大器的放大倍数，本级放大倍数为（R_2

$+R_3$）$/R_2 = 11$，R_1为运算放大器同相输入端的直流偏置回路。图11.6所示是另一种形式的前置放大电路。

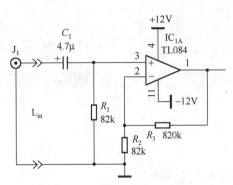 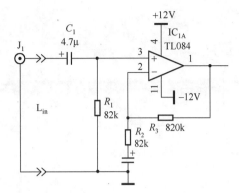

图11.5　L声道前置放大电路　　　　图11.6　另一种形式的前置放大电路

想一想：（1）断开R_1后电路能否正常工作？为什么？

（2）要提高电路的放大倍数应调节哪一个元件？

（3）哪一个元件会影响电路的低频响应？

（4）C_1采用有极性电容，你认为是否合适？最好应采用什么元件？

（5）图11.5与图11.6所示电路相比，你认为各有什么优缺点？图11.6所示电路中的R_2和R_3的参数选取是否合理？依据是什么？

11.2.4　音调电路

前置电路的输出直接耦合至音调电路，音调电路为反馈式音调电路。L声道的音调电路的基本组成为反相放大器，如图11.7所示，其反馈网络有两个：一个是W_1、R_4、R_5、C_2、C_3构成的低音频段反馈量调整网络；另一个是由W_2、R_6、C_4构成的高音频段反馈量调整网络。根据运放的"虚短"理论，这两个反馈网络是相应独立的，互不干扰。

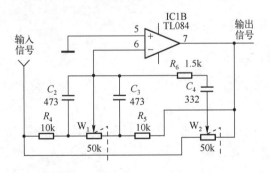

图11.7　音调电路

低音频段音调调节电路的工作原理参照图11.8，图中W_1及外围元件构成低音频段反馈网络，由于W_1的中心端所连的电容C_2、C_3对于中、高频段信号相当于短路，电路等效为图11.8（b）所示，所以当W_1移动时，中、高频段的反馈量不变，放大器放大倍数保持为$R_5/R_4 = 1$。对于低频段信号，电容C_2、C_3相当于开路，电路等效为图11.8（c）所示，调节W_1将改变电路的放大倍数。当W_1的滑动端靠近R_4时，音调电路的放大倍数为（$R_{W1} +$

$R_5)/R_4(R_{W1}$ 为 W_1 的电阻值), 对低频段信号起放大作用; 而当靠近 R_5 时, 其反馈倍数为 $R_5/(R_4+R_{W1})$, 对低频段信号起衰减作用。

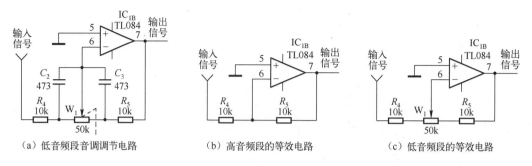

(a) 低音频段音调调节电路　　　　(b) 高音频段的等效电路　　　　(c) 低音频段的等效电路

图 11.8　低音频段音调调节电路工作原理

高音频段音调调节电路的工作原理参照图 11.9, 图中 W_2 及外围元件构成的高音频段反馈网络, 由于 W_2 的中心端相串接的电容 C_4 对于中、低频段信号相当于开路, 电路等效为图 11.9 (b) 所示, 所以当 W_2 移动时, 对低、中频段信号没有影响; 对于高音频段信号, 电容 C_4 相当于短路, 电路等效如图 11.9 (c) 所示, 调节 W_2 将改变电路对高音频段信号的放大倍数或衰减量。

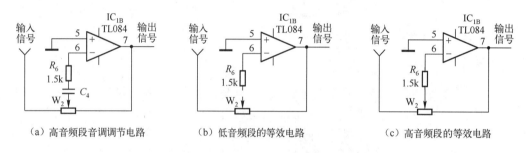

(a) 高音频段音调调节电路　　　　(b) 低音频段的等效电路　　　　(c) 高音频段的等效电路

图 11.9　高音频段音的调调节电路工作原理

想一想: 如果要实现中音频段的调节, 如何实现?

11.2.5　功率放大器

从图 11.2 可知, 音调电路输出信号通过音量电位器 W_3 分压调节, 调节 W_3 可以改变分压输出的信号电压, 从而改变音量的大小。

W_4 为平衡电位器, 调节 W_4 可以改变左、右声道的附加衰减, 从而调节左、右声道信号的相对大小。调节平衡电位器可使立体声的声像基本位于左、右声道音箱前方的中间范围。

L 声道的功率放大电路如图 11.10 所示, 直流等效电路见图 11.11。图中 IC_2 (型号为 TDA2030A) 可看做是功率运算放大器, C_5 为隔直电容, 耦合输入音频信号, IC_2 与外围电路构成同相放大器, 反馈网络由 R_8、R_9、C_6 构成, C_6 为隔直电容, 对于音频信号相当于短路, 对于直流相当于开路, 加大直流反馈量。对于同相输入的直流信号, IC_2 相当于跟随器, 直流放大倍数为 1, 因此本电路输出的直流工作点相当稳定。

对于音频信号, C_6 相当于短路, 因此本级的电压增益为: $(R_8+R_9)/R_9$。R_7 为 IC_2 同相输入端的直流偏置电阻。

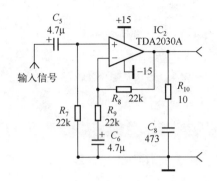
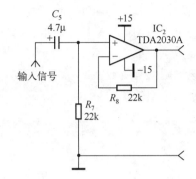

图 11. 10　功率放大电路　　　　　　图 11. 11　功率放大器的直流等效电路

输出端的 R_{10} 和 C_8 构成的 RC 网络有两个方面的作用：移位防止高频自激；防止输出端的电感性负载（扬声器本身在某些频段呈感性）产生的冲激电压击穿 TDA2030A 内的功放输出管。断开 R_{10}，IC_2 会出现高频自激，造成 IC_2 发热很厉害，甚至损坏。当出现不明原因使 IC_2 发热时，应注意 R_{10} 和 C_8 构成的 RC 网络是否存在问题。

如图 11. 2 所示，电源端电容 C_{22}、C_{23} 用于滤除高频，有利于改善功率放大器的高频响应。为了达到相应的效果，注意要将这两个电容尽可能靠近功率放大器集成电路。

想一想：（1）能否短接图 11. 10 中的 C_6？这样是否有利于提高功率放大器的音质？

（2）若短接图 11. 10 的 C_5，会出现什么问题？这样是否有利于提高功率放大器的音质？

（3）TDA2030 能否作为直流功率放大器？直流功率放大器对电路有什么要求？

11. 2. 6　音量指示器

本机的音量指示采用简单的发光二极管指示。输出电压越大，流过发光二极管的电流越大，其发光亮度也就越高。发光亮度可以大概显示输出功率的大小。

由于发光二极管存在死区电压，当输出功率较小时不能利用发光二极管指示功率；同时由于发光二级管发光的动态范围有限，也不能很好地指示功率。

想一想：为了较好地显示输出功率，可以采用什么方式来指示输出功率大小？

11. 3　认识元件的主要参数

11. 3. 1　电阻

按电阻构成材料的不同分为金属膜电阻、碳膜电阻、线绕电阻、实芯电阻等。最常用的是金属膜电阻和碳膜电阻，其中金属膜电阻的稳定性较好，电噪声低，性能较碳膜电阻好。选用电阻时主要考虑的参数有阻值、功率、精度等。本功率放大器使用的电阻对精度无特别要求，金属膜电阻和碳膜电阻均可满足要求，若采用金属膜电阻则可以获得更好的性能。

电阻的功率的选取由电阻在电路中消耗的功率决定。若电阻的功率不能满足要求，则会烧断电阻膜，造成开路。依功率要求来分，本功率放大器用到两类电阻：1/4W 和 1/2W。

1/2W 电阻的体积要比 1/4W 的电阻大。

常见的电阻值用色环标注，读取方法如下：带有 4 个色环的其中第 1、2 色环分别代表阻值的有效数字；第 3 色环代表 10 为底的指数的幂；第 4 色环代表误差。五色环电阻用前三位表示该电阻的有效数字，五色环和四色环的倒数第 2 位表示电阻的有效数字的乘数，最后一位表示该电阻的误差。

每种颜色所代表的数可这样记忆：棕 1，红 2，橙 3，黄 4，绿 5，蓝 6，紫 7，灰 8，白 9，黑 0。即代表该差的色环中：金色为 5%；银色为 10%；无色为 20%。

例如，当四个色环依次是黄、橙、红、金色时，因第 3 环为红色，即为 10^2，按照黄、橙两色分别代表的数 "4" 和 "3" 代入，则其读数为 $43 \times 10^2 = 4.3 k\Omega$。第 4 环是金色，表示误差为 5%。

辨认色环的起始环位置通常距其他色环较远，距端部较近，不会是金、银色。

想一想：出现电阻烧毁，可能是什么原因？

11.3.2　电容

常用的电容依选用的材料可分为瓷片电容、云母电容、电解电容、有机电容（如涤纶电容），其中电解电容的容量可以做得较大，电解电容采用金属氧化膜为介质，在使用时要特别注意极性，若引脚接反，则会发热、击穿、甚至爆炸。常用的电解电容有铝电解电容和钽电解电容，钽电解电容的稳定性明显优于铝电解电容，同时钽电解电容的频率及温度特性好，但价格较高，通常应用于一些电性能要求较高的电路。

选用电容时主要考虑极性要求（是否要选用无极性电容）、容量、耐压。本电路使用涤纶电容和电解电容，涤纶电容无极性，电解电容有极性。在使用时要注意电容的耐压，超出耐压则会击穿，为了防止出现击穿，一般在选用时应留有一定的余量。除在滤波电路对滤波信号频率较准确时对电容容量的精度有要求外，一般电路中对容量的要求并不严格，如耦合电容或电源滤波电容，通常电容的容量越大越好。

为了保证音调电路的准确，本电路要求有关的涤纶电容误差不要大于 5%。

想一想：（1）在什么情况下要选用无极性电容而不能采用有极性电容？

（2）电路中，有些电容开路损坏了，电路可能还可以正常工作，想想这是为什么？已开路的电容原起着什么作用？是否要更换？

11.3.3　二极管

二极管按用途可分为检波二极管、整流二极管、稳压二极管、变容二极管、发光二极管、光电二极管等。

本功率放大器使用了整流二极管和发光二极管。在测量发光二极管时要注意其死区电压与采用的材料有关，即与其发光颜色有关，其死区电压较普通二极管要大，如果采用内部为 1.5V 电池的电阻挡测量发光二极管的正、反向电阻，通常会测得其正、反向电阻均很大，此时要特别注意测试发光二极管的正向电阻时，所使用的电源电压须大于其死区电压。

本功率放大器的整流二极管选用 1N4001。选用整流二极管时，主要应考虑其最大整流电流、最大反向工作电流、截止频率及反向恢复时间等参数。本功率放大器对工频电源整流，可以不考虑后两个参数。1N4001 是普通的整流二极管，额定电流 1 A，反向击穿电压为 200 V。

想一想：开关稳压电源的整流电路在选用整流二极管时要考虑哪些参数？

11.3.4 电位器

电位器是一种可以连续调节电阻值大小的电阻。电位器通常有三个引出端，一个为滑动端，另外两个为固定端，滑动端移动可以改变滑动端与固定端之间电阻的阻值在标称值之间变化。选用电位器主要考虑其结构上的差别，如体积大小、安装方式、直线式或旋转式等等，还要考虑电位器标称阻值大小、功率大小、阻值变化规律等等。

电位器按调节时阻值随触点的变化规律还可分为线性型、指数型和对数型。线性型电位器阻值随滑动端运动按线性均匀变化，主要用于电压分压、电流分流调整电路中；指数型电位器阻值随滑动端运动按指数规律变化，主要应用于为适应人耳听觉的音量调节；对数型电位器阻值随滑动端运动按对数规律变化。

在本功率放大器中，音调电位器采用线性型电位器，音量电位器采用指数型电位器，在使用时要注意分清楚。

想一想：在可调稳压电源电路中用于调节输出电源电压的电位器应选用哪一种变化规律的电位器？

11.3.5 集成电路

集成电路是将电子线路的有源元件（二极管、三极管、场效应管等）和无源元件（电阻器、电容器等）以及连接线等做在一块基片上，形成一个相对独立且具有一定功能的完整电路。为了使集成电路能正常工作，通常还要外接一些元件，这些外接元件，有的是为了保证集成电路能正常工作，有的是为了满足功能电路特定要求的。要正确使用集成电路，必须认真阅读相应手册，特别是与外部引脚相关的内部电路。

本电路采用了通用运算放大器 TL084 和功率放大器 TDA2030，使整个电路结构大为简化，同时调试也相当简单。集成电路的有关资料可到相关公司网站下载。图 11.12 给出了 TL084 引脚图，表 11.1、表 11.2 给出了 TL084 的有关参数。

表 11.1　TL084 极限参数

参　　数	电源电压 V_{CC}	差分电压	输入电压	允许功耗 P_D
极限值	±18 V	±30 V	±15 V	1180 mW

表 11.2　TL084 主要参数（$V_{CC} = ±15$ V）

参数名称	符　号	测试条件	最　小　值	典　型　值	最　大　值
电源电流（mA）	I_S	静态 $T_a = 25℃$	1.4	2.8	
输入偏流（nA）	I_B	$T_a = 25℃$			7
大信号电压增益（V/mV）	A_u	$R_L > 2k\Omega$ $U_O = ±10$ V	25		

参 数 名 称	符 号	测 试 条 件	最 小 值	典 型 值	最 大 值
输入电阻（Ω）	R_{IN}	$T_a = 25℃$			10^{12}
转换速率（V/μs）	SR	$R_L = 2kΩ$ $C_L = 100pF$			13

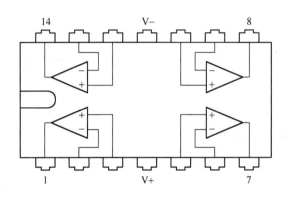

图 11.12　TL084 引脚图

想一想：如何可以获得集成电路的资料？说出几种获得集成电路资料的方法。

11.4　功率放大器的装配、调试与检修

11.4.1　元件清单

元件清单是电子工艺在备料时必须具备的工艺文件之一。本功率放大器的元件清单见表 11.3。

表 11.3　功率放大器的元件清单

名 　 称	规 　 格	数 量	备 　 注
集成电路	TDA2030A	2	功率放大器
	TL084	1	运算放大器
IC 插座	DIP14	1	
整流二极管	1N4001	4	电源整流
发光二极管	红色 ϕ5 mm	1	电源指示
	绿色 ϕ5 mm	2	音量指示
电解电容	1000μF 25 V	2	电源滤波
	220μF 25 V	2	电源滤波
	22μF 25 V	2	隔直流
	4.7μF 25 V	4	耦合

名 称	规 格	数 量	备 注
涤纶电容	473 25V	10	音调/RC 网络电路
	332 25V	2	音调电路
	104 25V	10	电源滤波
电阻	2kΩ 1W	1	电源指示
	100Ω 1/2W	2	音量指示
	330Ω 1/2W	2	电源滤波
	10Ω 1/2W	2	功率放大
	680Ω 1/4W	2	
	22kΩ 1/4W	4	
	1.5kΩ 1/4W	2	音调电路
	10kΩ 1/4W	4	
	82kΩ 1/4W	4	前置放大
	820kΩ 1/4W	2	
双联电位器	指数型 50kΩ	1	音量电位器
	线性型 50kΩ	2	音调电位器
单联电位器	线性型 100kΩ	1	平衡电位器
电源开关	1A 250VAC	1	
电源变压器	输入 220V50Hz 输出双 12V 50W	1	降压及隔离市电
四位喇叭座	四位	1	连接
输入莲花插座	二位	1	
螺丝	M3.12	10	紧固
	M3.20	4	
螺母	M3	18	
平垫	M3	14	
弹介	M3	14	
屏蔽线	1 芯	0.5m	连接
引出线	φ0.5mm	2m	
电源线	5A 250VAC 2m	1	
功率放大器机壳		1	
热熔胶		若干	紧固
焊锡		若干	

11.4.2 电路板

印制电路板是装配电子线路的重要连接件。印制电路板是在一块绝缘板上先覆上一层金属箔，再将电路不需要的金属箔腐蚀掉，剩下的部分金属箔作为电路元器件之间的连接线，然后将电路中的元器件安装在这块绝缘板上，完成电路的连接。由于这种电路板的一面或两面覆的金属是铜皮，所以印制电路板又叫"覆铜板"。

印制电路板的设计通常采用计算机辅助设计（CAD，常用的软件有 Protel、Orcad、Pads 等），主要完成电原理图转换为印制电路板图。印制电路板的设计包括确定印制电路板的尺寸、形状、选用的材料、外部连接和安装方式，以及元件布局、焊盘直径及孔径、布设导线、导线宽度等等。印制电路板的布线必须符合电气要求及生产工艺要求，需要有一定的实际经验才能较好地完成这项工作。通常把设计好印制电路板的文件交给专业的电子线路板厂家生产，价格依面积计算。

印制电路板图的元件分布往往和原理图中大不一样。这主要是因为，在印制电路板的设计中，需要考虑元件实际体积的大小，元件的分布和连接是否合理，元件体积、散热、抗干扰、抗耦合等等诸多因素，综合这些因素设计出来的印制电路板，从外观看很难和原理图完全对应起来。只有通过多接触、多阅读实际的印制电路板图，才能熟悉实际电路板的走线。

图 11.13 所示的印制电路板中，印制电路板上只放置了一个电阻 R、两个焊盘和两段导线。元件引脚与电路板焊接的一面称为焊接面（对于单面板即为导电铜箔层），又称为电路板的底面；另一面称为丝印面，又称为元件面，安装元件从这一面插入。印制电路板的结构参照图 11.14 所示，元件在装配时从丝印字符层的引线孔插入，利用焊锡连接元件的引线和焊盘。

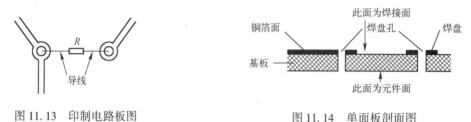

图 11.13　印制电路板图　　　　　　　　图 11.14　单面板剖面图

图 11.15 为本功率放大器的印制电路板的底面透视图，图 11.16 为本功率放大器的印制电路板的丝印图。

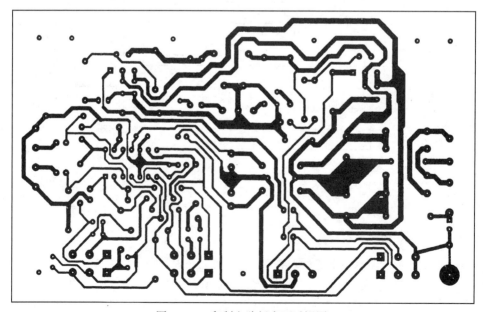

图 11.15　印制电路板底面透视图

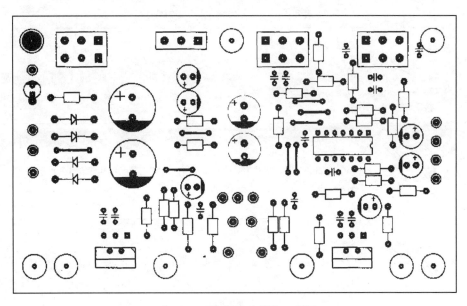

图 11.16 印制电路板的丝印图

想一想：如果印制电路板不小心做反了，即印制电路板底面透视图当做正视图做电路板，做出的电路板有什么问题？

11.4.3 装配流程与工艺

1. 基本知识

在生产厂家的实际生产中，为保证产品质量及生产效率，通常有严格的生产工艺。用于组装电路板的元件有插件、贴片元件两种，这里介绍插件电路板的组装工艺。电子产品的生产工艺流程如图 11.17 所示。

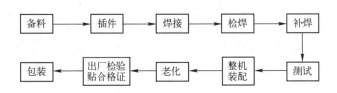

图 11.17 生产工艺流程图

备料主要是准备好材料，例如，对电子元件进行定型、对引出线进行裁长及端头处理等等。

插件是把电子元件插入线路板。

焊接是把元件引脚与线路板的焊盘通过焊锡连接起来，通常有手工焊接、浸焊、波峰焊等。下面介绍手工焊接工艺流程和方法。

2. 手工焊接的基本步骤

手工焊接的基本步骤如表 11.4 所示。

表 11.4　手工焊接的基本步骤

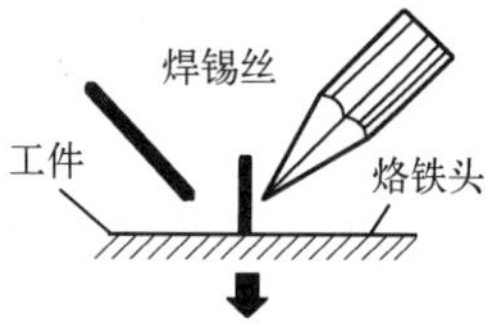	步骤一，准备：认准焊点位置，烙铁头和焊锡丝靠近，处于随时可焊接的状态
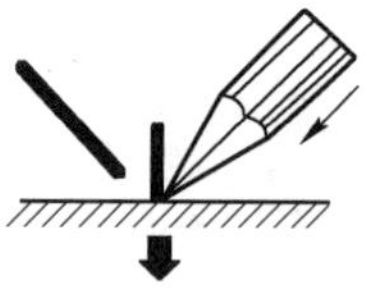	步骤二，放上烙铁头：烙铁头放在工件焊点处，加热焊点及元件引脚
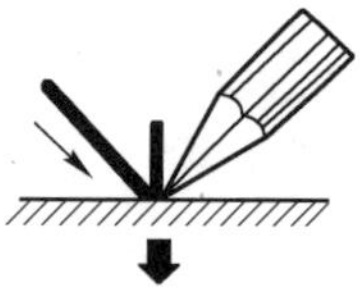	步骤三，熔化焊锡：焊锡丝放在工件上，熔化适量的焊锡
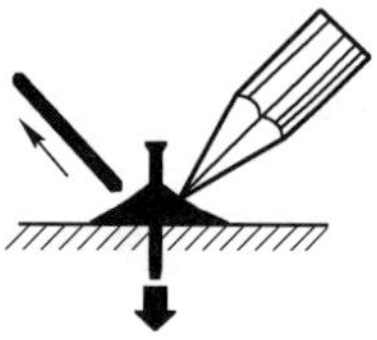	步骤四，拿开焊锡丝：熔化适量的焊锡后迅速拿开焊锡丝
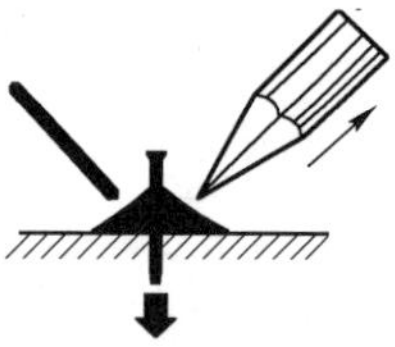	步骤五，拿开烙铁头：焊锡的自然扩张范围达到要求后，拿开烙铁。注意撤离烙铁头的速度和方向，保持焊点美观

3. 保证焊接质量的因素

（1）首先要保持焊接元件及焊盘接触表面以及烙铁头的清洁。特别要注意：初次使用烙铁头要先将烙铁头浸上一层锡。平时焊接时要勤在浸水的海棉上擦拭烙铁头，以保证烙铁头干净，不被氧化。

（2）选择合适的焊料和焊剂。保证焊点有良好的导电性及足够的机械强度。焊点的表面应发亮。

（3）保证合适的焊接温度。烙铁头的温度一般控制在300℃±10℃。温度过高，焊接时烙铁头及焊接面极易氧化；温度过低，不能保证焊锡充分流动，更不能保证焊接引脚与焊盘的充分接触，难于保证焊接的连接强度。

（4）掌握合适的焊接时间。焊接时间与烙铁头的温度、被焊接件散热特性有关。一般掌握在焊锡自然扩张至整个焊接部件后稍做停留，通常不要超过3秒钟。若焊接件散热较快，还要对相应的部件进行预热后进行焊接。

（5）良好焊点的特点。焊锡自然扩张，铺满整个焊盘，如图11.18所示。

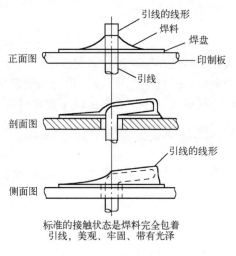

引线的线形
焊料
焊盘
正面图
印制板
引线

剖面图

引线的线形

侧面图

标准的接触状态是焊料完全包着
引线、美观、牢固、带有光泽

图 11.18　良好焊点示例

11.4.4　功率放大器线路板安装的基础知识

本机采用手工焊接与装配，各元件在安装过程中要注意如下事项。

1. 跨接线

跨接线俗称"跳线"，是实际上是用于短路的导线。跨接线的作用是为了便于电路板走线，在插件时应贴紧线路板。

2. 电阻

电阻是电子线路中最见的元件，小功率的电阻一般可以贴线路板安装；对于消耗功率较大的电阻，在安装时应考虑散热；电阻一般不能贴紧线路板安装，而是应离开线路板一定的距离。

3. 二极管

二极管是有极性的元件，在安装时必须注意二极管的极性。

4. 涤纶电容

涤纶电容无极性，但在安装时必须注意电容的容量大小及耐压。

5. 电解电容

电解电容是有极性的元件，安装时一定要注意电解电容引脚的极性。电解电容的体积一般较大，在插件时要尽量贴紧线路板安装。为了防止电解电容在振动下脱落，对于重量较重的电解电容还应考虑用涂热溶胶固定。

6. 电位器

本功率放大器使用了线性型电位器和指数型电位器，在安装时不能混淆。

7. 发光二极管

发光二极管与普通二极管的特性相同，引脚有阴极阳极之分。但发光二极管的正向压降一般较大，发光二极管的正向压降一般大于 1.5V，用万用表的电阻挡测试时，万用表内的电源电压必须大于发光二极管的死压电压，只有这样才能测量发光二极管的好坏。

8. 集成电路

集成电路引脚是按一定方向排列的，有方向之分，在插件时必须注意集成电路缺口的位置，切不可插反。

9. 引线

线路板的引出线在生产中通常采用插接件引出，也可以采用直接焊线引出。引线焊接之前首先要进行配线处理，即按线长要求进行裁线，并对端头进行处理。

信号输入线采用屏蔽线，功放输出线应采用较粗的导线，指示灯引出线可采用一般的导线。连线时还必须注意把屏蔽线的屏蔽层接地，而且要注意分清左、右声道的连线。每个声道的功率放大器的输出两端和扬声器也有极性之分。

直接焊在线路板上的引出线，在焊接点引出处涂上热熔胶，以防止引出线断线，悬空的引线要用线扣扣好，并在适当处进行固定，以防止引线受到应力，以至断线。

11.4.5　功率放大器主板的装配

电路板的手工装配调试的步骤如下：

（1）依次安装跨接线、电阻、二极管、涤纶电容、电解电容。首先把元件从元件面插入（这一工序称为插件），然后在焊接面焊接。

（2）把焊接好的电路板检查一次，重点检查有无碰焊、虚焊、整流二极管及电解电容有无接反。

（3）连接变压器。特别注意变压器接线，分清其初级和次级，分清双电源次级的公共端。

（4）测试电源部分的工作是否正常。接通电源后测试电源输出，整流滤波输出应在 16V 左右。电阻电容滤波后，亦应在 16V 左右（想想为什么）。若出现异常现象（如冒烟、发出火光等），要及时切断电源。

（5）安装集成电路 TL084 和电位器。确认电源部分正常后，断开电源，安装集成电路 TL084 和电位器。要注意集成电路的引脚方向，分清两种电位器。

（6）小信号部分静态工作点测试。通电测试集成电路输出端的直流工作电压。4 个运算放大器的输出端电压均应接近 0V。

（7）安装功放集成电路 TDA2030 和输出端子、输入端子。功放集成电路由于在工作时消耗功率大，发热厉害，为了保证集成电路的安全工作，必须安装散热片。集成电路应与散热片接触良好，这样才能保证良好的导热。建议先将 TDA2030 与散热器用螺丝安装牢固，然后将散热器固定在电路板上，安装好散热器后再焊接 TDA2030。

在通电调试时要特别注意，由于集成电路的外壳与供电电源的负极相连，因此散热片绝不能与其他电路相碰，否则极易损坏 TDA2030。

在连接输入输出引线时，要特别注意区分左、右声道信号以及信号线的极性。信号引线是直接焊在电路板上的，因此要在焊接点引出处涂上热熔胶，以防止引线断线。

装配完成后，在断电情况下，用万用表电阻挡检查功放输出端对供电 +15V、-15V、地之间的电阻大小，正常时应无短路现象，否则要认真检查电路并排除故障。

实际工厂生产的插件是在流水作业的方式下完成的（也有很多厂家采用自动插件机），因此插件工序的安排一般一个人只插几个元件，有相应工位的操作工艺指导。在工位安排上主要应考虑快捷和不出差错，与这里介绍的一个完成整板的安装有很大的不同。

在工厂，测试一般在检焊或补焊后进行，我们这里是手工组装，为了避免不必要的麻烦，采用边装配边调试的方式，这种方式便于调试，出现问题可在进入下一步之前解决，不会扩散故障范围，在试验电子线路时经常采用。

11.4.6　调试与维修

在前面组装电路板的过程中，已对线路进行了简单测试，下面介绍手工调试电路的方法。需要说明的是，在工厂大批量生产中，通常有专用的仪器或测试台在测试工序中进行，对于工件的维修亦有专门的检测台进行测量维修。

1. 调试

经过上述的安装和简单测试，如果一切正常，就可按下列步骤进行调试。

（1）功率放大器的输出端接上扬声器。为了保证当功率放大电路出现故障时不烧毁扬声器，要求在输出至扬声器的线路上串接一个 $470\mu F$ 的无极性电解电容。

（2）调节音量电位器至适中位置。接通电源，手碰触功率放大器的输入端，扬声器应有"嗡嗡"的 50Hz 感应声。不加信号通电 10 秒钟后，用手摸 TDA2030 应无明显的温升，若发烫，则要按下面的步骤进行检查。相关元件编号参见图 11.2。

① 用手触摸防自激电路的 R_{11}（或 R_{13}，即功率放大器发热的对应通道防自激网络的电阻），若发热，说明电路存在自激，应予排除；若电阻不发热，可能是对应通道的防自激网络未焊好或损坏，应重点检查对应的电阻和电容以及其连接电路。

② 断开电源，检查输出端与电源端是否存在短路。

（3）接上音乐信号。调节左、右声道的平衡电位器 W_4，调节低音音调电位器 W_1，应能听出对应的低音频段提升或衰减；调节高音音调电位器 W_2，应能听出对应的高音频段提升或衰减。

（4）调节平衡电位器 W_4，应可听到声像位置的明显移动（注意此时要求同时连接上左、右声道的音箱）。

（5）调节音量电位器适中，仔细吟听音乐，应无明显的失真。当失真率不大于 10% 时，一般人并不能明显听出音乐的失真。更全面的测试要通过仪器进行。

经过上述的调试，说明功率放大器线路板工作已基本正常，可以装入机箱，进行老化及测试。

2. 维修

在生产过程中，成熟的产品一般一次合格率（不经过维修的产品合格百分率）均可超过90%，但总是有一部分产品要经过维修。这里介绍功率放大器维修的基本方法。

首先要熟悉功率放大器的整体结构及信号流程，根据故障现象判断故障的大体部位，再对相应的部位电路进行更详细的检修。相关元件编号参见图11.2。

（1）电源部分。电源部分出现故障，通常会出现无声或有嗡嗡声。本机采用双电源电路，供电电路分为功率放大器供电电路和担任小信号放大处理的运算放大器TL084的供电电路。通过检测相应点的电压，就可以判断故障的大概部位，再通过检测相应部位元件的好坏及焊接好坏，通常就可以找到故障点。

（2）功率放大器。通过测量功率放大器集成电路的引脚电压可以判断功率放大器的工作情况。功率放大器的正常工作条件是，首先集成电路的供电要正常，其次是同相输入端、反相输入端、输出端的电压静态时均应接近0V。

若供电电压不正常，则要检查供电电路。

若同相输入端电压不正常，则要检测相应引脚的外围电路的连接及相关元件。在同相输入端电压正常，反馈电阻（L声道的 R_8、R声道的 R_{15}）正常的情况下，若输出端电压不正常，则功率放大器集成电路损坏的可能性较大。更进一步的判定方法是，在断开电源、断开输出端负载的情况下，测量输出端对正、负电源的电阻。若测得电阻值很小（小于几十欧姆），则说明功率放大集成电路已损坏，必须更换。

若直流工作点正常，则应检查交流通路，本机主要是平衡电位器 W_4 和音量电位器 W_3、耦合电容 C_5、C_{13}，以及输出引线是否接错。

（3）音调电路。音调电路出现故障，会出现无声或音调调节不明显。对于无声故障，主要是信号通道不通，重点检查 IC_1 的工作点及信号的连接引线。音调电位器调节不明显，着重检查相关的电路。低音音调检查 W_1 及其相关电路，高音音调检查 W_2 及其外围元件。

（4）前置电路。这部分电路出现故障，会出现无声或声音小。本机着重检查 IC_1 引脚的工作电压，若工作电压正常，则要检查交流通道；若工作电压不正常，则检查相关的外围电路。

想一想：（1）调试功率放大器时在输出至扬声器的线路上串接一个 $470\mu F$ 的无极性电解电容，这样有何好处？为什么要采用无极性电容？

（2）若其中一个声道无信号输出，应如何检查？

11.5 功率放大器的测试

11.5.1 功率放大器的主要参数

1. 频率特性

频率特性又称为频率响应，指功率放大器在正常放大音频信号的频率范围内增益的允许偏离量。很明显，频率范围愈宽，增益的偏离量愈小，则频率特性愈好。高保真的功率放大器的最低要求是在增益的偏离量 ±1.5dB 的情况下，频率范围为 40~16000Hz。

2. 谐波失真

谐波失真又称为谐波畸变、失真度，是指经功率放大器放大后的信号比原信号多出来的额外的谐波分量所占的比例。谐波失真是由于功率放大器存在的非线性引起的。谐波失真通常以新增加谐波成分的有效值总和占原信号有效值的百分比来表示。高保真功率放大器谐波失真的最低要求是≤0.5%。

3. 信号噪声比

信号噪声比简称信噪比，指信号经功率放大器后，新增加的各种噪声与原信号的分贝差值。高保真功率放大器信噪比的最低要求是≥86dB。

4. 左、右声道分隔度

左、右声道分隔度又称为左、右声道隔离度，是指功率放大器左、右声道信号相互串扰的程度。

5. 左、右声道的不平衡度

左、右声道的不平衡度在平衡电位器处于中央位置时，对于任何频率信号，在音量电位器处于不同位置时，左、右声道的增益均应相同，通常用分贝表示。

6. 额定功率

额定功率是指谐波失真指标在规定合格指标范围内，1kHz 正弦波可连续输出的功率。

7. 最大输出功率

用示波器观察输出波形，在可观察到波形略有畸变时，再将输入信号减少 1dB 时读出的输出功率称为最大输出功率。

8. 输入阻抗

信号输入端输入阻抗的大小，称为输入阻抗。

对于高档的功率放大器还有动态范围、阻尼系数、转换速率等参数。

想一想：你认为功率放大器的哪些参数最重要？高保真功率放大器参数应达到何指标？请查阅相关的资料。

11.5.2 静态测试

静态工作点测试，是指在无输入信号时电路的工作状态测试，这是检查电路直流工作点的最重要的方法。本电路中，主要测试静态时集成电路各引脚对地的直流工作电压。测试时，注意测试点不要选择在集成电路的引脚上直接测试，而应选择在与之相连比较独立的焊点进行测试。请将测试结果记录在表 11.5 中，并分析其是否正常。

表 11.5　静态工作的测试

名称	IC$_1$ TL084												
引脚	1	2	3	4	5	11	7	8	9	11	11	12	13	14
电压（V）													
名称	IC$_2$ TDA2030					IC$_3$ TDA2030				
引脚	1	2	3	4	5	1	2	3	4	5
电压（V）										

想一想：若静态工作点不正常，电路会出现什么故障现象？应如何检查？

11.5.3　整机频率响应测试

测试连线如图 11.19 所示，图中低频信号发生器 XD 产生正弦波，电子电压表 V$_1$ 用于监测输入信号的电平，电子电压表 V$_2$ 用于测量输出信号的大小，示波器用 ShB 表示，用于监测输出信号的波形，R_L 为额定负载。

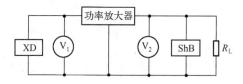

图 11.19　功率放大器测试连线图

首先如图 11.19 连好线，同时将功率放大器音调电位器置于中心位置，音量电位器调至最小。输入 1kHz 的正弦波，输入信号电平调节为比额定输入电平小 10dB；调整音量电位器，使输出电平为额定输出电平 10dB；读出 V$_2$ 的分贝数，此输出分贝数规定为相对分贝 0dB。改变信号发生器的输出频率，保证信号的输出电平不变，测量输出分贝，注意在测量过程中不能调节音量电位器和音调电位器。把测量到的输出分贝大小及换算后的相对分贝大小（即 1kHz 信号的大小为 0dB，其他频率信号的分贝值与 1kHz 信号的分贝值相减即得到相对分贝大小）。将结果记录在表 11.6 中。

表 11.6　整机频率响应的测试

信号频率	20Hz	100Hz	200Hz	1000Hz	6000Hz	10000Hz	20000Hz
输出分贝							
相对分贝				0dB			

以频率为横坐标，相对分贝为纵坐标，画出频率特性曲线。

功率放大器的频率响应通常是指 3dB 的带宽，即相对分贝在 3dB 内输入信号的频率范围。测试方法是：同上述方法以 1kHz 的输出电平为参考，记做 0dB，改变输入信号的频率（同时保持输入信号幅度不变），向低频段调节，当输出信号的大小降低为 −3dB 时的输入信号频率即为 −3dB 的最低端输入频率；向高频段调节，当输出信号的大小降低为 −3dB 时的输入信号频率即为 3dB 的最高端输入频率。从最高端至最低端的频率范围称为功率放大器的 3dB 带宽。

11.5.4　最大输出功率的测试

按图 11.19 连接测试电路，把音量电位器调至适中，调节输入信号幅度，直至示波器的输出波形刚刚出现畸变为止。再将输入信号降低 1dB，读出 V_2 的电压 U_{max}，用下列公式可算出最大输出功率 P_{0max}。

$$P_{0max} = (U_{max})^2 / R_L$$

11.5.5　音调电路对方波的响应

方波包含着丰富的谐波分量，利用方波的这一特性可以测试音调电路对不同频率信号的响应。将功率放大器音调电位器置于中心位置，输入 1kHz 幅度为 100mV 的方波，用示波器观察输出波形。调节音量电位器，使输出适中（建议输出幅值为峰峰值 4V，这是为保证电路不饱和），分别调节高、低音调电位器，观察输出波形的变化。

依表 11.7 记录有关波形图，并想想为什么？

表 11.7　音调电路对方波的响应

条件	高音最大提升	高音最大衰减	低音最大提升	低音最大衰减
波形				

调节高、低音调电位器，使输出波形与输入波形最接近，此时音调电位器所处的位置就是平衡点，即音调对所有频率信号都不提升亦不衰减。若音调电位器的线性良好，此时高、低音调电位器应处在中心位置。

11.5.6　音调电路的提升量和衰减量测试

（1）按图 11.19 所示电路连接线路。先将功率放大器的音调电位器置于中心位置，首先输入 1kHz 的正弦波，输入信号电平为额定输入小 10dB，调整音量电位器，使输出电平比额定输出电平低 20dB，读出 V_2 的分贝数，记录在表 11.8 中 。在后续测试中，音量电位器保持不变。

（2）改变信号发生器的输出频率为 100Hz，用 V_1 监测输出电平，保证信号发生器的输出电平不变。调节低音音调电位器，记录下音调电位器在最大提升时和最大衰减时输出信号电平的分贝数大小。

（3）改变信号发生器的输出频率为 1kHz 和 15kHz，用 V_1 监测输出电平，保证信号发生器的输出电平不变。调节高音音调电位器，记录下最大提升时和最大衰减时输出信号的分贝数大小。

（4）计算出的分贝数与 1kHz 时的分贝数相减，得到对应频率信号的调节范围。通常音调电位器的调节范围应大于 10dB，记录在表 11.8 中。

表 11.8　音调电路的提升量和衰减量测试

输入信号频率	100Hz	1kHz	15kHz
平衡时	—		—
最大提升（dB）		—	
最大衰减（dB）		—	
调节范围（dB）			

11.5.7　左、右声道不平衡度的测量

输入频率为 1kHz、幅度为 100mV 的正弦波信号，平衡电位器调节至中间位置。从小至大调节音量电位器，同时测量左、右声道的输出电平，功率放大器的左、右声道输出电平大小的差值即为信号频率 1kHz 的不平衡度。左、右声道的不平衡度应不大于 2dB。产生左、右声道不平衡的原因主要是由于左、右声道的音量电位器（双联电位器中两个独立的电位器）不平衡特性所造成的。

11.5.8　失真度的测试

利用失真度测试仪测试出 1kHz 时功率放大器的失真度大小。失真度越小，则说明功率放大器的保真度越高。

想一想：有些音响的音质很差，你认为与功率放大器的哪些参数有关？

本 章 回 顾

（1）通过功率放大器的安装与调试的实际操作，掌握功率放大器的一般结构框图，进一步学习运算放大器的使用，认识电子产品的生产安装工艺，掌握相关元件的选用及测试要点，提高阅读电子线路原理图的能力，掌握线路板相关知识，提高阅读线路板走线的能力，提高手工焊接、组装电子线路板的能力，认识功率放大器的常用参数以及通用的测试方法。

（2）手工焊接是组装或维修电子线路的基本能力，要掌握焊接质量的判定，熟练掌握焊接技术。

（3）功率放大器是家庭影院的重要组成部分，改进电路层出不穷，同学们可以通过自己所学的知识对电路进行改进。

习　题　11

11.1　变压器与线路板的连接如图 11.20 所示，是否正确？如不正确，会出现什么后果？

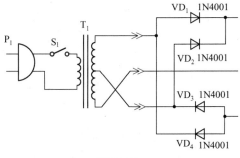

图 11.20

11.2 本机电路中发现 TDA2030 发烫，应如何检查？

11.3 本机电路中如何检查 TDA2030 是否损坏？

11.4 功率放大器在使用过程中无声，应如何进行检修？

11.5 本机电路中发现 L 声道的高音音调旋钮无明显的调节作用，应重点检查哪些元件？

11.6 本机电路中发现 TL084 的供电不正常，如出现负电源值从 −15V 变为 0V，请问会出现什么现象？应重点检查哪些电路？

11.7 针对本章介绍的功放电路，说出两个以上提高音质的改进措施。

11.8 简述功率放大器的主要参数及测试方法。

11.9 本机电路中若要增大功率放大器的输出功率，应该如何修改功率放大器电路？要更改哪些元件？

11.10 TDA2030 能否连接成 BTL 电路？连接成 BTL 电路后最大输出功率可以达到多少？为了获取最大输出功率，本机电路中哪些元件的参数需要修改？

11.11 如何检查功率放大器是否漏电？在安装调试过程要注意哪些安全事项？

第 12 章　Electronics Workbench 5.0 简介

Electronics Workbench（简称为 EWB）5.0 的中文名称为"电子电路仿真工作室"，这个软件提供了极为丰富的元器件库和常用仪器库，使电路设计与调试基本摆脱了元器件损坏和规格不全的束缚，给电路设计人员提供了广阔的设计想象空间，大大缩短了电路设计开发周期；在电子技术教学中，它为实现低成本、高效率的实验开辟了一条新路。

用户在 Electronics Workbench 5.0 软件中输入电路图，打开电源开关后软件就开始对电路的各项参数（包括各项电参数、失真、噪声等）进行仿真，用户可将示波器、电压表、波特图仪等各种仪器设备引入电路，进行实时观测，就像是用实物搭成的平台一样，对爱好电子技术的初学者乃至高手设计电路都有很大的帮助。

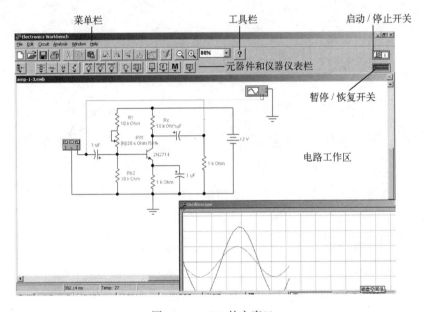

图 12.1　EWB 的主窗口

12.1　EWB 的基本使用方法

12.1.1　EWB 的主窗口

EWB 运行后的界面如图 12.1 所示，最上面为 Windows 统一风格的菜单栏，下面紧接着为工具栏，再往下即为作图区。比较特别的就是在其界面右上方有一个开关状的图标，连好电路后，它当然就是通电的开关了。工具栏靠下的部分是元件库，各种元器件、仪表都分门别类归在里面，从电阻、电容到集成电路，从电压表、电流表到示波器，还有各式电压原、电流源、信号源，总之一般常用的元器件、检测仪器基本上都应有尽有，而且它还具有外挂元器件库接口、可扩展功能。

1. 菜单栏

提供文件管理、创建电路和仿真分析等所需的各种命令。

2. 工具栏、元器件库和仪器仪表栏

工具栏提供常用的操作命令，如图12.2的上半部分所示；元器件库和仪器仪表栏提供常用元器件和仪器仪表，如图12.2的下半部分所示。

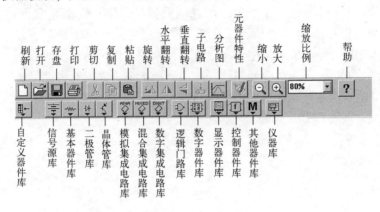

图 12.2　工具栏、元器件库、仪器仪表栏

3. 库元件

图12.3所示是基本元器件库的元器件，当把鼠标放在元器件库的标记上时，就会出现下拉菜单，列出库里的元器件，用户可根据需要进行选用。

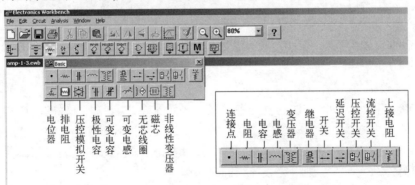

图 12.3　基本元器件库的元件及说明

12.1.2　EWB 的电路创建

进行仿真分析之前首先要在主窗口的工作区创建电路，通常是在主窗口（相当于虚拟实验平台）直接选用元器件连接电路，其一般步骤和方法如下。

1. 元器件的取用

取用某元器件的操作为：用鼠标单击该元器件所在的元器件库，然后将它拖曳至电路工作区的欲放置位置，再用鼠标单击并按住所需元器件。

2. 元器件的编辑

在创建电路时，常需要对元器件进行移动、旋转、删除和复制等编辑操作，这时首先要选中元器件，然后进行相应操作。

选中某元器件的方法为：单击被选中的元器件，它将以红色显示。若要同时选中几个元器件，可按住"Ctrl"键不放，逐个单击所选的元器件，使它们都显示为红色，然后放开"Ctrl"键。若要选中一组相邻的元器件，可用鼠标拖曳画出一个矩形区域把它们圈起来，使它们都显示为红色。若要取消选中状态，可单击电路工作区的空白部分。

移动元器件的方法为：先选中元器件，再用鼠标拖曳，或用箭头键移动。

旋转元器件的方法为：先选中元器件，再根据旋转目的单击工具栏的"旋转"、"水平反转"和"垂直反转"等相应按钮。

删除和复制元器件的方法与 Windows 下的常用删除和复制方法一样，用"Cut"、"Copy"和"Paste"按钮进行删除、复制和粘贴等操作。

3. 电路的连接

（1）连接方法。连线的操作方法为：将鼠标指向欲连接端点使其出现小圆点，然后按住鼠标左键拖曳出一根导线并指向欲连接的另一个端点，使其出现小圆点，释放鼠标左键则完成连线。

导线上的小圆点称为连接点，它会在连线时自动产生，也可以放置，需要放置时可从基本元器件库拖取，直接插入连线中。引出电路的输入、输出端时，需要先放置连接点，然后将作为输入、输出端子的连接点与电路连通。需注意，一个连接点最多只能连接来自四个方向的导线。

将元器件拖曳放在导线上，并使元器件引出线与导线重合，则可将该元器件直接插入导线。

（2）编辑方法。

① 删除、改接与调整。

删除连接点和元器件的方法为：选中连接点或元器件，单击工具栏的"Cut"按钮。

删除导线的方法是：将鼠标指向该导线的一个连接点使其出现小圆点，然后按住鼠标左键拖曳该圆点，使其离开原来的连接点，释放鼠标左键，则完成连线的删除。若将拖曳移开的导线连至另一个连接点，则可完成导线的改接。

在连接电路时，常需要对元器件、连接点或导线的位置进行调整，以保证导线不扭曲，电路连接简洁、可靠、美观。

移动元器件、连接点的方法为：选中后用四个箭头键微调。

移动导线的方法为：将光标贴近该导线，然后按下鼠标左键，这时光标将变成一个双向箭头，拖动鼠标，即可移动该导线。

② 导线颜色的设置。通常需设置示波器输入线的颜色。因为示波器波形的颜色由相应

输入通道的导线颜色确定，对不同输入通道设置不同颜色后可便于观察。设置方法为：选中该导线后单击工具栏的"元件特性"按钮（或双击该导线），弹出导线特性对话框，然后单击选项"Schaematic Option"，单击"Set Wire Color"按钮，弹出"Wire Color"对话框，单击欲选的颜色，最后单击"确定"按钮。

4. 元器件和连接点的设置

从库中取出的元器件已被设置为默认值（又称缺省值），若这种默认值不符合所构电路的要求，就需要对相应元器件进行重新设置。设置方法为：选中该元件后单击工具栏的"元件特性"按钮（或双击该元件），弹出相应的元件特性对话框，如图 12.4 所示，然后单击对话框的选项标记进行相应设置。通常是对元器件进行标识和赋值（或模型选择），举例如下。

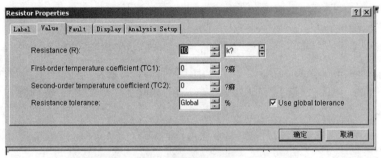

（a）电阻特性对话框

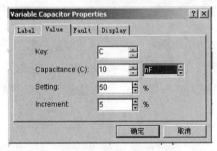

（b）可调电容特性对话框

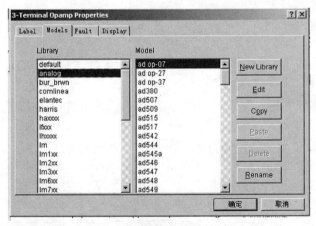

（c）运放特性对话框

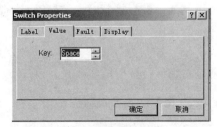

（d）开关特性对话框

图 12.4　元件特性对话框

（1）电阻、电容和电感等简单元器件的设置。其元件特性对话框如图 12.4（a）所示。若要将该电阻标为 R1 并取值 10kΩ，则应在元件特性对话框中进行如下操作：

① 单击标识选项 "Label" 进入 Label 对话框，键入该电阻的标识符号 "Rl"。

② 单击数值选项 "Value" 进入 Value 对话框，键入电阻值 "10"，用图中的箭头按钮选中 "kΩ"。

③ 单击 "确定" 按钮。

电容和电感等的设置方法与此类似。

（2）电位器和可调电容等可调元件的设置。其元件特性对话框如图 12.4（b）所示，它与简单元件特性对话框的主要区别在于选项 "Value" 的设置。例如，要将某可变电容设置为：标识 C1，最大电容量 10μF。当前电容量调为最大电容量的 50%（即 5μF），用键盘控制调节电容值，且按一下键盘 "C"，可使电容变化 5%，则应在元件特性对话框中进行如下操作：

① 单击标识选项 "Lable"，键入标识符号 "C1"。

② 单击选项 "Value" 进入 Value 对话框，在 "Key" 框键入控制键符号 "C"，在 "Capacitance" 框键入满电容量值 "10"，并利用箭头按钮选中 "μF"，在 "Setting" 框用箭头按钮将可调电容的当前位置选为 "50%"，在 "Increment" 框用箭头按钮将电容调节时的变化量选为 "5%"。

注意，"Increment" 值为正值还是负值与元件接法有关，因此，在按控制键调元件值时，如发现希望调大但结果却在减小，只要将该元件的两个端子换接即可。若电路中有多个可调电容，当它们的控制键相同时，按控制键可对它们进行联调；反之，若要分别调节它们，则要设置不同的控制键。

电位器的设置与使用方法与可调电容类似。

（3）三极管和运放等复杂元器件的设置。其特性对话框如图 12.4（c）所示，没有数值选项 "Value"，而用模型选项 "Models"。例如，要将某运放标为 A1 并选用 ad op - 07，则应进行如下操作：

① 单击标识选项 "Label"，键入标识符号 "Al"。

② 单击模型选项 "Models"，选择欲采用的模型，即在 "Library" 框单击 "analog"，在 "Model" 框单击 "ad op - 07"。

③ 单击 "确定" 按钮。

利用 "Models" 选项中的 "Edit" 按钮进行参数的设置。

（4）开关的设置。开关特性对话框如图 12.4（d）所示，通常要设置标识符和控制键。当某开关的控制键设为 "Space" 时，按一下键盘空格键 "Space"，则该开关动作一次。如选用其他键进行控制时，控制键必须在西文输入方式下才有效，若为中文输入方式，控制键将不起作用。

（5）连接点的设置。与元器件和导线类似，连接点也可通过特性对话框进行设置，通常是对它进行标识或颜色设置。

5. 检查电路并及时保存

应及时保存所输入的电路图文件（第一次保存前需确定文件欲保存的路径和文件名），电路图连接好后应仔细检查，确保输入的电路图准确无误。

12.1.3 虚拟仪器仪表的使用

仪器库中提供了数字多用表、函数信号发生器、示波器、波特图仪、数字信号发生器、逻辑分析仪和逻辑转换仪等七种虚拟仪器，它们的使用方法基本上与实际仪表相同，虚拟仪器每种只有一台，而电压表和电流表的数量则没有限制。

1. 仪器仪表的取用与连接

取用仪器仪表的方法与取用元器件相同，即单击选中相应库，将相应图标拖曳到工作区的欲放置位置。移动和删除仪器仪表的方法也与元器件相同。

连接实验电路时，仪器仪表以图标形式出现，可根据其含义在电路中进行相应连接，这与实际实验中是一样的。

双击图标可放大仪器仪表的面板，方便进行设置。电压表、电流表可通过单击右键进行参数的调整。下面以图 12.5 来说明仪器仪表在电路测试时的连接方法。图 12.5（a）是共发射极放大电路的测试连接图。

2. 数字多用表的设置

数字多用表的图标和读数如图 12.5（b）所示，图中粗黑边对应的端子为负极，另一端则为正极。它有纵向和横向两种引出线方式，选中后使用工具栏旋转按钮可进行引出方式的转换。其默认设置为：DC（即测量直流电量），电压表内阻 $1M\Omega$。测量时应根据需要进行设置。

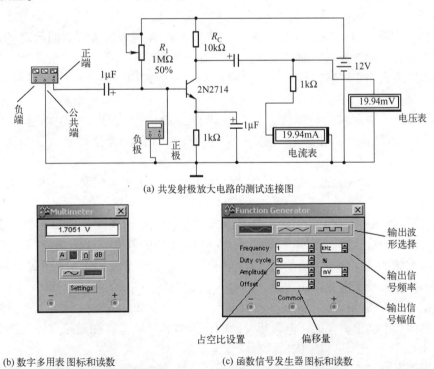

(a) 共发射极放大电路的测试连接图

(b) 数字多用表图标和读数　　　　(c) 函数信号发生器图标和读数

图 12.5　共发射极放大电路的测试连接与测试结果

例如，要测量交流电压，估计被测电路阻抗为10MΩ，为减小测量误差，可将电压表内阻设置为1000MΩ，设置方法为：双击该电压表，打开特性对话框，单击选项"Value"，在"Resistance"框键入"1000"，并用箭头按钮选择"M"，在"Mode"框的下拉框中选中"AC"，最后单击"确定"。利用特性对话框也可进行电压表和电流表的标识。

测量直流（DC）电量时，若正极接电位高端、负极接电位低端，则显示正值；反之则显示负值。测量交流（AC）电量时，所显示的是信号的有效值。

3. 函数信号发生器的设置

双击函数信号发生器图标进行放大，图标和读数如图12.5（c）所示，然后根据实验电路对输入信号的要求进行相应设置。例如，要输出1kHz、8mV幅度的正弦波，设置方法为：单击正弦波按钮，在"Frequency"框键入"1"，并选择单位"kHz"，在"Amplitude"框，利用箭头按钮将值确定为"8"，并选择单位"mV"。

图12.5中的"占空比设置"适用于三角波和方波，"偏移量"是指在信号波形上所叠加的直流量。需注意，函数信号发生器中信号大小的设置值是幅值而不是有效值。

4. 示波器的设置

双击示波器图标打开其面板，如图12.6所示，由图12.6可知，它与实际仪器一样，由显示屏设置、时基调整和触发方式选择三部分组成，其使用方法也和实际示波器相似。

（1）输入通道（Channel）设置。输入通道有A和B两个通道，它们的设置方法相同，包括信号输入方式的选择、Y轴刻度设置和Y轴位置设置等内容。在"信号输入方式选择"项中，"AC"方式用于观察信号的交流分量；"DC"方式用于观察信号的直流分量；"O"方式则将示波器的输入端接地。

"Y轴刻度"表示纵坐标每格代表多少电压，应根据信号大小选择合适的值。"Y轴位置"用于调节波形的上下位置以便观测。刻度值和位置值可键入，也可单击箭头按钮选择。

（2）触发方式（Trigger）选择。包括触发信号、触发电平和触发沿选择三项，通常单击选中"Auto"即可。

（3）时基（Time Base）调整。包括显示方式选择、X轴刻度设置和X轴位置设置等。在观测信号波形时应选择"显示方式"为"Y/T"。"X轴刻度"表示横坐标每格代表多长时间，应根据频率高低选择合适的值。"X轴位置"用于调节波形的左右位置。刻度值和位置值可键入，也可单击箭头按钮选择。

（4）虚拟示波器的操作。将红（指针1）、蓝（指针2）指针拖曳至合适的波形位置，就可读取电压和时间值，并能读取两指针间的电压差和时间差，测量幅度、周期等很方便。按下"Redtuce"按钮则可将示波器面板恢复至原来大小。

用示波器观察时，为便于区分波形，可通过设置导线颜色确定波形颜色。

示波器一般连续显示并自动刷新所测量的波形，如希望仔细观察波形和读取数据，可设置"示波器屏幕满暂停",使显示波形到达屏幕右端时自动稳定不动,方法为:单击菜单"Analysis",单击"Analysis options",在对话框中单击"Instruments",在 Oscilloscope 框选中"Pause after each screen"即可。示波器屏幕满暂停时仿真分析暂停,要恢复仿真可单击主窗口右上角"Resume"按钮或按"F9"键。

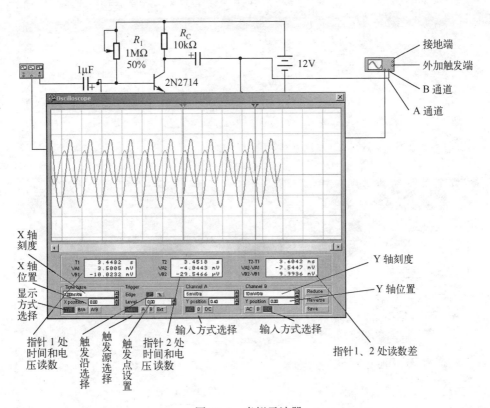

图 12.6 虚拟示波器

5. 波特图仪的设置

波特图仪又称频率特性仪或扫频仪,用于测量电路的频率特性,其图标见图 12.8 所示,它的一对输入端应接被测电路的输入端,而一对输出端应接被测电路的测试端。测量时,电路输入端必须接交流信号源并设置信号大小,但对信号频率无要求,所测的频率范围由波特图仪设定。使用方法为:双击打开面板,如图 12.7 所示,进行如下设置:

(1)选择测量幅频特性或相频特性:单击相应按钮。

(2)选择坐标类型:单击相应按钮。通常水平坐标选"Log",垂直坐标测幅频特性时选"Log"(单位为 dB),测相频特性时选"Lin"(单位为角度)。

(3)设置坐标的起点(I 框)和终点(F 框):选择合适值以便清楚完整地进行观察。水平坐标选择的是测量的频率范围,垂直坐标选择的是测量的分贝范围(或角度范围)。

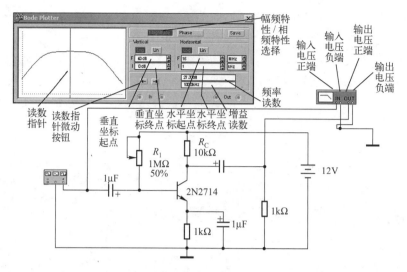

图 12.7 波特图测试

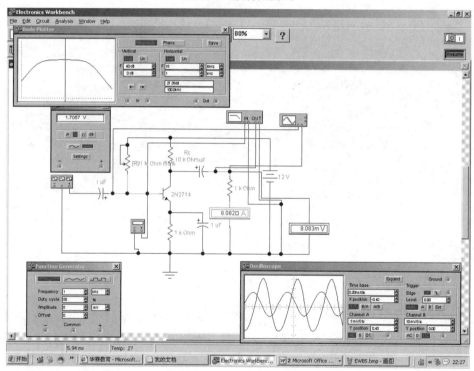

图 12.8 共发射放大电路

单击主窗口的启动开关 "O/I" 按钮,电路开始仿真,波特图仪的显示屏就可显示所测的频率特性,拖曳显示屏上的指针至欲测位置,根据读数显示值就可得欲测值,例如,图 12.8 中读数为频率 100.00kHz,增益 27.33dB。

12.1.4 电路的仿真分析

1. 仿真实验法

应用 EWB 进行仿真实验的基本步骤如下:

（1）启动 EWB。双击 EWB 图标进入 EWB 主窗口。

（2）创建实验电路。连接好电路和仪器、仪表，并保存电路文件。

（3）仿真实验。

① 设置仪器、仪表参数。

② 运行电路：单击主窗口的启动开关"O/I"按钮，电路开始仿真，若再单击此按钮，则仿真实验结束。若要使实验暂停，可单击主窗口的"Pause"按钮，也可按 F9 键，这时"Pause"按钮将变为"Resume"按钮，单击之，则电路恢复运行。

③ 观测记录实验结果。实验结果也可存储或打印输出，并可用 Windows 的剪贴板输出。

2. 电路分析法

EWB 提供了直流工作点分析、交流频率分析、瞬态分析、失真分析、参数扫描分析和温度扫描分析等共十多种电路分析功能。后面的 12.2 节通过实例介绍了直流工作点分析和交流频率分析的方法。

12.1.5 EWB 软件使用过程中几点说明

（1）该软件采用自动布线系统，使用者只要从某个元件的一端连一条线到另一个元件的一端，就可完成自动布线，稍有不慎，就会把线连得一塌糊涂。每个节点共有五个有效点，一个中心大点和大点边缘四个方向上的小点（小点只有当鼠标指向此处时才会显示出来）。当鼠标选中大点时（此时鼠标呈手形），可进行点的移动、删除等工作，当选中小点时就可从该方向上连线或断开连线。

（2）有时线路看上去是连上了，其实可能并没有连上，只要用鼠标稍微拖动元件或节点一段距离，若连线跟着走，说明连上了，否则要重新连接（尤其是设计最后加入的电流表这个元件，经常会出现这种问题）。

（3）在元件上双击鼠标左键，便可在弹出的对话框中改变元器件的参数、编号及故障设置等。如电阻电容的大小、电压（流）源的幅值，在仪表上双击左键，就会出现仪器仪表的面板。仪器仪表均放在工具箱的最后一个图标内。

（4）元件均可以改变方向，只需按右键单击 Rotate 键，就能做出相应调整。

（5）可操作元件（如开关、可变电阻等）在元件上方的中括号内均有操作提示，例如，可变电阻是 R，开关是 SPACE，可变电容是 C。

（6）接线若有严重错误，软件会自动报警，不会有烧坏元件的后顾之忧。

（7）如果不懂某些元件的用法，请在元件上单击鼠标右键，选择"help"。

12.2　共射极放大电路的仿真实验与分析

1. 实验目的

（1）改变基极偏置电阻值，测量放大器工作点的变化。

（2）设定输入信号频率为 1kHz，幅度为 8mV，用示波器观察共射极放大器输入信号与输出信号，改变基极偏置电阻值，观测饱和失真与截止失真。

（3）用数字多用表测量输入信号的电压有效值，用电压表测量输出电压的大小，用电流表测量输出电流的大小。

（4）用示波器观察共射极放大器输入信号与输出信号的波形，改变输入信号的大小，观测饱和失真与截止失真；利用示波器观察共射极放大器输入信号与输出信号的波形，调整放大器至最佳工作点，测算该共射极放大器输入信号与输出信号反相时的电压放大倍数。

（5）用示波器观察共射极放大器输入信号与输出信号在不同频率时的相位差。

（6）调整输入信号大小和放大器的工作点，用示波器调试，使放大器输出最大不失真信号；测算该共射极放大器输入信号与输出信号反相时的电压放大倍数。

（7）练习使用波特图仪测量放大器的幅频特性和相频特性。

（8）使用波特图仪的幅频特性测量放大器的通频带。

（9）使用波特图仪的相频特性测量放大器的最佳工作频率。

2. 内容和方法

（1）启动 EWB，输入并保存图 12.8 所示共发射极放大电路，按图连接好各种仪器仪表。

（2）测试准备：打开信号发生器面板，设置其输出为幅值 0.8V、1kHz 的正弦波，打开示波器面板，将参数设置为合适值；运行电路，观察输出端和输出的波形大小及相位关系，判断放大电路是否正常工作。若放大电路正常工作，且信号不失真，则可进行以下操作。

（3）观测幅频特性。

① 双击打开波特图仪面板，设置其参数，按图 12.8 所示设置参数

② 测量幅频特性：运行电路，观测并记录波特图仪所显示的幅频特性。幅频特性曲线平坦区域的纵坐标读数即为中频电压增益 A_{umf}，增益比 A_{umf} 小 3dB 处所对应的横坐标读数，小的即为下限频率 f_L，大的即为上限频率 f_H，利用波特图仪的读数指针读取数据，记录数据。

（4）工作点的测试。

① 按测试结果填写如下：

计算公式：$I_b =$ _____ $I_c =$ _____ $U_{ce} =$ _____

理论值：$I_b =$ _____ $I_c =$ _____ $U_{ce} =$ _____

实测值：$I_b =$ _____ $I_c =$ _____ $U_{ce} =$ _____

② 设定输入信号频率为 1kHz，幅度为 50mV，用示波器观察共射极放大器输入信号与输出信号，改变基极偏置电阻值，

a. 观测出现饱和失真时放大器的工作点：

$I_b =$ _____ $I_c =$ _____ $U_{ce} =$ _____

b. 观测出现截止失真时放大器的工作点：

$I_b =$ _____ $I_c =$ _____ $U_{ce} =$ _____

③ 放大器的最佳工作点：

$I_b =$ _____ $I_c =$ _____ $U_{ce} =$ _____

④ 让放大器工作在不同输入信号频率时，输入信号与输出信号的相位差，测试结果填在表 12.1 中。

表 12.1

输入信号频率	1Hz	10Hz	100Hz	1kHz	10kHz	100kHz	1MHz	10MHz	100MHz
相位差									

⑤ 电压放大倍数：$A_{umax} =$ _____

反侵权盗版声明

电子工业出版社依法对本作品享有专有出版权。任何未经权利人书面许可，复制、销售或通过信息网络传播本作品的行为；歪曲、篡改、剽窃本作品的行为，均违反《中华人民共和国著作权法》，其行为人应承担相应的民事责任和行政责任，构成犯罪的，将被依法追究刑事责任。

为了维护市场秩序，保护权利人的合法权益，本社将依法查处和打击侵权盗版的单位和个人。欢迎社会各界人士积极举报侵权盗版行为，本社将奖励举报有功人员，并保证举报人的信息不被泄露。

举报电话：(010) 88254396；(010) 88258888

传　　真：(010) 88254397

E-mail：dbqq@ phei. com. cn

通信地址：北京市海淀区万寿路 173 信箱

　　　　　电子工业出版社总编办公室

邮　　编：100036

《模拟电子技术（第3版）》读者意见反馈表

尊敬的读者：

感谢您购买本书。为了能为您提供更优秀的教材，请您抽出宝贵的时间，将您的意见以下表的方式（可从 http://www.huaxin.edu.cn 下载本调查表）及时告知我们，以改进我们的服务。对采用您的意见进行修订的教材，我们将在该书的前言中进行说明并赠送您样书。

姓名：＿＿＿＿＿＿＿＿＿＿　电话：＿＿＿＿＿＿＿＿＿＿＿＿＿＿

职业：＿＿＿＿＿＿＿＿＿＿　E-mail：＿＿＿＿＿＿＿＿＿＿＿＿＿

邮编：＿＿＿＿＿＿＿＿＿＿　通信地址：＿＿＿＿＿＿＿＿＿＿＿＿

1. 您对本书的总体看法是：

　□很满意　　□比较满意　　□尚可　　　□不太满意　　□不满意

2. 您对本书的结构（章节）：□满意　□不满意　改进意见＿＿＿＿＿＿＿＿
＿＿＿＿＿＿＿＿＿＿＿＿＿＿＿＿＿＿＿＿＿＿＿＿＿＿＿＿＿＿＿＿＿
＿＿＿＿＿＿＿＿＿＿＿＿＿＿＿＿＿＿＿＿＿＿＿＿＿＿＿＿＿＿＿＿＿

3. 您对本书的例题：　　□满意　□不满意　改进意见＿＿＿＿＿＿＿＿＿
＿＿＿＿＿＿＿＿＿＿＿＿＿＿＿＿＿＿＿＿＿＿＿＿＿＿＿＿＿＿＿＿＿

4. 您对本书的习题：　　□满意　□不满意　改进意见＿＿＿＿＿＿＿＿＿
＿＿＿＿＿＿＿＿＿＿＿＿＿＿＿＿＿＿＿＿＿＿＿＿＿＿＿＿＿＿＿＿＿

5. 您对本书的实训：　　□满意　□不满意　改进意见＿＿＿＿＿＿＿＿＿
＿＿＿＿＿＿＿＿＿＿＿＿＿＿＿＿＿＿＿＿＿＿＿＿＿＿＿＿＿＿＿＿＿
＿＿＿＿＿＿＿＿＿＿＿＿＿＿＿＿＿＿＿＿＿＿＿＿＿＿＿＿＿＿＿＿＿

6. 您对本书其他的改进意见：
＿＿＿＿＿＿＿＿＿＿＿＿＿＿＿＿＿＿＿＿＿＿＿＿＿＿＿＿＿＿＿＿＿
＿＿＿＿＿＿＿＿＿＿＿＿＿＿＿＿＿＿＿＿＿＿＿＿＿＿＿＿＿＿＿＿＿
＿＿＿＿＿＿＿＿＿＿＿＿＿＿＿＿＿＿＿＿＿＿＿＿＿＿＿＿＿＿＿＿＿

7. 您感兴趣或希望增加的教材选题是：
＿＿＿＿＿＿＿＿＿＿＿＿＿＿＿＿＿＿＿＿＿＿＿＿＿＿＿＿＿＿＿＿＿
＿＿＿＿＿＿＿＿＿＿＿＿＿＿＿＿＿＿＿＿＿＿＿＿＿＿＿＿＿＿＿＿＿
＿＿＿＿＿＿＿＿＿＿＿＿＿＿＿＿＿＿＿＿＿＿＿＿＿＿＿＿＿＿＿＿＿

请寄：100036　北京市海淀区万寿路 173 信箱职业教育分社　陈晓明　收

电话：010 – 88254575　　E-mail：chxm@phei.com.cn